Python

程序员
面试宝典

陈屹◎编著

面试算法知识点整理与解析｜面试题代码实现和算法分析
面试技巧和方法的总结提炼

中国水利水电出版社
www.waterpub.com.cn
·北京·

内 容 提 要

《Python 程序员面试宝典》是一本介绍 Python 程序员算法面试的图书宝典。这里，不仅介绍了程序员算法面试中的"万能公式"，而且通过具体实例从多角度剖析各类算法面试题，为读者建立了一个完整的算法面试的方案数据库，让读者快速理解全书内容、做到胸有成竹应对面试的同时，也为未来的职业发展铺平道路。

《Python 程序员面试宝典》共分 12 章，其中前两章首先引入一道亚马逊面试题，并进行了情景分析和思路解析，然后从技术面试的方法论和心态建设入手，介绍应对面试的基本方法和思路。后 10 章分别从基础数据类型、数组和字符串、链表、堆栈、二叉树、堆、二分查找法、图论、贪婪算法和动态规划等多个方面去详解各类面试题，分析算法面试中最常见的各类技术问题。通过这本书的学习，希望读者能够在大脑中建立起自己的方案数据库，面试时可以迅速地从中搜索出相应的解决方案，从而提高解题的效率和增加通过面试的几率。

《Python 程序员面试宝典》书中所有代码均采用 Python 语言开发。其语法结构简单，易于掌握，非常适合作为高校计算机相关专业毕业生求职面试前的笔试学习用书，也可以作为计算机相关专业学生学习数据结构和算法的辅助教材，所有致力于程序员职业的读者均可选择本书学习。

图书在版编目（ＣＩＰ）数据

Python 程序员面试宝典 / 陈屹编著. -- 北京 ：中国水利水电出版社, 2019.5

ISBN 978-7-5170-6972-0

Ⅰ. ①P… Ⅱ. ①陈… Ⅲ. ①软件工具－程序设计

Ⅳ. ①TP311.561

中国版本图书馆 CIP 数据核字(2018)第 232212 号

书　　名	Python 程序员面试宝典 Python CHENGXUYUAN MIANSHI BAODIAN
作　　者	陈屹　编著
出版发行	中国水利水电出版社 （北京市海淀区玉渊潭南路 1 号 D 座　100038） 网址：www.waterpub.com.cn E-mail：zhiboshangshu@163.com 电话：（010）62572966-2205/2266/2201（营销中心）
经　　售	北京科水图书销售中心（零售） 电话：（010）88383994、63202643、68545874 全国各地新华书店和相关出版物销售网点
排　　版	北京智博尚书文化传媒有限公司
印　　刷	三河市龙大印装有限公司
规　　格	170mm×230mm　16 开本　24.25 印张　380 千字
版　　次	2019 年 5 月第 1 版　2019 年 5 月第 1 次印刷
印　　数	0001—6000 册
定　　价	89.80 元

前　言

　　一场长期战役，要取得战略性胜利就需要做到"养兵千日，用兵一时"。对应到职场打拼，我们也可以认为，个人职业发展分为两部分：一是平日里的勤学苦练，为职业技能奠定扎实的技能基础，即"养兵千日"；二是在关键时刻抓住机遇，让自己跃迁到更能发挥自身潜能的职业舞台，即"用兵一时"。

　　本书编写的主要目的：成为程序员职业发展的"孙子兵法"。一来希望在 Python 程序员"养兵千日"上有所助益，帮助程序员有效地积累技术实力；二来告诉程序员如何培养面试技巧与能力，以便机会来临时一击即中，顺利进入心仪的公司或平台。无论是国际上叱咤风云的互联网公司，如 Google、Facebook、Amazon、Microsoft、Apple，还是国内不可一世的BAT，在招聘新员工时，都不可避免地依赖严格的算法面试来考核候选人的技术能力。因此，本书的着眼点就在于如何帮助程序员快速提升自身的算法设计功底和面试应对技巧，从而顺利入职国内外一流的 IT 公司。

　　一个优秀程序员的根本职责在于，编写好的程序以解决现实问题。程序=算法+数据结构。要想写出好的、高效率的代码，就必然要求你具备扎实的算法和数据结构功底。我们身处的这个时代，各类高新技术层出不穷，令人眼花缭乱，但是我们一定要学会透过现象看本质，要认识到无论技术以怎样的形式呈现，其底层逻辑都是一样的。对计算机科学而言，它的底层逻辑是算法。如目前频频提起的区块链、人工智能和量子计算等，其核心都是算法。

　　所以对算法的掌握程度，对一名程序员来说至关重要。作为一名优秀程序员，一定要把算法研究地透彻明白，把技术根基打好。本书致力于算法设计思维的锻造与磨炼，希望在算法和数据结构领域，为您奠定坚实的技能基础。

　　有了良好的代码编写能力后，程序员要做的就是处理好面试问题。面试，是程序员职业生涯不可避免的一道坎。跨越这道坎，你会获得一帆风顺的发展机遇；错过了，下次再遇到合适的机遇，得经过漫长的等待和煎熬——机会只留给有准备的人。本书通过对 Facebook、Google、Microsoft、Amazon 以及 BAT 的面试算法题的详细剖析，分类归纳，帮你提炼出算法面试的应对技巧，提醒你如何巧妙地避开试题中的陷阱，进而大大提升面试通过率。在一个小时的面试中，如果不能在前 15 分钟内针对问题给出算法，那么通过的机会就很渺茫了。因此，在解决面试算法题时为了提高效率，我们要开启的是搜索模式，而不是思考模式。本书通过解析各种面试算法题，为你在大脑中建立起解决方案数据库。这样，你在面试中可以直接在大脑数据库中搜索出应对当前面试题的解决方案，将其套入算法题，从而大大提高解题效率，自然而然也就增加了面试的通过几率。

我真诚地希望，你在读完此书后能有如下收获：一是掌握了扎实的算法思维能力，能有效地将现实世界遇到的难题转换成数理逻辑，并设计出有效的算法步骤加以解决；二是在艰难的面试过程中做到胸有成竹、游刃有余。倘若此书能有效地帮你提升技术能力和面试技巧，最终让你获得市场认可，并拿到心仪公司的 Offer，本书的目的也就达到了。

本书资源下载及联系方式

1．读者可扫描并关注下面的微信公众号（人人都是程序猿），输入 P69720 并发送到公众号后台，获取本书资源下载链接。

2．读者可加入 QQ 群：781217180（请注意加群时的提示，并根据提示加入对应的群），在线交流学习。

祝您学习及职场路上一帆风顺！

目　录

第 1 章　技术面试的方法论 1

1.1　一道亚马逊面试题的情景分析 1

1.1.1　暴力枚举法 2

1.1.2　分而治之法 4

1.1.3　最优解法 6

1.1.4　解题流程总结 7

1.2　面试的流程，心态建设，相关准备 8

1.2.1　面试前流程 8

1.2.2　简历的制作 10

1.2.3　有效的面试策略 11

1.2.4　编码实现 12

1.2.5　面试过程中的交流要点 13

1.3　知己知彼，百战不殆——从面试官角度看面试 14

1.3.1　如何进行一场良好的面试 15

1.3.2　面试官如何主导面试流程 17

1.3.3　面试官如何评估候选人 17

第 2 章　算法面试的技术路线图 19

2.1　算法面试中的数据结构 19

2.1.1　基础数据类型 20

2.1.2　数组与字符串 21

2.1.3　链表 21

2.1.4　堆栈 22

2.1.5　二叉树 22

2.1.6　堆 23

　　　　2.1.7　哈希表 23
　　2.2　算法的设计模式 24
　　　　2.2.1　排序 24
　　　　2.2.2　递归 26
　　　　2.2.3　分而治之 27
　　　　2.2.4　动态规划 29
　　　　2.2.5　贪婪算法 29
　　　　2.2.6　逐步改进 29
　　　　2.2.7　排除法 30
　　2.3　抽象分析模式 30
　　　　2.3.1　样例覆盖 31
　　　　2.3.2　小量数据推导 31
　　　　2.3.3　简单方案的逐步改进 32
　　　　2.3.4　问题还原 33
　　　　2.3.5　图论模拟 34
第 3 章　基础数据类型的算法分析 35
　　3.1　基础数据类型中二进制位的操作算法 35
　　　　3.1.1　整型变量值互换 35
　　　　3.1.2　常用的二进制位操作 36
　　　　3.1.3　解析一道二进制操作相关算法面试题 37
　　　　3.1.4　总结 40
　　3.2　用二进制操作求解集合所有子集 40
　　　　3.2.1　题目描述 40
　　　　3.2.2　算法描述 40
　　　　3.2.3　代码实现 41
　　　　3.2.4　算法分析 43
　　3.3　使用二进制求解最大公约数 43
　　　　3.3.1　题目描述 43
　　　　3.3.2　算法描述 45
　　　　3.3.3　代码实现 47
　　　　3.3.4　算法分析 49
　　3.4　素数判定 50
　　　　3.4.1　题目描述 50

　　　　3.4.2　算法描述 50

　　　　3.4.3　代码实现 52

　　　　3.4.4　算法分析 53

　　3.5　判断矩形交集 54

　　　　3.5.1　题目描述 54

　　　　3.5.2　算法描述 54

　　　　3.5.3　代码实现 56

　　3.6　数字与字符串相互转化，简单题目的隐藏陷阱 58

　　　　3.6.1　题目描述 58

　　　　3.6.2　算法描述 58

　　　　3.6.3　代码实现 59

　　　　3.6.4　算法分析 60

　　3.7　Elias Gamma 编码算法 62

　　　　3.7.1　题目描述 62

　　　　3.7.2　算法描述 63

　　　　3.7.3　代码实现 63

　　　　3.7.4　算法分析 66

　　3.8　整型的二进制乘法 67

　　　　3.8.1　题目描述 67

　　　　3.8.2　算法描述 67

　　　　3.8.3　代码实现 69

　　　　3.8.4　算法分析 73

第 4 章　数组和字符串 74

　　4.1　数组的定位排序 74

　　　　4.1.1　题目描述 74

　　　　4.1.2　算法描述 75

　　　　4.1.3　代码实现 76

　　　　4.1.4　算法分析 78

　　4.2　在整型数组中构建元素之和能整除数组长度的子集 78

　　　　4.2.1　题目描述 78

　　　　4.2.2　算法描述 78

　　　　4.2.3　代码实现 79

　　　　4.2.4　算法分析 82

4.3　计算等价类 82

　　4.3.1　题目描述 82

　　4.3.2　算法描述 83

　　4.3.3　代码实现 85

　　4.3.4　代码分析 86

4.4　大型整数相乘 87

　　4.4.1　题目描述 87

　　4.4.2　算法描述 87

　　4.4.3　代码实现 88

　　4.4.4　代码分析 91

4.5　数组的序列变换 92

　　4.5.1　题目描述 92

　　4.5.2　算法描述 92

　　4.5.3　代码实现 94

　　4.5.4　代码分析 96

4.6　字符串的旋转 96

　　4.6.1　题目描述 96

　　4.6.2　算法描述 96

　　4.6.3　代码实现 97

　　4.6.4　代码分析 99

4.7　二维数组的启发式搜索算法 99

　　4.7.1　题目描述 99

　　4.7.2　算法描述 99

　　4.7.3　代码实现 100

　　4.7.4　代码分析 101

4.8　二维数组的旋转遍历 102

　　4.8.1　题目描述 102

　　4.8.2　算法描述 102

　　4.8.3　代码实现 104

　　4.8.4　代码分析 105

4.9　矩阵的 90° 旋转 105

　　4.9.1　题目描述 106

　　4.9.2　算法描述 106

　　　　4.9.3　代码实现...107

　　　　4.9.4　代码分析...109

　　4.10　游程编码...109

　　　　4.10.1　题目描述..110

　　　　4.10.2　算法描述..110

　　　　4.10.3　代码实现..110

　　　　4.10.4　代码分析..112

　　4.11　字符串中单词的逆转...113

　　　　4.11.1　题目描述..113

　　　　4.11.2　算法描述..113

　　　　4.11.3　代码实现..114

　　　　4.11.4　代码分析..115

　　4.12　Rabin-Karp 字符串匹配算法...115

　　　　4.12.1　题目描述..115

　　　　4.12.2　算法描述..115

　　　　4.12.3　代码实现..118

　　　　4.12.4　代码分析..120

　　4.13　用有限状态自动机匹配字符串...120

　　　　4.13.1　题目描述..120

　　　　4.13.2　算法描述..121

　　　　4.13.3　代码实现..124

　　　　4.13.4　代码分析..127

　　4.14　KMP 算法——字符串匹配算法的创意巅峰...........................127

　　　　4.14.1　题目描述..127

　　　　4.14.2　算法描述..127

　　　　4.14.3　代码实现..129

　　　　4.14.4　代码分析..131

　　4.15　正则表达式引擎的设计和实施...132

　　　　4.15.1　题目描述..132

　　　　4.15.2　算法描述..133

　　　　4.15.3　代码实现..138

　　　　4.15.4　代码分析..178

第 5 章　队列和链表..179

5.1　递归式实现链表快速倒转...179

5.1.1　题目描述..179

5.1.2　算法描述..180

5.1.3　代码实现..181

5.1.4　代码分析..184

5.2　链表成环检测...184

5.2.1　题目描述..185

5.2.2　算法描述..185

5.2.3　代码实现..186

5.2.4　代码分析..189

5.3　在 O(1)时间内删除单链表非末尾节点.............................190

5.3.1　题目描述..190

5.3.2　算法描述..190

5.3.3　代码实现..191

5.3.4　代码分析..192

5.4　获取重合列表的第一个相交节点.................................192

5.4.1　题目描述..193

5.4.2　算法描述..193

5.4.3　代码实现..194

5.4.4　代码分析..196

5.5　单向链表的奇偶排序...196

5.5.1　题目描述..196

5.5.2　算法描述..196

5.5.3　代码实现..198

5.5.4　代码分析..199

5.6　双指针单向链表的自我复制...199

5.6.1　题目描述..200

5.6.2　算法描述..200

5.6.3　代码实现..202

5.6.4　代码分析..206

5.7　利用链表层级打印二叉树...206

5.7.1　题目描述..206

5.7.2 算法描述..206

5.7.3 代码实现..207

5.7.4 代码分析..209

第6章 堆栈和队列..210

6.1 利用堆栈计算逆向波兰表达式..210

6.1.1 题目描述..210

6.1.2 算法描述..210

6.1.3 代码实现..211

6.1.4 代码分析..213

6.2 计算堆栈当前元素最大值..213

6.2.1 题目描述..213

6.2.2 算法描述..213

6.2.3 代码实现..214

6.2.4 代码分析..216

6.3 使用堆栈判断括号匹配..216

6.3.1 题目描述..216

6.3.2 算法描述..216

6.3.3 代码实现..217

6.3.4 代码分析..218

6.4 使用堆栈解决汉诺塔问题..218

6.4.1 题目描述..218

6.4.2 算法描述..219

6.4.3 代码实现..219

6.4.4 代码分析..222

6.5 堆栈元素的在线排序..222

6.5.1 题目描述..223

6.5.2 算法描述..223

6.5.3 代码实现..224

6.5.4 代码分析..225

6.6 计算滑动窗口内的最大网络流量..225

6.6.1 题目描述..226

6.6.2 算法描述..226

　　　6.6.3　代码实现..231

　　　6.6.4　代码分析..234

　6.7　使用堆栈模拟队列..234

　　　6.7.1　题目描述..235

　　　6.7.2　算法描述..235

　　　6.7.3　代码实现..235

　　　6.7.4　代码分析..236

第7章　二叉树..238

　7.1　二叉树的平衡性检测..238

　　　7.1.1　题目描述..239

　　　7.1.2　算法描述..239

　　　7.1.3　代码实现..239

　　　7.1.4　代码分析..242

　7.2　镜像二叉树的检测..242

　　　7.2.1　题目描述..243

　　　7.2.2　算法描述..243

　　　7.2.3　代码实现..244

　　　7.2.4　代码分析..246

　7.3　二叉树的 Morris 遍历法..247

　　　7.3.1　题目描述..247

　　　7.3.2　算法描述..247

　　　7.3.3　代码实现..250

　　　7.3.4　代码分析..251

　7.4　使用前序遍历和中序遍历重构二叉树..252

　　　7.4.1　题目描述..252

　　　7.4.2　算法描述..253

　　　7.4.3　代码实现..254

　　　7.4.4　代码分析..256

　7.5　逆时针打印二叉树外围边缘..256

　　　7.5.1　题目描述..256

　　　7.5.2　算法描述..257

　　　7.5.3　代码实现..257

　　　　7.5.4　代码分析 259

　　7.6　寻找两个二叉树节点的最近共同祖先 259

　　　　7.6.1　题目描述 260

　　　　7.6.2　算法描述 260

　　　　7.6.3　代码实现 260

　　　　7.6.4　代码分析 264

　　7.7　设计搜索输入框的输入提示功能 264

　　　　7.7.1　题目描述 264

　　　　7.7.2　算法描述 264

　　　　7.7.3　代码实现 265

　　　　7.7.4　代码分析 269

第 8 章　堆 270

　　8.1　使用堆排序实现系统 Timer 机制 270

　　　　8.1.1　题目描述 270

　　　　8.1.2　算法描述 270

　　　　8.1.3　代码实现 273

　　　　8.1.4　代码分析 279

　　8.2　波浪形数组的快速排序法 279

　　　　8.2.1　题目描述 279

　　　　8.2.2　算法描述 280

　　　　8.2.3　代码实现 281

　　　　8.2.4　代码分析 287

　　8.3　快速获取数组中点的相邻区域点 287

　　　　8.3.1　题目描述 287

　　　　8.3.2　算法描述 287

　　　　8.3.3　代码实现 289

　　　　8.3.4　代码分析 292

第 9 章　二分查找法 293

　　9.1　隐藏在《编程珠玑》中 20 年的 bug 293

　　　　9.1.1　题目描述 294

　　　　9.1.2　算法描述 294

　　　　9.1.3　代码实现 295

9.1.4 代码分析 297

9.2 在 lg(k)时间内查找两个排序数组合并后第 k 小元素 297

9.2.1 题目描述 297

9.2.2 算法描述 297

9.2.3 代码实现 299

9.2.4 代码分析 301

9.3 二分查找法寻求数组截断点 302

9.3.1 题目描述 302

9.3.2 算法描述 302

9.3.3 代码实现 304

9.3.4 代码分析 306

9.4 在双升序数组中快速查找给定值 306

9.4.1 题目描述 307

9.4.2 算法描述 307

9.4.3 代码实现 307

9.4.4 代码分析 309

第 10 章 图论 310

10.1 地图着色问题 310

10.1.1 问题描述 310

10.1.2 算法描述 310

10.1.3 代码实现 311

10.1.4 代码分析 315

10.2 迪杰斯特拉最短路径算法 316

10.2.1 题目描述 316

10.2.2 算法描述 316

10.2.3 代码实现 319

10.2.4 代码分析 326

10.3 使用深度优先搜索解决容器倒水问题 327

10.3.1 问题描述 327

10.3.2 算法描述 327

10.3.3 代码实现 329

10.3.4 代码分析 333

第 11 章　贪婪算法..335

　　11.1　最小生成树...335

　　　　11.1.1　题目描述...335

　　　　11.1.2　算法描述...336

　　　　11.1.3　代码实现...339

　　　　11.1.4　代码分析...344

　　11.2　霍夫曼编码...344

　　　　11.2.1　题目描述...345

　　　　11.2.2　算法描述...345

　　　　11.2.3　代码实现...347

　　　　11.2.4　代码分析...349

　　11.3　离散点集的最大覆盖率问题.....................................350

　　　　11.3.1　题目描述...350

　　　　11.3.2　算法描述...351

　　　　11.3.3　代码实现...352

　　　　11.3.4　代码分析...355

第 12 章　动态规划..356

　　12.1　钢管最优切割方案...356

　　　　12.1.1　问题描述...357

　　　　12.1.2　算法描述...357

　　　　12.1.3　代码实现...358

　　　　12.1.4　代码分析...360

　　12.2　查找最大共同子串...361

　　　　12.2.1　问题描述...362

　　　　12.2.2　算法描述...362

　　　　12.2.3　代码实现...364

　　　　12.2.4　代码分析...366

　　12.3　将最大共同子串算法的空间复杂度从 $O(n^2)$ 改进为 $O(n)$.........366

　　　　12.3.1　问题描述...367

　　　　12.3.2　算法描述...367

　　　　12.3.3　代码实现...368

　　　　12.3.4　代码分析...371

第1章 技术面试的方法论

想深入地了解秋天是什么样子，我们需要爬遍漫山遍野，体验金风飒飒，看遍硕果累累。然而，如果只是想粗略地感觉秋天的味道，那完全没必要如此大费周章，只要走到树底下，捡起一片金黄的落叶，看一看，嗅一嗅，我们便能大体上获得对秋天的感知，这就是所谓的"一叶知秋"！

本书将详实地讲解算法面试的技巧，并通过大量的算法题分析，帮你打下坚实的算法设计和数据结构功底。但在全面展开之前，先来品尝品鉴一道开胃小菜——一道亚马逊的算法面试题。通过分析该题，了解它的解题情境，可以帮助我们快速体会到算法面试的应对步骤、思考方式，以及处理流程。通过对这道面试算法题的分析，我们便可以做到"一叶知秋"。

1.1 一道亚马逊面试题的情景分析

亚马逊是一家纳斯达克上市公司，通过其财报我们可以解读它在给定时期内的股票走势信息。这些信息包括每天交易的最高价、最低价以及开盘价。假定你作为交易员，必须在股票开盘时做出买入或卖出的决定。你负责设计一个算法，根据给定的股价走势信息，决定买入和卖出策略，该策略必须保证你的交易获得的利润最大化。

拿到问题后，我们千万不要一上来就动手写代码，这种莽撞的行为会让面试官觉得你缺乏深思熟虑。首先要做的是耐心地阅读题目，搞清题意。"搞清题意"可以从两个方面入手，一是确定题目给我们提供了哪些数据；二是确定数据的存储格式。

算法本质上是"对满足给定条件的数据进行加工处理的步骤"，因此数据的格式和特征很大程度上影响着我们在算法设计上的思路。通过阅读原题，我们可以确定，题目提供了 3 种数据，分别是股票的最高价、最低价以及开盘价。

接着要确定数据以何种方式存储，数据是存储在数组中还是队列中？这点在题目中没有提及，作为面试者必须主动与面试官交流沟通，以便去除题目中模糊不清的信息。主动沟通是一种面试技巧，能让你在心态上反客为主，并且能有效地向面试官传递你心思缜密的特点，这可是优秀程序员的必备特质。

假设你与面试官沟通后，确定股票价格的数据格式是整型数组，分别用变量 L、H、S 来代表股价在交易日的最低价、最高价和开盘价。根据题意要求，你只能在开盘时做出交易决定，因此在 3 种数据中，我们只需考虑和处理数组 S。算法面试的一个小技巧就是具象化思考，也就是列举出一些具体的实例，这样才能有利于思考和推导。因此，我们可以假定一些具体的股票开盘价数值，看是否能通过具体的数值推导出内在规律。如图 1-1 所示，假设 S 数组中含有以下 9 个数值。

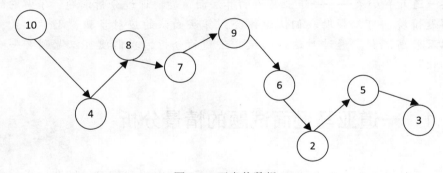

图 1-1　开盘价数组

根据图示，开盘价最高点是 10，最低点是 2，我们在一开始思路没打开时，会贸然以为结果就是用最高值减去最低值，于是得出的结果是 8=10–2。但这么想的话就会违反题意要求，因为你必须买入后才能卖出。由于 10 排在 2 前面，这意味着你要以 10 块钱买入，然后以 2 块钱卖出，因此这样的做法相当于亏损 8 块钱。这时可以换一种思路，使用暴力枚举法。

1.1.1　暴力枚举法

暴力枚举法，也就是检测任何一种可能的买卖组合。例如，第 i 天买进，第 j 天卖出，其中 j >i，计算两者间差价 P(i,j)=S[j]–S[i]，并返回计算得到的最大值。由此可以得出如下代码：

```
#S 定义股票开盘价数组
S = [10,4,8,7,9,6,2,5,3]
maxProfit = 0
buyDay = 0
sellDay = 0
"""
遍历所有可能的买入和卖出组合，S 数组中包含 9 天的股票开盘价，因此买入日期
可以是第 1 天到第 9 天中的任何一天，而卖出日期可以是买入日期之后的任何一天
"""
for i in range(len(S) - 1):
    for j in range(i+1,len(S)):
        if S[j] - S[i] >maxProfit:
            maxProfit = S[j] - S[i]
            buyDay = i
            sellDay = j

print("应该在第{0}天买入，第{1}天卖出，最大交易利润为：{2}".
format(buyDay+1,sellDay+1,maxProfit))
```

运行上述代码，结果如图 1-2 所示。

```
In [5]:  #S定义股票开盘价数组
         S = [10, 4, 8, 7, 9, 6, 2, 5, 3]
         maxProfit = 0
         buyDay = 0
         sellDay = 0
         """
         遍历所有可能的买入和卖出组合，S数组中包含9天的股票开盘价，因此买入日期可以是第1天到第9天中
         的任何一天，而卖出日期可以是买入日期之后的任何一天
         """
         for i in range(len(S) - 1):
             for j in range(i+1, len(S)):
                 if S[j] - S[i] > maxProfit:
                     maxProfit = S[j] - S[i]
                     buyDay = i
                     sellDay = j

         print("应该在第{0}天买入，第{1}天卖出，最大交易利润为：{2}".format(buyDay+1, sellDay+1, maxProfit))
         应该在第2天买入，第5天卖出，最大交易利润为：5
```

图 1-2　代码运行结果

当你给出算法后，面试官会要求你分析算法的复杂度。算法复杂度涉及到两方面：一是时间复杂度；二是空间复杂度。假定数组 S 的长度为 n，上面代码有两个循环，外层循环走 n 次，内层循环走 n–i–1 次，因此算法的时间复杂度为：

$$\sum_{i=0}^{n-1}(n-i-1) = n(n-1)/2$$

也就是说暴力枚举法的算法复杂度为 $O(n^2)$。

1.1.2 分而治之法

好算法的特征是"多、快、好、省",以最快的速度、最省的内存、最好的方式处理最多的数据。我们能否找到速度更快的算法呢?有一种算法设计模式叫分而治之,也就是把 S 分解成两部分。一部分是 S 的前半部分:

$$S\left[0:\frac{n}{2}\right]$$

另一部分是 S 的后半部分:

$$S\left[\frac{n}{2}+1:n-1\right]$$

分别计算前半部分和后半部分的最大交易利润,然后在两者中选出最大的一个。假设开盘价交易数组如下:

S: 1,2,3,4,5,6,7,9

那么前半部是:1,2,3,4,最佳交易方案是第 1 天买入,第 4 天卖出,利润为 3=4–1。后半部分是:5,6,7,9,最佳交易方案是第 5 天买入,第 8 天卖出,利润为 4=9–5。由此可知,采用后半部分的交易方案能得到最大利润。注意,如果交易时间只有两天,那么就只能选择第 1 天买入第 2 天卖出。

最后还需要考虑一种跨界情况,那就是最大利润可能实现的方案是:在前半部分的某一天买入,在后半部分的某一天卖出。如果是这种情况,那么只能在前半部分的最小值处买入,在后半部分的最高值处卖出。这意味着我们要在第 1 天买入,在第 8 天卖出,所得利润为 8=9–1。要想在前半部分找到最小值,在后半部分找到最大值,只需要一个循环就可以实现,而循环的时间复杂度为 $O(n)$。本算法的实现代码如下:

```python
def findMaxProfit(S):
    # 返回值格式(买入日期,卖出日期,最大利润)
    if len(S) < 2:
        return [0,0,0]
    if len(S) == 2:
        # 如果交易天数只有 2 天,那么只能在第 1 天买入第 2 天卖出
        if (S[1] > S[0]):
            return [0,1,S[1] - S[0]]
        else:
            return [0,0,0]
```

```
# 把交易数据分成两部分，分别找出前半部分和后半部分最大交易利润，然后
选取两种结果的最大值
    firstHalf = findMaxProfit(S[0:int(len(S) / 2)])
    secondHalf = findMaxProfit(S[int(len(S) / 2):len(S)])
    finalResult = firstHalf

    if (secondHalf[2] > firstHalf[2]):
        # 后半部分的交易日期要加上前半部分的天数
        secondHalf[0] += int(len(S) / 2)
        secondHalf[1] += int(len(S) / 2)
        finalResult = secondHalf

    # 看最大利润方案是否是在前半部分买入，后半部分卖出
    lowestPrice = S[0]
    highestPrice = S[int(len(S) / 2)]
    buyDay = 0
    selDay = int(len(S) / 2)
    for i in range(0,int(len(S) / 2)):
        if (S[i] <lowestPrice):
            buyDay = i
            lowestPrice = S[i]
    for i in range(int(len(S) / 2),len(S)):
        if (S[i] >highestPrice):
            selDay = i
            highestPrice = S[i]

    if (highestPrice - lowestPrice>finalResult[2]):
        finalResult[0] = buyDay
        finalResult[1] = selDay
        finalResult[2] = highestPrice - lowestPrice

    return finalResult

S = [1,2,9,4,5,6,7,10]
maxProfit = findMaxProfit(S)
print("在第{0}天买入，第{1}天卖出，最大交易利润为{2}". format
(maxProfit[0]+1,maxProfit[1]+1,maxProfit[2]))
```

运行上述代码，结果如图 1-3 所示。

```
In [68]:  S = [1, 2, 9, 4, 5, 6, 7 ,10]
          maxProfit = findMaxProfit(S)
          print("在第{0}天买入，第{1}天卖出，最大交易利润为{2}".format(maxProfit[0]+1, maxProfit[1]+1, maxProfit[2]))

          在第1天买入，第8天卖出，最大交易利润为9
```

图 1-3　代码运行结果

算法把一个大问题先分解成两个子问题加以解决，最后再进行一次大循环，因此算法复杂度公式为：

$$T(n) = 2T\left(\frac{n}{2}\right) + O(n)$$

计算出来的 T(n) 为 O(nlg(n))，算法的时间复杂度比前一种提高了一个数量级别。如果在面试中能想到这个方案，面试通过的可能性就大多了。

1.1.3　最优解法

我们能否找到更好的算法呢？假设最佳交易方案是第 N 天卖出，那么很显然，最佳的买入时机就是前 N−1 天中价格最低的时候，也就是要在 S[0,N−1] 中的最小值时买入。如果把最小值记为 Min(S[0,N−1])，那么最大利润就是 profit = S[N]−Min(S[0,N−1])。因此，我们可以将 N 从 1 遍历到 n，然后找出最大利润。此时只需遍历数组一次就可以完成。算法的流程如图 1-4 所示。

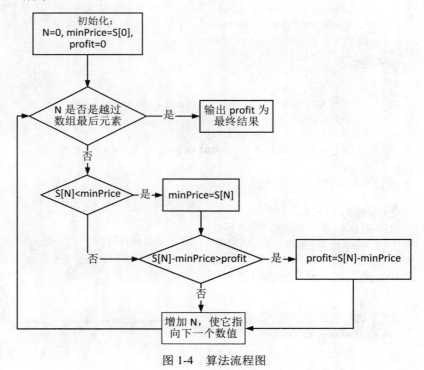

图 1-4　算法流程图

对应的实现代码如下：

```
S = [1,2,9,4,5,6,7,10]
minPrice = S[0]
N = 0
profit = 0
selDay = 0
buyDay = 0

for N in range(len(S)):
    if (S[N] <minPrice):
        minPrice = S[N]
        buyDay = N

    if (S[N] - minPrice> profit):
        profit = S[N] - minPrice
        selDay = N

print("在第{0}天买入，在第{1}天卖出，最大交易利润为:{2}". format
(buyDay+1,selDay+1,profit))
```

运行上述代码，结果如图 1-5 所示。

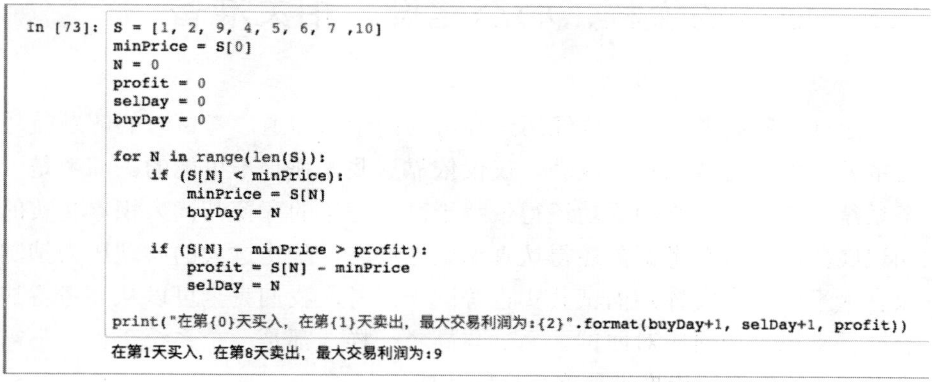

图 1-5 算法运行结果

这种方法只需把数组遍历一次，因此时间复杂度为 O(n)，它的效率最高，而且代码更简单。由于以上 3 种算法，只需要空间存储开盘价数组，都不需要额外分配存储空间，因此空间复杂度都是 O(n)。

1.1.4 解题流程总结

从上面的解题流程可知：一个小时的面试，你需要根据给定问题去分析问题、设计算法，最后编码实现，接着还要测试代码、分析复杂度，因此一次成功的算法面试，你必须展现以下几方面的能力。

（1）将现实世界的实际问题进行抽象归纳的能力。

（2）在短时间、高压力情况下设计有效算法的能力。

（3）较强的编码能力，即将算法步骤转换为具体代码的能力。

（4）通过算法进行复杂度分析的能力。

在一个小时那么短的时间内展现上述多种能力是一件很困难的事。很多情况下，面试者会卡死在第 2 步，在较大的心理压力下无法保持头脑清晰，并快速进行思考分析。因此，要提高面试成功率，我们必须在平时不断提升算法功底，培养自己的分析、编码等能力。本书将通过分析大量的面试算法题，为你总结出面试算法题的特征、出题套路以及相应的解决办法。"知己知彼，百战不殆"，当对手的套路都在你的掌控之下时，在竞争中脱颖而出将是情理之中的事情。

1.2　面试的流程，心态建设，相关准备

面试如同高考。每一位经历过高考的同学都知道，考试时的解题技巧很重要，但高考要想获得成功，仅仅依靠这些，那是不可能的。高考是一个系统工程，它最终的成功还得依赖于高中三年的寒窗苦读来积累扎实的知识底蕴，同时在考试前还得认真调整好心态，防止过大的心理压力抑制原有水平的正常发挥。面试其实也等同于高考，我们完全可以从高考备战的过程来思考如何应对面试。面试与高考一样，都是一个系统工程，都需要系统的方法来逐步推进最终目标的达成。

1.2.1　面试前流程

对面试而言，以下几个步骤需要认真应对，绝对马虎不得。

1. 仔细评估目标公司

你需要全方位、多角度地去了解研究目标公司的文化、制度、产品、

薪酬福利等相关信息。其中通过对其文化制度的理解确定自己的气质是否与目标公司匹配非常重要。进入一家公司等同于缔结连理。你确定结婚对象时，不可能光凭对方长相，还得确定对方的性格和三观能否与自己相匹配。

理解目标公司的文化制度的重要性就在于此，只有真的认同目标公司的文化和价值观，你才可能在公司里如鱼得水。此外，研究公司的产品及市场地位，不但有利于面试，还可通过公司产品在市场中的地位，认清目标公司的未来发展趋势，确保自身价值的实现。我们要进入的必须是那些正在不断成长、有市场前景的公司。对那些当前不可一世，但在市场上不断沉沦的公司要避而远之，理智的人是不会在即将沉没的泰坦尼克号上寻求一个头等舱的。

2. 投递简历

投递简历的最好方式是内推，其次是通过猎头。好公司一天能收到成千上万份简历，HR 不可能一一阅读，他们对简历的抽取肯定会依照某种优先级顺序。

通常情况下，内部人的话语权是最高的，因此他们会非常重视同事推荐的候选人。如果你认识内部人，那么应该尽可能地走内部推荐渠道，请内部员工帮忙，不要怕麻烦对方。很多公司都鼓励员工内部推荐，而且推荐成功对方还能获得不菲的奖金。

其次是专业猎头。由于物质激励的作用，猎头会处心积虑地与公司 HR 建立良好的合作关系，他们对公司的招聘流程和用人需求有更为精准的把握。通过猎头搭桥，简历被接收的概率要远远大于直接海投。

3. 电话或网络面试

大公司在邀约进行现场面试前，可能会有一轮电话或网络面试。当前一个较为明显的趋势是，第一轮公司会要求你到指定的编程网站上作答。现在有不少火热的在线编程网站，如 Codility、HackerRank 等。亚马逊在第一轮面试前喜欢在 HackerRank 上出题，一般是 2～3 道算法题，每题 1 小时，在给定时间内编写代码。网站会在后台运行你提交的代码，以此评估算法的效率和正确性。只有通过这轮面试，你才有机会到场面试，很多时候这轮面试的难度就不小。

4．现场面试

大公司现场面试的流程冗长而严苛。以腾讯为例，其现场面试往往持续5～6轮。每轮有1～2个面试官对你进行考问。技术面试时，面试官会给出算法题，让你在会议室的白板上写代码。在多轮面试中，前几轮会由工程师针对你的技术能力进行全方位考察。如果通过了，最后一轮很可能要跟 HR 或部门主管洽谈。

1.2.2　简历的制作

未见其人，先闻其声。简历是你不在场的情况下，打动 HR 的最好手段。以前笔者在公司负责面试工作时，看过太多的简历，深有体会。很多求职者的简历缺乏实质内容，针对性不强，结构散漫无序，结果可想而知——往往看过一眼之后就被直接丢掉。好的简历需要具备以下几点特性。

1．注重强调自身技术能力与目标公司的匹配度

如果你面试的是阿里巴巴后台工程师职位，那么在简历中必须突出你在高并发服务器开发方面的经验和能力。例如，"本人有五年高并发后台服务器开发经验。在 Y 公司，我曾使用 Hadoop 搭建超过百台服务器的集群，使得公司网站的请求处理能力有效提升到每秒千万级"。

2．将职位最需要的特长放在开头

通常情况下，简历的阅读方式是从头到尾地快速扫描，因为 HR 一天要处理成千上万份简历，时间有限的情况下不可能做到那么细致。这有点类似于高考老师评判作文，如果开头没有能打动他的地方，他就会草草扫一眼后给你一个低分。因此，简历在开头一定要尽量抓住 HR 的眼球，纲举目张，一上来就列举你参与的重要项目、发表过的论文、技术博客的链接等，尽快展示你的技术能力和热情。

3．简历版面必须整洁，防止出现过多错别字

不要罗列诸如"爱好阅读"等不利于技能筛选的无关信息。英文简历一定要注意单词和语法的正确性，适当控制简历长度，最好不要超过两页。

1.2.3　有效的面试策略

算法面试时，面试官给出题目后，会要求你讲解解题思路，然后在白板或草稿纸上将算法写成代码。不管你多么聪明，准备多么充分，恐怕也很难快速给出解题思路。在压力下，你可能会突发头脑空白，思维被卡死的情况。下面总结几点，帮你在面试时做到有章可循，避免惊慌失措。

1．主动与面试官沟通

你紧张，面试官也紧张，主动跟他讲话，实际上是一种心理暖场。通过寒暄和几句闲聊，让双方紧张的心情放松下来。同时通过交流，搞清楚面试官的出题意图。如果面试官的需求没搞清楚你就下笔解答，结果会导致"偏之毫厘，失之千里"，并且会让面试官觉得你莽撞冒进。弄清题意的一种好方法是根据理解提出一个具体实例。例如，面试官的题目是"在一个排好序的数组中找到第 k 大的值"，那么你应该搞清楚，排好序是指升序还是降序，然后举一个具体实例。例如，你可以问："假定数组是 (2,10,30)，k 的值是 3，你的意思是结果返回元素 10 还是下标 1？"

2．使用小样本数据作为思考切入口

对于 1.1 节的股票交易问题，直接抽象地去推导是很难得出结论的。可以尝试人为构造一些数据，例如假定数组 S 的内容为 1,3,5,2,4。通过具象化的观察，大脑才容易总结出现象后面的原理，没有看到现象，大脑很难直接总结出抽象原理。

3．先从最笨、最简单的方法入手

对算法题而言，先从暴力枚举法开始。很多算法题通过简单的循环嵌套是能解决的，只不过效率很低而已。例如，涉及动态规划、贪婪算法的题目都可以用暴力枚举法解决，1.1 节的股票问题就是如此。先给出暴力枚举法的好处是，它能够引发后续思路，在一定程度上向面试官展现你的逻辑思考能力，有利于把你和面试官的思路聚焦到同一方向；当两人的思维同频共振后，你的思路能更好地被面试官理解。

4．大胆说出想法，有多少说多少

面试时，你的思维可能无法形成连续性，此时不妨想到一点就说一

点。表述是一种思维串联过程，很多散漫的思维点说出来后，很可能自动连线。这么做也有利于面试官掌握你的思路，这样他可以逐步给你提示，把你引导到正确的解题思路上。就算你最后得不到正确答案，通过讲述你的想法，你的逻辑推理能力也会给面试官留下很好的印象。就像考试时，你实在做不出，你就尽量在卷面上写些相关信息，这样老师便能稍微给你点分，这比交白卷好多了。

5．采用算法模式套路

一些数据结构和算法套路经常出现在面试题中，数据结构方面可以优先考虑二叉树、链表、堆栈；算法方面优先考虑排序、二分查找、分而治之。先将这些方法套入题目中，看能不能得出有效的解题线索。

1.2.4 编码实现

有解题思路后，编码实现是非常重要的一步。对于编码，我们也有固定的套路和流程，遵循它们有利于减少不必要的错误。

1．尽量使用代码库和常用接口

对哈希表、链表、二叉树等基础函数库的使用要多加了解。不要在写代码时突然忘了某些接口如何调用，这样会浪费宝贵的时间。

2．将注意力集中在算法主体的表述上

在算法的实现过程中，你可能需要编写一些辅助函数。这些函数你可以声明一个接口，并告诉面试官它是干什么用的，具体实现暂时放一边。在算法主体中直接调用这些接口，当主体代码完成后，再回过头去实现这些辅助函数。通常情况下，面试官掌握你的设计思路后，往往就不需要你实现辅助函数了。如果你先实现辅助函数，浪费了大量富贵的时间，导致算法主体没能及时完成，付出的代价就太大了。

3．手写代码也需注意版面

在白板上写代码时，尽量从左上角开始，这样可以保证足够空间容纳算法主体。从左向右罗列代码，面试官看起来就像平日读书，符合正常的阅读习惯。

4．注意对代码进行边界条件测试

这是一个程序员专业精神的体现。你要注意检查指针是否为空，使用二分查找时，要考虑数组为空或只有一个元素的情况。如果一些边界条件的处理太繁琐，你可以不用写出来，但要跟面试官解释，这样能展示你心思缜密的特性。

5．确保代码语法准确

写完代码后自己先过几遍，确保不要出现太多过于明显的语法错误。就像写完作文，你要读几遍，修改错字病句一样。明显的语法错误是一种伤害性很大的低级错误，它会让面试官对你的印象大打折扣。

6．注意内存管理

在代码中使用 new 分配内存后，记得在后续所有的执行路径上释放已经分配的内存。

1.2.5　面试过程中的交流要点

除了算法面试外，面试官会针对你过往的工作经历、项目经验等情况进行询问，他提问的目的在于以下几点。

1．看你是否有清晰的表达能力

在团队合作中，很重要的一点是成员间流畅地相互沟通。如果你在项目中对需求、架构、流程等有好的想法，你能否将这些想法准确无误地传达给同事，事关到项目的推进效率。因此，在面对面试官进行表述时，应放慢语速，注意表达清晰，必要时通过白板或书写来辅助表达，表述时留意面试官的反应，并对他的反应及时作出响应。

2．考察你是否富有工作激情

很多团队都希望找到那些富有激情和主动性的员工，这样有利于提振团队士气。当面试官让你谈谈以前的项目经历时，你要挑选一个最让你有成就感的，这样你说起来的时候才有利于激发内心的正能量，这些正能量能感染面试官，让他对你刮目相看。

3．一定要诚恳、诚实

不诚实，夸大其词是面试的致命伤。在交流中不要为了显示自己的能耐而信口开河。没有写过 Python 代码，你就不要强调你对 Python 很熟练。你要时刻保持真诚，懂多少就说多少。你的夸夸其谈经不起面试官的深入考问，一旦在逼问下露出自己的肤浅，那通过面试的机会就渺茫了。

4．不要随便道歉

诸如"不好意思，我大学成绩不是很好""对不起，我代码写得不够严谨"，这类道歉其实是想通过示弱的方式讨好面试官，期望减少刁难或降低面试难度。这种做法会向对方传达内心的软弱和不自信，大大降低别人对你的信任感。

5．注意肢体语言

注重眼神交流，说话时多看对方眼睛，不要弯腰驼背，握手时注意力道，脸上时刻保持善意的微笑。

6．不要在技术面试中谈钱

工资福利是重要议题，但要留着跟 HR 谈。

7．保持镇定

有些面试为了测试求职者的心理素质，会暗中进行压力测试。例如，给你出很难的问题，或者面试官在态度上很强硬，不断挑刺或者进行指责……这些做法是想看你在逆境情况下还能否保持自我。面对这种情形，你要提醒自己保持一种不卑不亢的姿态。

1.3 知己知彼，百战不殆——从面试官角度看面试

面试流程可以看成是你与面试官的两人博弈。这就像两人在下棋，要想获得先手，那你必须料敌先机，先行一步。在对方出招前你就摆好抵挡

的架势或者知道其招式的破绽，那么你就可以获得主角光环，游戏的流程可以由你随心所欲地把控。

在笔者十几年的职业生涯里，多次被 HR "押着"去当面试官。每次面试时，心中总是充满矛盾，一是我担心让不合格的求职者通过，二是很害怕不小心错过合适的人。最煎熬的是遇到那种模棱两可的状态，对方能力基本过关，但总感觉其做得不太到位，不是很合适。在这种情形下，我总是咬紧牙关把他 pass 掉。

职场竞争的激烈程度犹如战场。为何面试官总是竭尽全力地考察候选人呢？那是因为他在为自己挑选职场战友，他挑选的这个人是要跟他一起并肩作战的。如果他亲手挑选的人在性格或能力上有瑕疵，在关键时刻掉链子，那对他的职业生涯将会产生非常严重的负面影响。

每一个开发小团队堪称一个特种作战小分队，队员间必须紧密配合方能完成艰巨的作战任务以及在危险的环境中生存下来。试想你的队友很不靠谱，作战时你对他说"掩护我"，然后不假思索地冲了出去，却在敌人的枪林弹雨中发现自己没有得到有效保护，回头一看，猪队友无奈地对你高喊："不好意思，出门忘带枪了。"这时候你会是什么感觉？

1.3.1 如何进行一场良好的面试

挑选一个不合格的队友会给团队带来极大的破坏性。不合格的队友不但不能配合其他成员完成本职工作，而且他将那些非职业化的恶劣习性带入团队，会极大地破坏团队氛围，打击团队士气。同时如果选错人，后面再去开除，公司必须支付一笔不小的遣散费，而且开除行为会给团队成员留下负面的心理阴影。

反之，如果错过优秀的求职者，不但对求职者不公平，也会导致团队错过优秀的同事，这变相地等同于让团队错过进步和发展的时机。因此，面试官在面试时要小心拿捏。在与求职者交流时，他需要注意自己的言行，做到谨言慎行，防止自己不负责任的言行对求职者产生负面影响。

进行一场合格的面试，面试官需要注意以下几点。

1. 客观公正

面试的目的是从众多候选人中挑选出最符合公司或团队需求的人。对于经验欠缺的面试官，常见的问题是不坦诚、不能客观地评价候选人。他们容易受个人情绪影响，而不能公正地对候选人进行多方位考察。如果不能保证评判的全面性、综合性，那么面试就是浪费时间。

2．确保良好的面试体验

面试是向求职者展现公司文化和团队氛围的良机，良好的面试体验会对面试者产生正面影响，候选人有可能成为公司的品牌大使，进而向周围的人传递公司或组织的正面形象。不好的面试过程会给面试者留下不被尊重的负面感。例如在候选人积极描述想法时，面试官表现得心不在焉；候选人认真地讲述见解时，面试官没有认真倾听，而是自顾自地做一些不相干的事情，如检索邮件等……这些行为对候选人是一种不尊重，是在抹黑公司的文化和品牌。

3．注意面试题的设计

面试官需要根据公司需求来制定相应的面试题。如果是创业公司，那么面试官必须着重考察候选人技术的娴熟性，因为公司没有足够的资源和时间去培训新人，面试要确保候选人上岗后必须能快速上手。如果是大公司，由于资源充沛，那么面试题就要侧重考察候选人的成长性和基础知识掌握程度，这就是为何欧美大型互联网公司特别注重考察候选人的算法设计能力、问题分析能力以及沟通能力，而对候选人的具体技术技能反而不看重。

4．注意设计算法面试题的切入点

好的算法面试题能够让候选人从多个角度入手，具备一定的开放性。如果题目只有一个突破口，那么优秀的候选人有可能因为心理压力等非能力因素，在面试时无法顺利找到突破口；而资质一般的候选人可能因为运气原因，偶然撞到突破口上。举例来说，一道题既能用动态规划来解决，也能通过暴力枚举法得出答案，只不过效率上差一些。由于题目有多个入口，即使候选人没有给出最佳答案，但他通过分析给出次佳答案时，面试官也能通过其分析过程得知候选人的技术能力。

5．不随便提出超越需求领域的难题

如果工作项目对某些具体领域的技能不需要，那么面试时就没必要考

察。如果项目需要的是良好的编码能力，面试时就没必要考察候选人的数学理论水平。面试应当聚焦客观实际。

1.3.2 面试官如何主导面试流程

面试流程基本上是面试官问，候选人答。为了问答流程能顺利进行，面试官必须把控与候选人的交流节奏。在候选人思维卡死时能加以适当提示或心理安抚，尽可能地帮助候选人发挥自己的真实水平。在这一过程中，面试官要注意处理以下几种情况。

1．候选人紧张而造成思维卡顿

人在巨大的心理压力下，会出现头脑空白，思维僵化，说不出话来的情形。这种情况并不说明候选人能力不足。此时面试官要注重安抚候选人情绪，缓解其心理压力。可以向候选人表明问题确实很难，思维卡住是正常情况，然后通过提示，慢慢引导候选人把头脑中的思路表达出来。

2．候选人话不对题

有些候选人在交流中容易迷失要点，说些不相干的内容，此时面试官要注意把话题重新引导到焦点上，提示其思路方向不对，并把他的思路拉回到题目要点上。

3．候选人过度自信

做技术的人，自尊心比较要强，因此有些候选人会展现出偏执的个性。虽然他给的方案是错误的，但他仍然固执己见。此时最好的办法是举出一个具体实例，验证其思路的错误性。或者是让候选人构造相应的测试用例，然后放入其错误解法中，从而证明方法的问题所在。

1.3.3 面试官如何评估候选人

面试结束后，候选人能力如何，是否录用，面试官往往已经心中有数。在做出最终结论时，还需小心谨慎，反复权衡。要注意保留候选人在白板或草稿纸上的代码或方案，以便作为候选人的评分依据。做定论时，要全面考虑各种因素，例如候选人解决了多少问题、解题时需要多少提示、候选人在交流中沟通能力如何、言行举止如何等、考量的因素越多，评估就会越准确。如果无法对当前候选人做出明确决定时，可以再考察另外一些候选人，通过相互比较，或许能得出更准确的结论。

第2章 算法面试的技术路线图

初入算法面试领域，就像来到一座陌生的城市，你最需要的莫过于一张当地地图。有了地图的指引，出行时就可以有的放矢，不会像无头苍蝇一样盲目乱转。本章的目的就在于为算法面试构造一张技术路线图，以高屋建瓴的方式总结概括算法面试所需的技术架构。有了格局和方向，处理具体问题时就能做到心中有数。

2.1 算法面试中的数据结构

小时候做数学题时，很多人都有过这样一个愿望，那就是找到一个"万能公式"，使得我们无须思考，只要把题目中的数据代入公式中就能直接给出答案。现实告诉我们，这样的公式根本不存在。然而在很多领域，人们总能归纳出一些通用的执行步骤或思考模式，通过这些步骤或模式，人们能有效地找到解决问题的突破口。算法设计就具有这种属性。

算法面试基本上可以分为 3 种分析模式，分别为常用数据结构模式、算法设计通用模式、常用抽象分析模式。本节我们把精力集中在常用数据结构模式的认识上。

数据结构是一种存储和组织数据的方式。所谓算法，其实就是先构造一种有效存取问题数据的数据结构，然后再设计出一系列步骤，使得数据能被快速有效地处理。不同的数据结构适用于不同的应用场景，例如堆适用于归并排序、哈希表适用于编译器设计。复杂的应用场景需要将不同数据结构组合起来，例如网页爬虫算法就需要堆、队列、二叉树、哈希表等多种数据结构。数据结构可以分为以下几种类型。

2.1.1 基础数据类型

在各类编程语言中都含有基础数据类型，例如 int、char、long 等。基础数据类型在算法面试中时常出现，一种典型的情况是给定一个整数 x，计算它的二进制形式中包含多少个 1。例如，8 的二进制形式是 0b111，它含有 3 个 1。处理这类问题，最直白的方法是使用前面提到的暴力枚举法，先把它转换成二进制形式，然后再细数其中有多少个 1。假设整数 x 的二进制位数是 n，那么暴力枚举法的时间复杂度就是 O(n)。显然，枚举法往往不能给出最优解。较好的做法应该是二进制中包含几个 1，那么算法就循环几次。一种更好的做法是这样的：

```python
def countOnes(x):
    count = 0
    while x > 0:
        count += 1
        x&= (x-1)
    return count


c = countOnes(1234)
print("binary form of 1234 is {0}".format(bin(1234)))
print("binary form of 1234 contains {0} 1s".format(c))
```

运行上述代码，结果如图 2-1 所示。

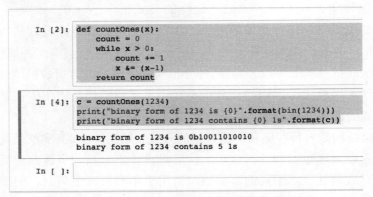

图 2-1　代码运行结果

代码打印出整型数 1234 的二进制形式，里面含有 5 个 1，countOnes 函数返回的结果也是 5。问题在于 countOnes 中的 while 循环只运行了 5 次，也就是二进制形式中含有几个 1，它就循环几次，而不会像枚举法那样把二进制形式中的所有数字都遍历一遍。代码中的语句 x&=(x-1)，它的作用是把二进制形式中最右边的 1 抹除掉。假设 x=0b11000，x-1=0b1011，x&(x-1)=0b10000，于是最右边的 1 就转换成 0；二进制形式中有几个 1，这种转换就进行几次；所有的 1 都转换成 0 后，x 的值等于 0，于是 while 循环就结束了。显然，这种做法比前面所说的枚举法要好。

还有一种更好的思路是列表法。一个 8 位二进制数的最大值是 255，我们可以建立一个含有 256 个元素的数组，每个元素存储对应整型数二进制形式中含有的 1 的个数。假设这个数组为 P，0<=i<=256，那么 P[i] 给出的就是整型数 i 的二进制形式中包含的 1 的个数。例如，3 的二进制形式 0b11 包含 2 个 1，于是 P[3]=2。如果要计算一个 32 位整型数 x，其二进制形式中包含几个 1，那么可以把它分解成 4 个 8 位数的组合，然后查表计算每个 8 位数包含几个 1，最后加总就可以得到结果。假定组成 x 的 4 个字节分别为 b3、b2、b1、b0，那么 b0=x&0xFF、b1=(x>>8)&0xFF、b2=(x>>16)&0xFF、b3=(x>>24)&0xFF，然后再计算 P[b0]+P[b1]+P[b2]+P[b3]，所得结果就是 x 的二进制形式中包含了几个 1。相关算法会在第 4 章详细讲解。

2.1.2 数组与字符串

这是常见考点。数组算法题大多涉及排序。例如，给定两个排好序的数组，让你将它们合并成一个排好序的新数组。更复杂一点的例子，如给定数组 A 下标 i，将数组重新排序，使得数组分成 3 部分，第一部分都小于 A[i]，第二部分等于 A[i]，第三部分大于 A[i]，算法不得分配多余空间。此类问题会在后面详细分析。涉及字符串的题目也很常见，例如将字符串反转、判断字符串是否是回文等。

2.1.3 链表

链表是面试算法题中的常客。相比于数组，链表的优势在于元素的插入和删除很高效，算法复杂度都是 O(1)，而数组的复杂度是 O(n)；只不过链表在获取某一元素时必须从头遍历到元素所在位置，因此复杂度为 O(n)，而数组只需要知道元素下标就可以直接获取，因此复杂度是 O(1)。有关链表的算法题大多涉及链表的操作和结构判断，例如将链表倒转，判断链表是否含有环等。这些问题将在第 5 章详细解答。

2.1.4 堆栈

堆栈是一种后进先出的数据结构。在面试中经常出现的堆栈算法题是判断括号匹配，给定一个括号字符串，例如(() (() ()))，判断左右括号是否正确匹配。另一常见题目是计算波兰表达式，给定字符串"3,4,*,1,2,+,+"，让你计算表达式的运算结果。关于堆栈的算法题将在第 6 章详细分析。

2.1.5 二叉树

二叉树在面试题目中最常用于查找和遍历。对此我们需要掌握二叉树前序、中序、后序这 3 种遍历方式。二叉树有一种特殊形式——二叉查找树，其特点是当前节点值大于左子树所有节点，小于右子树所有节点。在面试算法题中，很多时候采用二叉查找树便能得到很好的解决方案。例如下面这个问题：

给定一组线段，每条线段对应一个闭区间[l,r]，带有颜色和高度。如果两条线段在某个区间重合，那么它们的高度一定不同。如果给定一个坐标点 x，从高处往下看，能看到的颜色就是区间包含 x，而且是位置最高的线段颜色。例如给定 3 条线段：

线段 1，区间[2,6]，高度 10，颜色：红。

线段 2，区间[4,8]，高度 8，颜色：绿。

线段 3，区间[5,10]，高度 7，颜色：蓝。

--------------- (红)

-------------- (绿)

----------------- (蓝)

　x = 6

当 x 的值是 6 时，从高处往下看，看到的颜色是红色，因为这 3 条线段都覆盖坐标点 6，但是线段 1 的位置最高，所以看到的是线段 1 的颜色。

问题的解法是以线段区间的结尾排序，然后从左向右扫描，当扫描到某个点时，把覆盖该点的线段收集起来，根据线段高度构造一个二叉查找树，然后在查找树中获取最高线段，该线段的颜色就是在当前点所能看到的颜色。后面我们会详细分析这道题。

2.1.6　堆

堆是一种特殊的二叉树，也被称为优先级队列。它最显著的特点是，其根节点是所有节点中的最大或最小值。因此在堆中查找最大或最小值很容易，时间复杂度是 O(1)。在堆中插入或删除节点的时间复杂度是 O(lg(n))。堆的应用非常广泛，最常见的是用来设计操作系统的时钟，也就是 Timer。在系统编程中，我们使用 Timer 来实现时间回调功能，也就是经过指定的时间段后，系统会自动调用你提供的函数。堆还可以用来进行快速归并排序，假定给定 n 个已经排好序的数组，让你把它们合并为一个排好序的数组，这时候使用堆就很合适。第 8 章将详细研究堆的性质和运用。

2.1.7　哈希表

哈希表最广泛的用处在于快速查询数据，其插入、删除、查找的复杂度都是 O(1)，哈希表设计的关键是哈希函数，哈希函数的计算值要尽量接近独立统一分布。哈希表的缺点在于，当插入的元素过多，表内空间不足时，需要重新分配空间并把原有数据重新插入，因此复杂度为 O(n)。

以上就是我们总结的面试中常用的数据结构。一旦采用了合适的数据结构，很多难题会迎刃而解。大家或许对提到的数据结构还不是很了解，在本书的后续章节会为大家刨根究底，让你愉快地将这些数据结构玩弄于股掌之中。

2.2 算法的设计模式

算法面试的目的是在一个小时内确定候选人的分析和设计能力。受时间限制，面试所用的题目必须限定在一定范围内，因此不管题目多难，它的设计一定出于某种思维套路，而每种套路都必然对应一种拆解方式。在面试中你可以尝试直接使用下列几种分析方式去寻找突破口，它们分别是排序、递归、分而治之、动态规划、贪婪方法、逐步改进、排除法。下面分别对每一种分析方式进行简要说明。

2.2.1 排序

先看个例子。给定一个整型数组 A，以及整数 M，判断 A 中是否包含这样的 i、j，使得：

$$M = A[i] + A[j]$$

对于这个问题，如果你很快想到暴力枚举法，那表明你从前几节内容获得了实质性收获。通过暴力枚举法，我们遍历数组中一切可能的两两组合，看是否存在满足条件的 i、j。这么做显然是可行的，但是效率不高，这种遍历需要的时间复杂度是 $O(n^2)$。

在面试中，一旦你遇到数组，第一反应就应是先排序。假设对数组 A 进行升序排列，排序的时间复杂度是 $O(nlg(n))$。关于排序后面会详细讲解。排序后对于任意 i，要判断是否存在 j，使得 $M = A[i] + A[j]$，我们只需要在排好序中的数组中折半查找是否存在这样一个元素，它的值等于 M–A[i] 即可。根据 2.1 节讲到的具象思维方法，我们构造一些实际数据，这样有利于思考。假定数组 A 的内容如图 2-2 所示。

图 2-2　数组 A 中元素

M 的取值假定为 9，数组 A 排好序后如图 2-3 所示。

图 2-3　数组 A 排好序后的情况

　　当 i 的值取 0 时，A[i]=1，于是需要在数组中查找是否存在元素 j，使得：

$$A[i] = M{-}A[i] = 9{-}1 = 8$$

　　很显然数组中存在这样的元素，也就是最后一个元素 A[7]。相应的代码如下：

```
...
折半查找，在一个升序排列的数组中查找指定元素，先找出数组中间元素。如果等
于指定元素，那么直接返回；如果小于指定元素，那么在数组前半部进行查找；如
果大于指定元素，在数组的后半部查找
...
def binaryFind(A, m):
    if len(A) == 0:
        return -1

    i = int(len(A) / 2)
    if A[i] == m:
        return i
    if A[i] > m and i - 1 >= 0:
        return binaryFind(A[0: i - 1], m)
    if A[i] < m and i + 1 <len(A):
        return binaryFind(A[i: len(A)], m)

    return -1

A = [3, 1, 5, 6, 7, 4, 2, 8]
#把A升序排列
A.sort()
M = 9
success = False
for i in range(len(A)):
    m = M - A[i]
    j = binaryFind(A, m)
    if j != -1 and j != i:
        print("存在i和j使得A[i] + A[j] = {0}".format(M))
        success = True
        break
if success != True:
    print("不存在i,j, 使得A[i] + A[j] = {0}".format(M))
```

运行上述代码，结果如图 2-4 所示。

```
In [14]:  '''
          折半查找，在一个升序排列的数组中查找指定元素，先找出数组中间元素，如果等于要找元素，那么直接返回，如果小于
          指定元素，那么在数组前半部进行查找，如果大于指定元素，在数组的后半部查找
          '''
          def binaryFind(A, m):
              if len(A) == 0:
                  return -1

              i = int(len(A) / 2)
              if A[i] == m:
                  return i
              if A[i] > m and i - 1 > 0:
                  return binaryFind(A[0: i - 1], m)
              if A[i] < m and i + 1 < len(A):
                  return binaryFind(A[i: len(A)], m)

              return -1
```

```
In [17]:  A = [3, 1, 5, 6, 7, 4, 2, 8]
          #把A升序排列
          A.sort()
          M = 9
          success = False
          for i in range(len(A)):
              m = M - A[i]
              j = binaryFind(A, m)
              if j != -1 and j != i:
                  print("存在i和j使得A[i] + A[j] = {0}".format(M))
                  success = True
                  break
          if success != True:
              print("不存在i,j, 使得A[i] + A[j] = {0}".format(M))

          存在i和j使得A[i] + A[j] = 9
```

图 2-4　代码运行结果

2.2.2　递归

递归是指一个函数在执行中再度调用它自己。递归一定要有一个终结判断，否则递归会无休止地进行，直到缓冲区溢出。2.2.1 示例代码中，函数 binaryFind 就采用了递归的技巧。当一个大问题能够分解成多个结构相同的子问题时，使用递归处理就很合适。例如，字符串匹配是一个典型的用递归来处理的问题。题目如下：

实现一个正则表达式引擎，使其能将给定字符串与给定表达式 X 按条件匹配：

（1）X 是一个字符，字符串的内容也必须是字符 X。

（2）X*，给定字符串的格式必须是字符 X 零次或多次重复。例如，X 等于字符 a，那么输入字符串形式必须是 a,aa,aaa…，以此类推。

（3）X = r1r2。其中 r1、r2 为两个正则表达式。字符串必须能分割成两部分，第一部分能与 r1 匹配，第二部分能与 r2 匹配。

该问题的解决需要使用递归思路，在后续章节会详解具体做法。

2.2.3　分而治之

　　分而治之，就是把问题分解成若干个规模更小的子问题。如果子问题容易解决，那么解决子问题后，把所有结果整合起来便形成原有问题的解。例如，归并排序就是典型的分而治之策略。排序时先将数组分成两部分，并分别进行排序，然后再把排好序的两部分整合成一个排序数组。举个具体实例，假定数组内容如图 2-5 所示。

图 2-5　数组元素

　　我们把它分成两部分：3,1,5,6 和 7,4,2,8。前半部分又可以继续分成两部分，分别是 3,1 和 5,6。接着分别对这两部分排序，于是它们变成 1,3 和 5,6。然后把它们合并到一起，变成 1,3,5,6。这样的话前半部分就排好序了，后半部分一样处理，于是两大部分就可以排好序，最后再合并成一个排好序的数组。具体代码如下：

```
def mergeSort(A):
    if len(A) <= 1:
        return A

    #把数组分成两部分分别排序
    half = int(len(A) / 2)
    first = mergeSort(A[0:half])
    second = mergeSort(A[half:len(A)])
    #把两部分合并
    i= 0
    j = 0
    newA = []
    while i <len(first) or j <len(second):
        #合并时，把两个数组中较小的一个插入新数组
        if i <len(first) and j <len(second):
            if first[i] <= second[j]:
                newA.append(first[i])
                i += 1
            else:
                newA.append( second[j])
                j += 1
        else:
            #如果后半部数组已经全部插入，那么把前半部剩余元素插入新数组
```

```
            if i <len(first):
                newA.append(first[i])
                i += 1
            #如果前半部数组已经全部插入，那么把后半部剩余元素插入新数组
            if j <len(second):
                newA.append(second[j])
                j += 1
    return newA

A = [3, 1, 5, 6, 7, 4, 2, 8]
A = mergeSort(A)
print(A)
```

运行上述代码，结果如图 2-6 所示。

```
In [26]:   def mergeSort(A):
               if len(A) <= 1:
                   return A

               #把数组分成两部分分别排序
               half = int(len(A) / 2)
               first = mergeSort(A[0:half])
               second = mergeSort(A[half:len(A)])
               #把两部分合并
               i= 0
               j = 0
               newA = []
               while i < len(first) or j < len(second):
                   #合并时，把两个数组中较小的一个插入新数组
                   if i < len(first) and j < len(second):
                       if first[i] <= second[j]:
                           newA.append(first[i])
                           i += 1
                       else:
                           newA.append( second[j])
                           j += 1
                   else:
                       #如果后半部数组已经全部插入，那么把前半部剩余元素插入新数组
                       if i < len(first):
                           newA.append(first[i])
                           i += 1
                       #如果前半部数组已经全部插入，那么把后半部剩余元素插入新数组
                       if j < len(second):
                           newA.append(second[j])
                           j += 1
               return newA

In [27]:   A = [3, 1, 5, 6, 7, 4, 2, 8]
           A = mergeSort(A)
           print(A)

           [1, 2, 3, 4, 5, 6, 7, 8]
```

图 2-6　代码运行结果

分而治之是一种重要且常见的算法设计模式，后续章节会详细讲解。

2.2.4　动态规划

动态规划问题是算法面试中很常见，也是难度最大的问题。动态规划主要用来处理最优化问题，当你看到题目中有类似"成本最少""路径最短"等表示求极值的意思时，就必须要考虑动态规划。我们来看个具体例子。

假定两个字符串 A(n)=a1,a2,…,an，B(m)=b1,b2,…,bm，求两个字符串的最大共同子串。假如 A="afghenj"，B="atfkuhndjop"，那么两字符串的最大共同子串为"afhnj"。我们把算法步骤描述出来，先感受一下何为动态规划。

（1）如果 A 和 B 最后一个字符相同，那么 A 和 B 的最大共同子串就是 A(n-1)与 B(m-1)的最大共同子串再加上最后一个字符，即 lcs(A(n),B(m)) = lcs(A(n-1),B(m-1)) + A[n-1]。

（2）如果两字符串最后一个字符不相同，那么 lcs(A(n),B(m))= max(lcs(A(n-1),B(m)),lcs(A(n)，B(m-1)))。由于动态规划内容比较复杂，将在第 12 章进行详细讲解。

2.2.5　贪婪算法

贪婪算法也是解决最优化问题的一种算法模式。它的思想是，要达到全局最优化。可以尝试让每个局部先达到最优化，然后看整体是否能达到最优化。有很多经典的算法设计问题可以使用贪婪算法来解答，例如最小生成树、霍夫曼编码、最小点集覆盖等。本书会在第 11 章专门探讨。

2.2.6　逐步改进

逐步改进的思想是，当我们用遍所有方法都不能找到问题的最优解时，可以退而求其次，先找一个次优解，然后通过反复调整和不断改进，让次优解越来越接近最优解。举个例子，总共有 n 个学生和 n 个教授，每个教授对学生都有不同的好感度排名，每个学生对教授也有不同的好感度排名，要求输出一对一配对，但配对中不能出现这样的情况——(s0,p0)和 (s1,p1)，其中 s0、s1 是学生，p0、p1 是教授，s0 对教授 p1 的好感度强于 p0，而教授 p1 对学生 s0 的好感度也强于 s1。

运用逐步改进的思路来解决，我们可以这么做：每个学生根据心中对教授的好感度排名，依次请求教授配对。接到请求的教授根据他心中对学生的好感度排名，看当前学生好感度是否好于上一位发出请求的学生。如果是，那么他接受当前学生，拒绝上一位学生；如果不是，那么就拒绝当前学生。

如果学生被拒绝，那么他根据好感度排名，向下一位教授发出请求。一轮下来后，如果有学生尚未被匹配，那么以相同方式再进行下一轮。反复进行，直到学生和教授完全匹配为止。要证明该办法的正确性不容易，后面有机会我们再详解。

逐步改进适用于探索性算法，也就是其他算法都不能解决问题的情况下才采用走一步看一步的办法。我们对问题先找出一个不是很好的方案，然后在此方案基础上不断地改进，直到它满足工程需求为止。很多时候，逐步改进法并不能找到最优方案。

2.2.7　排除法

排除法的核心是不断去掉不满足条件的结果，直到剩下能够满足条件的结果。二分查找法是排除法最经典的应用。假定有一个已经排好序的数组：

$$1,2,3,4,5,6,7,8,9,10$$

如果要查询数字 8 是否在数组中，我们先看位于中间的元素。假定这个元素是 5。由于数组是升序排列的，因此可以完全忽略掉 5 和位于它前面的所有元素。于是可以集中精力查找元素 5 后面的部分。

以上说到的算法设计模式基本可以满足算法面试需求。当我们拿到题目后，把上面的分析模式一一套用，看哪种办法能够找到突破口，甚至是直接得到解决方案。算法面试最棘手的情况是，面对题目你一点思路都没有。如果把算法面试题当作一只狡猾的狐狸，那么这几种设计模式就是一个笼子，用它把狐狸罩住。狐狸就算再狡猾，也逃不出你的五指山了。

2.3　抽象分析模式

面试中最害怕的是拿到问题后感觉无处下手。本节要告诉你的，就

是当你没有思路时，不妨直接套用以下几种思考方法，很可能你便快速找
到突破口。

2.3.1　样例覆盖

样例覆盖就是将问题分解成各种范围更小的子范围，这些子范围相比
于原问题更容易分析，而且所有子范围综合到一起后，能覆盖原有问题领
域。举个例子，证明 $n^3 \bmod 3 = 0,1,8$。任意整数整除 3 时，只可能有 3 种情
况：一是它正好整除 3，也就是 n 是 3 的倍数；二是它整除 3 时，余数是 1；
三是它整除 3 时，余数是 2。于是整数 n 可以分成 3 种具体情况，分别是 n =
3m，n = 3m+1，n = 3m + 2。无论 n 的值如何变化，它肯定属于 3 种情况之
一。我们把这 3 种情况代入到式子中验证一下。对于 n = 3m，n^3 整除 3 余数
是 0；对于 n = 3m+1，n^3 整除 3 余数是 1；对于 n = 3m+2，n^3 整除 3 余数是
8，由此原等式便得以成立。

2.3.2　小量数据推导

当面对的问题感觉直接从抽象逻辑上推导很困难时，我们可以设计一
些数量小的实例数据代入问题中，看看能否得到有效思路，然后再把思路
推广到数量更大的范围，这类似于数学归纳法。举个例子，走廊上有 500
道门，编号为 1~500。第一个人走过，打开每一扇门；第二个人走过，把
编号为偶数的门关上；就这样当第 i 个人走过，他会把编号为 1×i,2×i,3×i,…
的大门状态翻转过去，也就是原来关着的他就打开，原来开着的他就关
上。试问第 500 个人经过后，有多少门是开着的。

该问题直接抽象推导出结果很困难。如果我们用一些数量小的实例数
据代入，或许便会找到头绪。500 扇门数量太大，不妨假设门的数量只有
1、2、3、4 或 10，由于门的数量不多，我们可以直接把题目的操作运用到
每一扇门上。做完后我们发现，只有 1 扇门时，最后开着的门数是 1；只有
2 扇门时，最后开着的门数是 1；只有 3 扇门时，最后开着的门数也是 1；
只有 4 扇门时，最后开着的门数是 4；10 扇门时，最后开着的门数是 9。由
此我们不难得出一个结论，即最终开着的门数等于最接近总数的完全平方

数。最接近 500 的完全平方数是 484，即 22 的平方，因此最后开着的门数量是 484。

2.3.3 简单方案的逐步改进

对于很多面试算法题，很容易找到简单但效率不好的解法，例如之前反复强调的暴力枚举法。面对一个问题，我们可以先找出简单但不完美的方法，然后再加以改进。举个例子，将数组 A 中的元素重新排列，得到数组 B，使其具有如下特点：

B[0]<=B[1]>=B[2]<=B[3]…

一种简单但效率不高的解法是先将 A 降序排列，然后交换比邻的两个元素。假定 A 的内容如下：

1,3,4,5,8,6,2,7,9,10

降序排列后所得数组 B 为：

10,9,8,7,6,5,4,3,2,1

两两交换位置后为：

9,10,7,8,5,6,3,4,1,2

排序的时间复杂度是 $O(nlg(n))$，因此算法的整体时间复杂度是 $O(nlg(n))$。

在此基础上有没有更好的方案呢？我们先找到中位数，也就是排序后处于中间位置的元素，然后把元素分成两部分，一部分小于中位数，一部分大于中位数，然后将两部分元素交叉组合即可。以上面数组为例，中位数为元素 6，于是数组分成两部分：

1,3,4,2,5 和 8,6,7,9,10

然后 1 和 8 配对，3 和 6 配对……如此便有 1,8,3,6,4,7,2,9,5,10。查找中位数的时间复杂度是 $O(n)$，因此算法时间复杂度是 $O(n)$。

还有没有更好的办法呢？我们遍历数组，如果元素下标 i 是偶数，且 A[i]<A[i+1]，那么就两两交换；如果 i 是奇数，且 A[i]>A[i+1]，那么也两两交换，其最终也能达成效果。时间复杂度与上一种方案一样，但其实现更加简单。代码如下：

```
def swap(array, i, j):
    temp = array[i]
```

```
    array[i] = array[j]
    array[j] = temp

array = [1,3,4,5,6,2,7,9,10]
for i in range(len(array) - 1):
    if (i % 2 == 0 and array[i] > array[i+1]) or (i % 2 == 1 and
array[i] < array[i+1]):
        swap(array, i, i+1)
print(array)
```

运行上述代码，结果如图 2-7 所示。

```
In [14]:  def swap(array, i, j):
              temp = array[i]
              array[i] = array[j]
              array[j] = temp

In [20]:  array = [1,3,4,5,6,2,7,9,10]
          for i in range(len(array) - 1):
              if (i % 2 == 0 and array[i] > array[i+1]) or (i % 2 == 1 and array[i] < array[i+1]):
                  swap(array, i, i+1)
          print(array)

          [1, 4, 3, 6, 2, 7, 5, 10, 9]

In [ ]:
```

图 2-7　代码运行结果

2.3.4　问题还原

有两个字符串，如何判断第 1 个字符串是否是第 2 个字符串的倒转？例如"car"其倒转可以是"arc"，也可以是"rca"，简单做法是，把字符串按每个字符所在位置进行倒转，然后再跟给定字符串匹配。这么做算法复杂度为 $O(n^2)$。

事实上，该问题的本质是字符串子串匹配问题，也就是给定字符串 S，判断其是否含有子字符串 T。在后面章节中，我们会研究很多时间复杂度为 $O(n)$ 的子串匹配算法。如果我们把例子中的第 2 个字符串自己首尾相连，然后判断第 1 个字符串是否是首尾相连后字符串的子串。如果是，那么两个字符串便具有倒转关系。

例如，"rca"和自己首尾相连后为"rcarca"，而"car"确实是相连后字符串的子串，因此两者间便是相互倒转关系。由此通过把一个问题还原成另一个问题，便找到了更好的解法。

2.3.5　图论模拟

很多问题其实能够转换为图论问题，利用图论的办法加以解决。我们看一个例子。给定一组货币互换汇率表，由你决定能否实现汇率套利，也就是选定一种货币，然后经过一系列货币兑换后，最终换回原来货币时，得到的币值比原来高。假定有一个汇率兑换表如表 2-1 所示。

表 2-1　汇率兑换表

	USD	EUR	GBP	JPY	CHF	CAD	AUD
USD	1	0.8148	0.6404	78.125	0.9784	0.9924	0.9645
EUR	1.2275	1	0.7860	96.55	1.2010	1.2182	1.1616
GBP	1.5617	1.2724	1	122.83	1.5280	1.5498	1.4778
JPY	0.0128	1.0.0104	0.0081	1	1.2442	0.0126	0.0120
CHF	1.0219	0.8327	0.6546	80.39	1	1.0142	0.9672
CAD	1.0076	0.8206	0.6453	79.26	0.9859	1	0.9535
AUD	1.0567	0.8609	0.6767	83.12	1.0039	1.0487	1

根据表 2-1，我们可以找到一条套利路径：1USD → 0.8148EUR → 0.9686CHF → 78.6676JPY → 1.00694USD。当 1 美元经过一系列转换后，最终得到大于 1 美元的数值。

这个问题转换为图论，每一种货币对应一个节点，货币间的相互汇率取对数后作为节点间的距离，于是问题转换为判断图中是否含有一个回路或是环，使得环的距离之和为正数。这样的环可以通过图论中的 Bellman-Ford 算法找到。图论的具体内容会在第 10 章详细讲解。

面试时，如果一开始想不到突破口，不妨将本章提到的办法直接套入问题中看看。一般而言，面试算法的难度有限，题目的思路范围会有所限定，因此将本章方法直接应用到题目里，找到有效线索的概率是非常大的。

第 3 章　基础数据类型的算法分析

　　程序在运行过程中，会根据指令更新内存中的变量数值。而程序的变量可以根据类型来划分。类型决定了变量的取值范围以及怎样的运算能作用在变量上。变量的类型中，有一大类称之为基础数据类型。在 Python 语言中，基础数据类型有 bool、char、short、int、long、float、double 等。很多复杂的复合数据类型就是由各种基础数据类型聚合在一起形成的。

3.1　基础数据类型中二进制位的操作算法

　　在算法题面试中，大部分会涉及到对基础数据类型二进制形式的位操作。本节介绍几道有关位操作的经典算法面试题。

3.1.1　整型变量值互换

　　给定两个整型变量 a、b，在不使用其他变量的情况下，实现两变量值的交换。如果可以使用第 3 个变量缓存的话，这道题很容易解决；但如果不能使用，那就得从二进制层面入手解决。代码如下：

```
a = 1234
b = 5678
print("binary before swap,a:{0}, b:{1}".format(bin(a),bin(b)))
#下面 3 句代码连续做 3 次异或操作便可以互换两变量的值
a = a ^ b
b = a ^ b
a = a ^ b
print("binary after swap,a:{0}, b:{1}".format(bin(a),bin(b)))
```

运行上述代码，结果如图 3-1 所示。

```
In [1]:  a = 1234
         b = 5678
         print("binary before swap,a:{0}, b:{1}".format(bin(a),bin(b)))
         #下面三句代码连续做三次异或操作便可以互换两变量的值
         a = a ^ b
         a = a ^ b
         a = a ^ b
         print("binary after swap,a:{0}, b:{1}".format(bin(a),bin(b)))

         binary before swap,a:0b10011010010, b:0b1011000101110
         binary after swap,a:0b1011000101110, b:0b10011010010

In [ ]:
```

图 3-1　代码运行结果

上述代码在互换两变量的值时，没有使用第 3 个变量，而是直接在两变量上进行 3 次异或操作。这道题笔者曾在面试经历中被问过多次，但都没有答对，大家要引以为戒。

3.1.2　常用的二进制位操作

二进制相关的算法，主要涉及位的运算与操作。下面介绍几种常用的相关操作。

1. 最低位 1 清零

x&(x-1)，该操作是把 x 二进制形式中最低位的 1 转化为 0。例如 x = 0b1010110，执行该语句后 x 变成 0b1010100。注意到最低位的 1 变成了 0。

2. 获取最低位的 1

x&!(x-1)，该操作把 x 最低位的二进制 1 提取出来。例如 x = 0b1010110，执行 x-1 后得到 0b1010101，!(x-1)相当于将前者取反，于是得到 0b0101010，再和原来的二进制表示做"与"操作，也就是 x&!(x-1)，结果是 0b0000010。注意到原来 x 二进制形式中最低位的 1 保持不变，其他的全变成 0。

3. 交换指定位置的两个比特位

二进制操作中，一个重要操作就是交换第 i 位和第 j 位两个比特位上的

值。例如 x=0b0101,i=0,j=1，交换 i 和 j 两个位置上的比特位后 x 变成
0b0110。该操作的具体实现代码如下：

```
def swapBit(x, i, j):
    #如果第 i 位和第 j 位上的数值相同那就没必要进行操作
    if ((x>>i) & 1) != ((x>>j) & 1):
        x ^= ((1<<i) | (1<<j))
    return x

x = 0b100100
i = 2
j = 3
print("binary format of x before swap bit of {0} and {1} is {2}".
format(i,j,bin(x)))
x = swapBit(x, i, j)
print("binary format of x after swap bit of {0} and {1} is {2}".
format(i,j,bin(x)))
```

运行上述代码，结果如图 3-2 所示。

```
In [6]: def swapBit(x, i, j):
            #如果第 i 位和第 j 位上的数值相同那就没必要进行操作
            if ((x>>i) & 1) != ((x>>j) & 1):
                x ^= ((1<<i) | (1<<j))
            return x

In [7]: x = 0b100100
        i = 2
        j = 3
        print("binary format of x before swap bit of {0} and {1} is {2}".format(i,j,bin(x)))
        x = swapBit(x, i, j)
        print("binary format of x after swap bit of {0} and {1} is {2}".format(i,j,bin(x)))

binary format of x before swap bit of 2 and 3 is 0b100100
binary format of x after swap bit of 2 and 3 is 0b101000
```

图 3-2　代码运行结果

从运行结果可以看到，x 原来的第 2 比特位为 0，第 3 比特位为 1，执
行 swapBit 后返回值里，x 的第 2 比特位变成了 1，第 3 比特位变成了 0。

3.1.3　解析一道二进制操作相关算法面试题

对于 64 位或 32 位无符号整型数 x，我们在它的二进制表示中，把 1
的个数称为 x 的权重。例如 x = 7，它的二进制表示形式为 0b111。由于有 3
个 1，因此 x 的权重就是 3。用 S(k)表示 64 位或 32 位无符号整型数中，权
重是 k 的所有整数的集合，其中 k 不等于 0,64,32。给定一个整型数 x，假

定它属于集合 S(k)，要求你找到另一个属于 S(k)的整数 y，使得|x–y|的值最小。

还记得前面讲过的一种方法——小量数据分析吗？现在我们就构造一些简单的实例数据代入到题目中检测一下，看看有没有规律可循。假设 k = 3，也就是整数的二进制形式中 1 的个数为 3。于是不妨假设 x = 0b1011，接着取一些满足条件的 y 值计算一下。例如 y = 0b01110，那么就有：

$$|x - y| = 0b101$$

如果 y = 0b1101，那么就有：

$$|x - y| = 0b10$$

如果 y = 0b111，那么就有：

$$|x - y| = 0b100$$

由此可以发现，当 x = 0b1011 时，能够取得最小值的是 y = 0b11101。我们再测试一下其他情况，假设 k=4，x=0b11011，当 y = 0b11110 时，下面式子成立：

$$|x - y| = 0b11$$

如果 y = 0b11101，那么下面式子成立：

$$|x - y| = 0b10$$

如果 y = 0b10111，那么下面式子成立：

$$|x - y| = 0b100$$

通过测试我们发现，当 x = 0b11011，y = 0b11101 时，可满足条件。如果把上面的测试总结起来看，可以发现满足条件的整数 y，其二进制形式有这样的特点：在 x 的二进制形式中，从右边开始往左遍历，当第一次发现两个相邻比特位上的数值不同时就交换这两个比特位，这样就能得到满足条件的 y。

例如，当 x = 0b1101 时，如果最右边的比特位下标由 0 开始，那么从右往左，第一次出现相邻两个比特位值不同的地方是下标 0 和 1，把它们互换一下，得到的值为 0b1110。这就是满足条件的 y 值。当 x = 0b11011 时，从右往左第一次出现相邻两个比特位不同的地方是 1 和 2，把这两个比特位互换得到的结果为 0b11101，也就是上面例子中 k = 4 时满足条件的 y 值。

这样我们就得到一个可行的算法。从右向左扫描 x 的二进制比特位，当第一次发现相邻的两个比特位上数值不一样时，交换相邻的比特位，所得结果就是满足题目要求的 y。

　　下面从理论上验证一下算法的正确性。假设 x、y 都属于 S(k)，也就是它们的二进制形式拥有相同数量的 1；从最右边开始扫描。倘若扫描到第 i 位时，x 的二进制在该位置上是 0，y 在该位置上是 1，由于 1 的个数是一样的，因此在大于 i 的某个位置 j，得到满足 x 在第 j 位上的比特位是 1，而 y 在第 j 位上的比特位是 0。这样当扫描到第 j 位时，x 与 y 之间的差值就满足：

$$|x - y| = |2^j - 2^i|$$

　　要想让 $|x - y|$ 的值足够小，那么就必须使得相同位置上比特位值不同的情况尽可能少，也就是说这种差异最多发生一次，而且 i 和 j 的值要尽可能接近，j 比 i 大，但又尽可能接近 i，那么 j 的值只能是 i+1。由此可以得出以下代码：

```python
def closestWithTheSameWeight(x):
    #假设 x 是 64 位整型数
    for i in range(0,64):
        #从低位向高位扫描，找到相邻但值不同的比特位
        if ((x>>i)&1) ^ ((x>>(i+1))&1):
            #交换两个相邻的比特位
            x ^= (1<<i)|(1<<(i+1))
            return x

x = 0b11011
y = closestWithTheSameWeight(x)
print("integer closest to x with the same weight is {0}".
format(bin(y)))
```

运行上述代码，结果如图 3-3 所示。

```python
def closestWithTheSameWeight(x):
    #假设x是64位整型数
    for i in range(0,64):
        #从低位向高位扫描，找到相邻但值不同的比特位
        if ((x>>i)&1) ^ ((x>>(i+1))&1):
            #交换两个相邻的比特位
            x ^= (1<<i)|(1<<(i+1))
            return x

x = 0b11011
y = closestWithTheSameWeight(x)
print("integer closest to x with the same weight is {0}".format(bin(y)))

integer closest to x with the same weight is 0b11101
```

图 3-3　代码运行结果

3.1.4　总结

本节我们进行了有关基础数据类型二进制运算和操作方面的算法研究。我们探索了几种对二进制比特位进行操作的方式，这些操作分别是把最低位的 1 清零、获取二进制中最低位的 1，以及交换指定位置的比特位。最后我们分析了一道有关二进制操作的面试算法题，给出了算法设计和代码实现。

请你在理解上述内容后，用纸和笔将代码重新实现一遍。因为大多数面试都是通过纸笔来进行的，因此用笔和纸来练习写代码才能更好地模拟实际面试情况。

3.2　用二进制操作求解集合所有子集

二进制比特位操作稍加延伸，就可以得到不少算法题的解法。例如，集合运算和整型数值运算就可以通过二进制的比特位操作得到更好的求解方法。本节先来看看如何把二进制操作运用到集合的子集运算上来。

3.2.1　题目描述

有一个集合 S，要求打印出其所有子集，子集元素用逗号隔开。假设集合 S 的内容为 S={"A","B","C"}，那么该集合的所有子集分别为"A,B,C" "A,B" "A,C" "B,C" "A" "B" "C"和 NULL。其中 S 本身和空集都可以认为是 S 的子集。

集合以及它的子集是如何与二进制联系起来的呢？二进制不就是一系列 0 和 1 的组合吗？对于 S 集合中的一个子集，S 中的元素要不存在于子集中，要不就不属于给定子集。如果存在于子集中，我们就用 1 表示；如果不存在于子集中，则用 0 来表示。于是子集元素就与二进制密切关联。

3.2.2　算法描述

以题目为例，集合 S 中包含 3 个元素，那么让 S 对应于 3 个位长的二进制数：

"A"　　　　"B"　　　　"C"

b　　　　b　　　　b

b 代表一个二进制数，可以取值 0 或 1。如果元素"A"在给定的子集中，那么它对应的 b 取值 1；如果不在子集中，那么对应的 b 取值为 0。这样一来，子集{"A","B"}对应的二进制数为 0b110。这样就使得子集与二进制建立了对应关系。反过来，给定一个二进制数，就可以得到一个相应子集。于是可以推断出如下对应：

0b111(7)　→　A B C

0b110(6)　→　A B

0b101(5)　→　A C

0b100(4)　→　A

0b011(3)　→　B C

0b010(2)　→　B

0b001(1)　→　C

0b000(0)　→　NULL

括号中的数是二进制对应的十进制数。这样我们就得到一个有效算法。假定集合 S 包含 n 个元素，那么就构造 n 个位长的二进制数，遍历 n 个位长二进制数所有取值，然后根据二进制每个比特位上的值是 0 还是 1 来决定对应元素是否在子集中。

遍历所有可能的二进制数取值不难。以题目为例，当集合元素总数为 3 时，集合就对应一个位长是 3 的二进制数。3 个位长二进制数对应的最大整数为 7，也就是 0b111，那么 0~7 之间所有整数转换为对应的二进制数，就可以得到位长为 3 的二进制数的所有可能情况。

3.2.3　代码实现

根据上面描述的算法步骤，我们用代码实现如下（注意结合注释说明来加深对代码逻辑的理解）。

```
def fixBinaryString(val, setlen):
    ...
    必须保持 val 的二进制长度与集合长度一致。例如，如果集合有 3 个元素，
```

val=2，那么它的二进制形式是 0b11

　　函数在高位补 0，于是 0b11 转换为 0b011，这样在打印集合元素时才能根据二进制位对应得上每一个元素

```
    ...
    binary = bin(val).replace('0b', '')
    while len(binary) < setlen:
        binary = "0" + binary
    return binary

def printSetByBinary(val, collection):
    ...
```

　　根据整数二进制形式中比特位上的值是 0 还是 1 选择是否把对应元素打印到子集中

```
    ...
    #先把整型对应的二进制位数根据集合元素个数补全
    binary = fixBinaryString(val, len(collection))
    idx = 0
    isNull = True
    while idx < len(binary):
        #如果对应比特位是 1，那么就打印对应的集合元素
        if binary[idx] == '1':
            if isNull is False:
                print(",",end='')
            print(collection[idx], end='')
            isNull = False
        idx += 1
    if isNull is True:
        print("NULL")
    print(";")

def handleAllSubSet(set):
    count = len(set)
    val = 0
    #根据集合中元素的个数构造相应位长的二进制数，并把所有对应的比特位都设
置为 1
    for i in range(count):
        val |= (1<<i)
    while val >= 0:
        printSetByBinary(val, set)
        val-=1
collection = ["A", "B", "C", "D"]
handleAllSubSet(collection)
```

运行上述代码，结果如图 3-4 所示。

```
In [38]: collection = ["A", "B", "C", "D"]
         handleAllSubSet(collection)

A,B,C,D;
A,B,C;
A,B,D;
A,B;
A,C,D;
A,C;
A,D;
A;
B,C,D;
B,C;
B,D;
B;
C,D;
C;
D;
NULL
;
```

图 3-4　代码运行结果

3.2.4　算法分析

对于一个 n 位长的二进制数，它所有的可能取值情况有 2^n 那么多，因此算法的复杂度就是 $O(2^n)$。这种指数级的时间复杂度算法的效率是很低的，但就该问题而言，它注重考查的是你的解题思路，算法效率不是重点。

3.3　使用二进制求解最大公约数

二进制操作还能够运用到数值计算上。就像前面所看到的那样，二进制操作不仅可以快速实现两个整型变量值的交换，还可以运用到整数的加减乘除等数值运算上。下面我们就来看看，如何使用二进制操作有效地实现求解两个整数的最大公约数。

3.3.1　题目描述

两个整数 x、y，它们的最大公约数 d 必须满足 d|x，而且 d|y。其中，

符号"|"表示整除，d|x 表示 x 是 d 的倍数，或者说 x 能够整除 d。要求设计一个算法来计算最大公约数，算法不能使用乘法、除法和求余运算。

这道题有一定的难度。我们把条件放宽一步，假设可以使用乘法、除法和求余运算，看看有没有更好的解决办法。对整数求余，最著名的要数欧几里得算法。它的做法如下。

假设有两个整数 a、b，其中 a > b，求它们的最大公约数。先求两数相除后的余数，于是先对 a、b 进行求余运算。假设他们相除后余数是 d，即 d = a％b，那么 a、b 的最大公约数就等于 b、d 的最大公约数。算法实现如下：

```python
def gcd(a, b):
    #如果a能整除b，那么b就是两数的最大公约数
    if a % b == 0:
        return b
    d = a % b
    #a,b的最大公约数等于b,d的最大公约数
    return gcd(b,d)
a = 128
b = 48
print("the greatest common divisor of {0} and {1} is : {2}".
format(a, b, gcd(a,b)))
```

运行上述代码，结果如图 3-5 所示。

```python
: def gcd(a, b):
    #如果a能整除b，那么b就是两数的最大公约数
    if a % b == 0:
        return b
    d = a % b
    #a,b的最大公约数等于b,d的最大公约数
    return gcd(b,d)
```

```python
: a = 128
b = 48
print("the greatest common divisor of {0} and {1} is : {2}".format(a, b, gcd(a,b)))

the greatest common divisor of 128 and 48 is : 16
```

图 3-5　代码运行结果

欧几里得最大公约数算法的正确性和效率在此不做过多分析，有兴趣的读者可以自行研究。接下来，如何实现不使用乘法、除法和求余运算求得两数最大公约数。

3.3.2　算法描述

　　题目虽然要求算法不能使用加减乘除，但我们可以使用二进制操作，间接地实现加减乘除的运算功能。在欧几里得算法中，它把求两整数的最大公约数转换为求两数中较小的那个与两数余数的最大公约数。如果能通过二进制运算实现求余操作，那么所得算法就能满足题目要求。

　　对于整数 a、b（其中 a > b），假设 d 是它们的余数，于是存在一个整数 k 使得下面的公式成立：

$$a = k \times b + d \tag{3-1}$$

　　我们采取以前说过的实例数据法，用一些具体实例数据来辅助分析。假定 a = 23，b = 4，就有：

$$23 = 5 \times 4 + 3 \tag{3-2}$$

　　于是 k = 5，它的二进制为 0b101，于是就有：

$$5 = 2^2 + 2^0 \tag{3-3}$$

　　等式右边第一个 2 右上角的指数 2，对应于二进制 0b101 中最高位 1 的下标；第二个 2 右上角的指数 0 对应于二进制 0b101 中最低位 1 的下标。如果用一个数组 T[] 来存储 k 的二进制形式中 1 的下标，那么对应于 5，数组 T 的内容为 T = {2,0}。于是式（3-3）就可以转换为：

$$5 = 2^{T[1]} + 2^{T[0]} \tag{3-4}$$

　　把式（3-4）代入式（3-2），就有：

$$23 = 5 \times 4 + 3 = 4 \times 2^{T[1]} + 4 \times 2^{T[0]} + 3 \tag{3-5}$$

　　我们知道，一个数乘以 2 的幂相当于把该数左移相应的位数，于是式（3-5）又可以进一步推导为：

$$23 = 4 << T[1] + 4 << T[0] + 3 \tag{3-6}$$

　　由此余数 3 就可以通过式（3-6）做一次变换得到：

$$3 = 23 - (4 << T[1] + 4 << T[0]) \tag{3-7}$$

　　接下来的问题在于给定整数 a、b 后，我们如何构造数组 T。假设 T 的长度为 n，那么就有：

$$(2 << (T[n-1]+1)) > k > (2 << T[n-1]) \tag{3-8}$$

　　例如根据给定例子，T[1] = 2，代入式（3-8）就有：

$$(2 << (T[1]+1)) > 5 > (2 << T[1]) \tag{3-9}$$

　　特别有：

$$2 << (T[n-1]+1) >= k+1 \qquad (3\text{-}10)$$

只有 k 的二进制形式中，所有的比特位都是 1 时，式（3-10）中的等号才能成立。例如 k = 0b111，于是 T[] = {2,1,0}，那么 8 = k + 1=0b1000，而 2<<(T[2] + 1) = 2 << 3 = 8。

由于 d 是整数 a 和 b 的余数，因此有 d >= 0,d < b，于是下面等式成立：

$$a = k \times b + d < (k+1) \times b <= b << (T[n-1]+1) \qquad (3\text{-}11)$$

由于：

$$k = 2^{T[n-1]} + 2^{T[n-2]} + \cdots + 2^{T[0]} \qquad (3\text{-}12)$$

因为 d 大于 0，所以又有：

$$a >= b \times k >= b \times 2^{T[n-1]} = b << T[n-1] \qquad (3\text{-}13)$$

结合式（3-11）、式（3-12）和式（3-13），我们得到一个重要结论：

$$(b << (T[n-1]+1)) >= a >= (b << T[n-1]) \qquad (3\text{-}14)$$

于是只要找到一个整数 t，使得它满足：

$$(b << t) >= a, (b << (t-1)) <= a \qquad (3\text{-}15)$$

那么 t–1 就等于 T[n–1]。这样就可以编写如下代码获得 t 的值，进而获得 T[n–1]：

```
t = 0
while (b<<t) <= a:
    t+=1
t-=1
```

T[n–1]有了，余下来的 T[n–2],T[n–3]怎么算呢？由于有：

$$a = k \times b + d = b << T[n-1] + b <, T[n-1] + \cdots + b << T[0] + d \qquad (3\text{-}16)$$

把式（3-16）做一个简单变换就有：

$$a' = (a - b << T[n-1]) + d = b << T[n-2] + \cdots + b << T[0] + d \qquad (3\text{-}17)$$

式（3-17）与式（3-11）是等价的（注意式（3-17）最左边的 a 上面有一撇，读作 a prime），其相当于把式（3-11）中的 n–1 改成 n–2，因此根据前面的推导步骤，有如下公式成立：

$$(b << (T[n-2]+1)) >= a >= (b << T[n-2]) \qquad (3\text{-}18)$$

由于：

$$T[n-1] >= T[n-2]+1 \qquad (3\text{-}19)$$

把式（3-19）代入式（3-18）就有：

$$(b << T[n-1]) >= a >= (b << T[n-2]) \qquad (3\text{-}20)$$

于是令 t = T[n–1]，然后每次让 t 减 1，一旦 t 满足：

$$(b << t) >= a >= (b << (t-1)) \qquad (3\text{-}21)$$

那么 t–1 就等于 T[n–2]，于是 T[n–3]…T[0]，就可以类推出来。算法的逻辑流程图如图 3-6 所示。

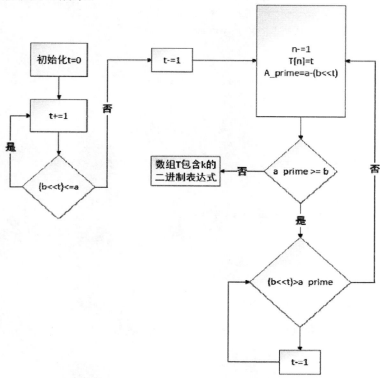

图 3-6　求取数组 T 的算法流程图

3.3.3　代码实现

根据图 3-6 所示的流程图，实现两数求余的代码如下：

```
#求 a 除以 b 后所得的余数
def module(a,b):
    T=[]
    t = 0
    #先求 T[n-1]
    while (b <<t) <= a:
```

```
        t += 1
    t -= 1
    T.append(t)
    #下面代码求取 T[n-2],T[n-3]...T[0]
    a_prime = a - (b << T[len(T)-1])
    while a_prime >= b:
        while (b<<t) > a_prime:
            t-=1
        T.append(t)
        a_prime = a_prime - (b<<T[len(T)-1])

    ...
    k = 2<<T[n-1]+2<<T[n-2]+...2<<T[0]
    a = k*b+d
    所以 d = a - k*b = a - (b<<T[n-1]+b<<T[n-2]+...b<<T[0])
    ...
    d = a
    for i in range(0, len(T)):
        d -= (b << T[i])

    #d 就是两数相除余数
    return d

def binaryGcd(a, b):
    #如果 a 能整除 b，那么 b 就算两数的最大公约数
    if module(a,b) == 0:
        return b
    d = module(a,b)
    #a,b 的最大公约数等于 b,d 的最大公约数
    return binaryGcd(b,d)

a = 128
b = 48
print("greatest commond divisor of {0} and {1} is {2}".
format(a,b,binaryGcd(a,b)))
```

函数 module 的作用是求两整数相除后的余数，它的实现没有用到乘法、除法和求余运算，只是用到了加减法和位移操作。

运行上述代码，结果如图 3-7 所示。

```
#求a除以b后所得的余数
def module(a,b):
    T=[]
    t = 0
    #先求T[n-1]
    while (b <<t) <= a:
        t += 1
    t -= 1
    T.append(t)
    #下面代码求取T[n-2],T[n-3]...T[0]
    a_prime = a - (b << T[len(T)-1])
    while a_prime >= b:
        while (b<<t) > a_prime:
            t-=1
        T.append(t)
        a_prime = a_prime - (b<<T[len(T)-1])
    '''
    k = 2<<T[n-1]+2<<T[n-2]+...2<<T[0]
    a = k*b+d
    所以 d = a - k*b = a - (b<<T[n-1]+b<<T[n-2]+...b<<T[0])
    '''
    d = a
    for i in range(0, len(T)):
        d -= (b << T[i])

    #d 就是两数相除余数
    return d
```

```
def binaryGcd(a, b):
    #如果a能整除b, 那么b就算两数的最大公约数
    if module(a,b) == 0:
        return b
    d = module(a,b)
    #a,b的最大公约数等于b,d的最大公约数
    return binaryGcd(b,d)
```

```
a = 128
b = 48
print("greatest commond divisor of {0} and {1} is {2}".format(a,b,binaryGcd(a,b)))
```

```
greatest commond divisor of 128 and 48 is 16
```

图 3-7　代码运行结果

3.3.4　算法分析

　　由于算法主要是对二进制进行位操作，因此算法复杂度取决于二进制
位数。如果 a、b 的二进制表示中比特位的数量为 n，在 module 函数中，第
一个 while 循环次数不超过 n；第二个 while 循环里面还嵌套了一个 while 循
环，尽管如此，它的总循环次数也不超过 n。这点留给读者做分析练习。
在函数 binaryGcd 中存在递归调用，每次递归调用时，a 的值减小为 b，b 的
值减小为 d，因此这个递归调用最终会停止。读者只要搜索一下欧几里得
最大公约数算法就可以发现 binaryGcd 的递归调用次数最多不超过 n，因此

算法的时间复杂度为 $O(n^2)$。

3.4 素数判定

对同一个问题，人们可以设计出不同的算法加以解决。理论上，不同的方法，它们的时间复杂度都差不多，表面上看不出谁好谁坏，但实践效果却大不相同。有些算法在实践运用中耗时很长，有些算法则需要你预分配大量内存，因此候选人在设计算法时，需要对相关限制条件进行细致的考虑和取舍。

3.4.1 题目描述

素数判定，给定一个正整数 n，请返回 1~n 中所有的素数。

这道题在面试中出现的频率很高。它看起来似乎并不难处理，但越是表面看起来简单的题目，往往隐含着某些难以想象的"精妙"解法，所以对这样的题目，如何解决不是主要目的，如何"巧妙"地解决才是真正目的。

3.4.2 算法描述

我们从最简单的算法入手，也就是暴力枚举法。对 1~n 进行遍历，每找到一个处于该区间的整数 k 时，就判断它是否是素数。那么如何判断一个数是否是素数呢？素数的特质是只能被 1 和它本身整除。因此，我们需要再次遍历所有比 k 小的数，看是否能整除 k 即可。于是有如下算法：

```python
#用每一个比它小的数去整除它本身，如果能整除就不是素数
def isPrime(k):
    for i in range(2, k):
        if k % i == 0:
            return False
    return True

def getPrimes(n):
    primes = []
    for i in range (1,n+1):
        if isPrime(i):
```

```
        primes.append(i)
    return primes

n = 100
print(getPrimes(n))
```

运行上述代码，结果如图 3-8 所示。

```
#用每一个它小的数去整除它本身,如果能整除就不是素数
def isPrime(k):
    for i in range(2, k):
        if k % i == 0:
            return False
    return True


def getPrimes(n):
    primes = []
    for i in range (1,n+1):
        if isPrime(i):
            primes.append(i)
    return primes


n = 100
print(getPrimes(n))
[1, 2, 3, 5, 7, 11, 13, 17, 19, 23, 29, 31, 37, 41, 43, 47, 53, 59, 61, 67, 71, 73, 79, 83, 89, 97]
```

图 3-8　代码运行结果

暴力枚举法最重要的问题在于效率。在上面的代码中，需要遍历一遍比 n 小的所有整数，同时为了判断一个整数 k 是否是素数，又得遍历一遍所有比 k 小的整数。如果整数 n 的二进制表示需要 m 个比特位，那么总共有 2m 个整数比 n 小，所以算法的时间复杂度是 O(2m)。换句话说，暴力枚举法的时间复杂度是指数级。

算法能不能改进呢？答案是肯定的。在此需要用到一个数论定理：如果一个数不是素数，那么它可以分解成一系列小于它的素数乘积。例如，8 可以分解成 3 个 2 的乘积，26 可以分解成 2 和 13 的乘积。由此判断一个数是否是素数，只要看小于它的素数是否能整除它即可。这样改进后，时间效率提升巨大。给定一个整数 k，小于它的素数个数远比小于它的整数个数要少得多；而且随着 k 的增大，比 k 小的素数相对来说会更少。例如，小于 10 的素数有 1,2,3,5,7 共 5 个，而小于 50 的素数总共只有 18 个。于是我们把算法改进如下：

```
#先保存最小的三个素数,对于给定整数 k,它会记录所有小于 k 的素数
prime_array = [1,2,3]
def isPrime2(k):
    if k <= 3 :
        return True
    for i in range(len(prime_array)):
        if k > prime_array[i] and k % prime_array[i] == 0:
```

```
        return False
    #如果 k 是素数，把它加入素数数组
    prime_array.append(k)
    return True
def getPrimes2(n):
    primes = []
    for i in range(n+1):
        if isPrime2(i):
            primes.append(i)
    return primes
print(getPrimes(100))
```

运行上述代码，结果如图 3-9 所示。

图 3-9　代码运行结果

　　改进后算法的复杂度取决于小于 n 的素数个数，但这是数论中非常深奥的数学命题，在此就不深究了，只要确定改进后的算法效率比上一个算法效率高出一个数量级即可。

　　还有没有比这更好的算法呢？我们看一个思路更加巧妙的算法。前面说过，一个整数如果不是素数，那么它可以分解成比它小的素数乘积。也就是说，这个整数一定是某个素数的整倍数。于是可以这么做，先取得素数 2，然后删除所有小于 n 的 2 的倍数；接着取素数 3，然后删除所有小于 n 的 3 的倍数……如此进行下去，直到没有可删除的数为止。

3.4.3　代码实现

　　根据上面的算法描述，用代码实现如下：

```
def getPrimesInRange(n):
    primes = []
    for i in range(n+1):
        primes.append(True)
    for i in range(2, n+1):
        #从第二个素数 2 开始删除，删除一轮下来后，如果接下来的 primes[i]
是 True，那么其对应的整数就是素数
        if primes[i] == True:
            p = i
            j = 2
            #把当前素数的倍数全部删除
            while p*j <= n:
                primes[p*j] = False
                j += 1
    for i in range(len(primes)):
        if primes[i] == True:
            print("{0},".format(i), end='')
    n = 100
getPrimesInRange(n)
```

运行上述代码，结果如图 3-10 所示。

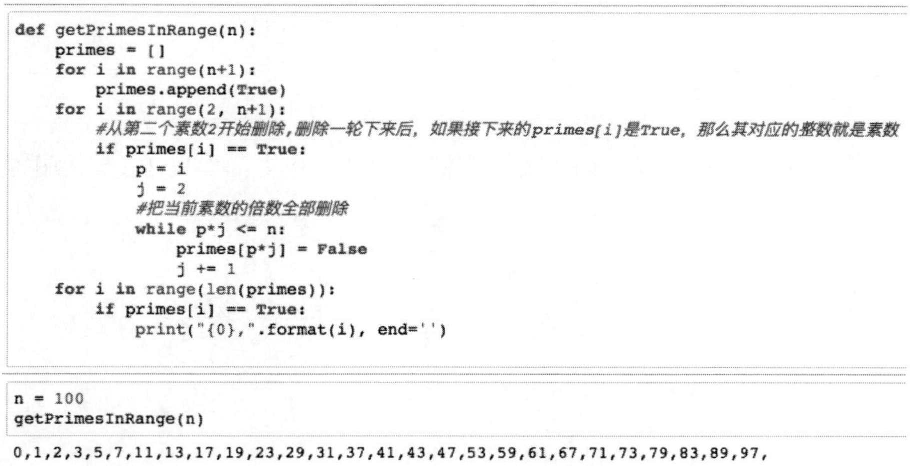

```
def getPrimesInRange(n):
    primes = []
    for i in range(n+1):
        primes.append(True)
    for i in range(2, n+1):
        #从第二个素数2开始删除,删除一轮下来后，如果接下来的primes[i]是True，那么其对应的整数就是素数
        if primes[i] == True:
            p = i
            j = 2
            #把当前素数的倍数全部删除
            while p*j <= n:
                primes[p*j] = False
                j += 1
    for i in range(len(primes)):
        if primes[i] == True:
            print("{0},".format(i), end='')

n = 100
getPrimesInRange(n)
0,1,2,3,5,7,11,13,17,19,23,29,31,37,41,43,47,53,59,61,67,71,73,79,83,89,97,
```

图 3-10　代码运行结果

3.4.4　算法分析

代码执行后，对数组 primes[]，如果某个处于 1~n 之间的数 k，其对应

的 prime[k]等于 True，那么它就是素数。第 3 种算法是对第 2 种算法的改进。第 2 种算法在删除一个非素数时，需要遍历所有比该数小的素数，然后依次做除法运算。因此，一个素数会被多次访问。例如，对于整数 8 和 10，素数 2、3、5 会被访问两次。

第 3 种算法是将给定素数的倍数删除。例如，算法会把素数 2 的倍数删除，于是 8 和 10 就会同时被删除，于是素数 3、5 就不会被访问两次。由此相比于算法 2，算法 3 的效率又得到了提升。第 3 种算法思路巧妙，独具匠心，能打动面试官的显然是第 3 种算法。

3.5 判断矩形交集

在二维平面中，如果一个矩形，它的长与 x 坐标轴平行，高与 y 坐标轴平行，那么矩形就是坐标轴对齐的。这样的矩形在数据结构上，可以用它的左下角坐标(x，y)再加上宽 w 和高 h 来表示。

3.5.1 题目描述

给定两个坐标轴对齐的矩形，判断它们是否相交；如果相交，给出它们相交所形成的矩形。

3.5.2 算法描述

先根据题目描述，设计矩形的数据结构：

```python
class Retangle(object):
    #构造函数要求输入左下角坐标和宽高
    def __int__(self, x, y, width, height):
        self.x = x
        self.y = y
        self.w = width
        self.h = height
```

在上述代码中，用一个类来定义题目中描述的矩形，它需要传入矩形左下角坐标和宽高来完成类的初始化。根据小样本检测法，我们可以先绘制出两个相交的矩形，看看它们的点和边有何联系。如图 3-11 所示是两个相交矩形。

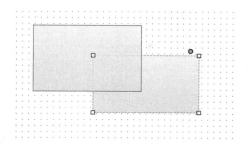

图 3-11　两个相交矩形

在此用 S 表示处于上方位的灰色边框矩形，用 R 表示处于下方位的绿色边框矩形，于是它们的数据表示如下：

$$((S_x, S_y),(S_w, S_h)),$$

$$((R_x, R_y),(R_w, R_h))$$

通过观察我们发现，如果以下两个集合：

$$[S_x, S_x + S_w],[R_x, R_x + R_w] \tag{3-22}$$

也就是两个矩形的横向宽度线段投影到 x 坐标轴上却不重合时，两个矩形是不可能有交集的。同理，如果两个矩形纵向的高度线段投影到 y 坐标轴上却不重合时，两个矩形也不相交。也就是下面的集合不重合时，矩形不相交：

$$[S_y, S_y + S_h],[R_y, R_y + R_h] \tag{3-23}$$

继续观察图 3-11 所示相交矩形中的重合部分，不难发现相交部分形成的矩形，其左下角 x 坐标为：

$$\max(S_x, R_x) \tag{3-24}$$

其左下角 y 坐标满足：

$$\max(S_y, R_y) \tag{3-25}$$

相交矩形的宽度满足：

$$\min(S_x + S_w, R_x + R_w) - \max(S_x, R_x) \tag{3-26}$$

相交矩形的高度满足：

$$\min(S_y + S_h, R_y + R_h) - \max(S_y, R_y) \tag{3-27}$$

这些等式关系完全是通过观察图示总结出来的，这道题的做法充分展示出小样本具体实例对思考的巨大推进作用。

3.5.3 代码实现

根据上面描述算法，代码实现如下：

```
class Rectangle(object):
    #构造函数要求输入左下角坐标和宽高
    def __init__(self, x, y, width, height):
        self.x = x
        self.y = y
        self.w = width
        self.h = height
    def isInterset(self,r): 式（3-）
        #根据式（3-22）、式（3-23）判断两个集合是否相交
        if self.x <= r.x + r.w and r.x <= self.x + self.w and self.y
<= r.y + r.h and r.y <= self.y + self.h:
            return True
        return False
    def intersetRectangle(self, r):
        if self.isInterset(r):
            #根据式（3-24）~式（3-27）构造出相交矩形
            return Rectangle(max(self.x, r.x), max(self.y,r.y),
                        min(r.x+r.w,self.x+self.w) -
max(r.x,self.x),min(r.y+r.h, self.y+self.h) - max(r.y,self.y))
        return Null

import matplotlib.pyplot as plt
import matplotlib.patches as patches
S = Rectangle(0.1,0.1,0.5,0.5)
R = Rectangle(0.2,0.2,0.6,0.5)
fig = plt.figure()
ax = fig.add_subplot(111, aspect='equal')
#用红色绘制 S 表示的矩形
ax.add_patch(patches.Rectangle((S.x,S.y),S.w,S.h,
facecolor='red'))
#用蓝色绘制 R 表示的矩形
ax.add_patch(patches.Rectangle((R.x,R.y),R.w,R.h,
facecolor='blue'))
#fig.savefig('rectangle.png', dpi=90, bbox_inches='tight')
#plt.show('rectangle.png')
if S.isInterset(R) is True:
    #如果两个矩形相交，那么用绿色绘制出相交部分的矩形
```

```
    interset = S.intersetRectangle(R)
    print("x:{0},y:{1},w:{2},h:{3}".format(interset.x,
interset.y, interset.w,interset.h))
    ax.add_patch(patches.Rectangle((interset.x,interset.y),
interset.w,interset.h, facecolor='green'))
    fig.savefig('rectangle1.png', dpi=90, bbox_inches='tight')
    plt.show('rectangle1.png')
```

代码中构建了一个 Rectangle 类，输入参数是矩形的左下角坐标以及宽和高。这个类实现了两个接口，它们根据前面的算法描述分别负责判断矩形是否相交和返回相交部分的矩形信息。

下半部代码分别构造两个矩形，然后使用类给出的接口 isInterset 判断矩形是否相交。如果相交的话，使用接口 intersetRectangle 获得相交部分的矩形信息。代码构建了两个矩形 S 和 R，并分别用红色填充矩形 S，用绿色填充矩形 R。如果两个矩形有交集，那么用绿色把它们相交所形成的矩形绘制出来。

运行上述代码，结果如图 3-12 所示。

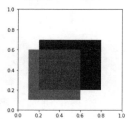

图 3-12　代码运行结果

由于印刷原因，你可能无法在图 3-12 中看到绿色填充的重叠部分。不过，只要运行上述代码，便能得到图 3-12 所示结果，这样在你自己的计算机上就可以看到，两个图形相交部分被绿色填充，而填充的区域恰好与我们计算的坐标相重合。

这道题难度不大，但由于其频频出现在算法面试中，因此特别值得拿出来好好讨论。

3.6　数字与字符串相互转化，简单题目的隐藏陷阱

在算法面试中，有一类很常见的考查题目是将数字转化为对应的字符串，或是把字符串转化成对应的数字。大多数编程语言都有接口实现这种功能，例如 C++中的库函数 atoi、itoa。这类题目看起来不难，但其考查的目的并不仅仅在于算法，更注重的是候选人能否足够细心以便避开其中的陷阱。下面我们分析两道该类型的算法题。

3.6.1　题目描述

写一个函数，实现数字不同进制间的转换。函数第 1 个输入参数是数字字符串 s；第 2 个是一个整数 b1，代表数字的当前进制；第 3 个参数是整数 b2，代表要转换的进制。其中，$1 < b2$，$b1 <= 16$。假设要实现的函数名为 numberConvert，那么 numberConvert("100",10,16)返回的是 100 的十六进制形式 0X64。

3.6.2　算法描述

处理题目时，一定要注意 s 所代表的数字不一定是十进制，可能是二进制或八进制等。不同进制间的转换，最好的方式是统一先转换成十进制，然后再从十进制转换到参数 b2 表示的进制。假设字符串的表现形式如下：

$$s = "a_{k-1}a_{k-2}a_{k-3}\cdots a_0"$$

如果数字字符串 s 对应的进制是 b，则可以通过下面公式将其转换为十进制数：

$$\sum_{i=0}^{n} a_i b^i \tag{3-28}$$

根据分析，我们着手实现算法代码。

3.6.3　代码实现

我们先看看如何把字符串 s 转换成给定进制数，代码如下：

```
...
把 s 表示的数字字符串转换成 b 进制数
...
def  strToInt(s, b):
    val = 0
    base = 1
    i= len(s) - 1
    while i >= 0:
        c = s[i]
        v = 0
        #把字符转换成对应的数字
        if '0' <= c and c <= '9':
            v = ord(c) - ord('0')
        #如果超过 9，判断其是否属于十六进制的'A'到'E'之间
        if c >= 'A' and c <= 'E':
            v = 10 + ord(c) - ord('A')
        if i < len(s) - 1:
            ...
            每读取一个数字就要乘以相应进位,例如 s="1234",读取 4 时 val=
4,读取 3 时 val=3*10+4
            以此类推
            ...
            base *= b
        val += v*base
        i -= 1
    return val
```

运行上述代码，结果如图 3-13 所示。

```
'''
把s表示的数字字符串转换成b进制数
'''
def  strToInt(s, b):
    val = 0
    base = 1
    i= len(s) - 1
    while i >= 0:
        c = s[i]
        v = 0
        #把字符转换成对应的数字
        if '0' <= c and c <= '9':
            v = ord(c) - ord('0')
        #如果超过9，判断其是否属于十六进制的'A'到'E'之间
        if c >= 'A' and c <= 'E':
            v = 10 + ord(c) - ord('A')
        if i < len(s) - 1:
            '''
            每读取一个数字就要乘以相应进位,例如s="1234",读取4时val = 4,读取3时 val=3*10+4 4
            以此类推
            '''
            base *= b
        val += v*base
        i -= 1
    return val
```

```
print(strToInt("1234",10))
print(strToInt("1B", 13))
```

```
1234
24
```

图 3-13　代码运行结果

我们调用函数 strToInt 分别将十进制的数字字符串"1234"和十三进制的数字字符串"1B"转换成对应的十进制整数，显然字符串"1234"的转换结果是正确的；对于十三进制"1B"，它的进位需要乘以 13，字母 B 对应的十进制数字是 11，"1B"转换的方法是 1×13+11，结果是 24，由此可见程序的输出是正确的。

3.6.4　算法分析

代码实现有问题吗？如果你没有发觉存在的问题，那意味着你会掉进坑里。一些看似难度不大的算法题，往往隐含着一些非常容易出错的边界条件。以 3.6.3 节代码为例，如果 s 代表一个负数"–20"，或者 s 是非法的数字字符串，如"123hg"；如果 s 形如"+20"；如果表示进制的参数 b 大于 16，或者是一个负数……在这些边界条件下，代码就会给出错误的结果。

边界条件或错误参数判断是算法面试中需要特别注意的事项。当你发

现算法实现比较简单时，那就得提高警惕，注意边界问题，防止掉入面试官的考查陷阱。有些面试题会让你用 C 语言实现字符串复制函数 strcpy(char* src, char* dst)，其目的根本不在于考查算法实现，重点是看你对边界条件的判断，你要在代码中判断指针是否为空，两个指针是否相等，如果相等就无需复制等。

上文提到的代码边界条件处理将留给读者作为练习。下面再看看十进制数如何转换为给定的进制数。假设要转换的十进制数用 v 表示，要转换的进制数用 b 表示，根据式（3-28），有：

$$v = \sum_{i=0}^{n} a_i b^i \qquad （3-29）$$

只要把式（3-29）中带下标的参数 a 全部计算出来即可。可以根据下面的规律计算出每个参数 a：

$$a_0 = v\%b$$
$$v_1 = v/b = a_n \times b^n + a_{n-1} \times b^{n-1} + \cdots + a_1$$
$$a_1 = v_1\%b$$
$$\cdots$$

依据上面的计算方法类推，我们可以把所有参数 a 都计算出来。由此代码实现如下：

```python
def intToStr(v, b):
    s=""
    c = '0'
    while v > 0:
        d = v % b
        if d >=0 and d <= 9:
            c = chr(ord('0') + d)
        elif d >= 10:
            c = chr(ord('A') + d - 10)
        s = c + s
        v = int(v/b)
    return s
```

运行上述代码，结果如图 3-14 所示。

代码先是调用库函数 bin 将给定的整数 1234 转换成二进制，然后再调用我们自己实现的函数 intToStr 进行转换，把转换的结果与库函数转换的结果相比对，可以确定代码给出的结果是正确的。

```
def  intToStr(v, b):
    s=""
    c = '0'
    while v > 0:
        d = v % b
        if d >=0 and d <= 9:
            c = chr(ord('0') + d)
        elif d >= 10:
            c = chr(ord('A') + d - 10)
        s = c + s
        v = int(v/b)
    return s
```

```
v = 1234
print("binary form of {0} is {1}".format(v,bin(v)))
print("binary form of {0} by calling intToStr is {1}".format(v, intToStr(v, 2)))
```

```
binary form of 1234 is 0b10011010010
binary form of 1234 by calling intToStr is 10011010010
```

图 3-14　代码运行结果

虽然代码的逻辑实现了，看似对输入给出了正确的结果，但是根据前面的讲解，我们知道代码并没有正确地处理各种容易出错的边界条件。这个问题留给读者来解决。边界条件的处理体现了工程师的职业素养和思维的缜密程度，大型互联网公司在挑选员工时特别在意这一点，因为一次疏忽大意便会导致服务器宕机，从而给业务带来巨大的损失。因此，我们在面试中要特别注意这点。

3.7　Elias Gamma 编码算法

世界上有很多计数系统，最简单的是一元计数，其中每个自然数对应一个符号。例如，随机选取符号 I，数字 7 就可以用 7 个 I 并排连接在一起表示。Elias Gamma 编码是用于编码整数的，特别是上界无法确定时，该编码尤其有用。其步骤如下：

给定整数 n，先将其转换成二进制的字符串形式。假设 n 的二进制需要 m 个比特来表示，将 m 减 1，然后将 m–1 个 0 添加到 n 的二进制表示的字符串前头。例如，13 的二进制为 1101，对应的 m 等于 4，于是就在前面添加 3 个 0，形成字符串"0001101"，该字符串就是整数 13 的 Elias Gamma 编码。

3.7.1　题目描述

假设 A 是含有 n 个元素的整型数组，编写一个函数，将 A 中每一个元素进行 Elias Gamma 编码，并将编码后的字符串连成一个字符串。编写一个解码函数，输入此字符串，其格式满足前面编码的字符串，函数执行后返回解码后的整型数组。

3.7.2　算法描述

　　该题在算法设计上不难，因为步骤在题目描述中已经阐述清楚。题目的重点是考查工程能力，也就是业务逻辑转换为实际代码能力。看你是否能将复杂业务拆解成多个简单模块的组合，并映射到数理逻辑，然后用代码将数理逻辑表达出来。

3.7.3　代码实现

　　首先来看编码主函数的实现：

```
def eliasGammaEncode(n):
    s = intToBinaryString(n)
    s = addZerosToHead(s)
    return s
```

代码实现看起来很简单，但确实需要对业务逻辑进行良好分解。要实现整数编码，首先将整数转换成二进制字符串，然后通过字符串的长度获得二进制对应的比特位数 len，最后将 len–1 个 0 添加到字符串的前头。

　　这里体现了一个算法面试的技巧，就是通过将算法分解后，注重完成主体逻辑，枝节逻辑留到后面去实现。eliasGammaEncode 实现了算法的主体，intToBinaryString 和 addZerosToHead 是算法的枝节部分。由于时间有限，我们必须秉持分清主次的原则。

　　实现逻辑主体后，跟面试官解释你的实现思想，然后询问是否要实现枝节部分。很多时候主体逻辑明确了，面试官可能就不让你去实现枝节部分了，这样就能省下很多精力应对余下来的面试。我们接着看看剩余两个函数的实现：

```
def intToBinaryString(n):
    s = ""
    while n > 0 :
        if n & 1 == 0:
            s = "0" + s
        else:
```

```
        s = "1" + s
     n = n>>1
  return s


def addZerosToHead(s):
  i = len(s)
  while i - 1 > 0:
     s = '0' + s
     i -= 1
  return s
```

代码实现难度不大。运行上述代码，结果如图 3-15 所示。

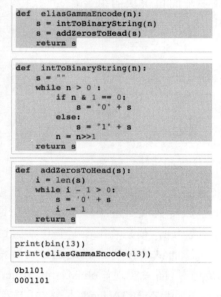

图 3-15　代码运行结果

从图 3-15 来看，代码先把 13 的二进制字符串打印出来，再调用 eliasGammaEncode 进行编码，结果表明确实在 13 的二进制字符串前面添加了 3 个 0。对于一个数组，我们只要对其中每个元素调用 eliasGammaEncode 编码，再将所得字符串连接即可：

```
def eliasGammaEncodeArray(array):
  s = ""
  for i in range(len(array)):
     s += eliasGammaEncode(array[i])
  return s
```

```
array = [11, 12, 13]
print(eliasGammaEncodeArray(array))
```

运行上述代码，结果如图 3-16 所示。

```
def eliasGammaEncodeArray(array):
    s = ""
    for i in range(len(array)):
        s += eliasGammaEncode(array[i])
    return s
```

```
array = [11, 12, 13]
print(eliasGammaEncodeArray(array))
```

```
000101100011000001101
```

图 3-16　代码运行结果

接下来，同样通过业务逻辑分解的方式，看看如何实现解码的逻辑主体。解码的算法步骤如下：

（1）统计字符串头部 0 的个数，得到整数的二进制位数。

（2）去掉字符串头部的几个 0，获得整数二进制的字符串表示形式。

（3）将二进制字符串转换为整数。

根据上述步骤，代码实现如下：

```
def eliasGammaDecode(s):
    length = getHeadZerosCount(s)
    if length <= 0:
        raise Exception("head zero error")
    s = s[length:]
    binary = s[0:length+1]
    n = binaryStringToInt(binary)
    return n

def getHeadZerosCount(s):
    cnt = 0
    for i in range(len(s)):
        if s[i] == '0':
            cnt+=1
        else:
            break
    return cnt

#把二进制字符串转换成对应整数
def binaryStringToInt(s):
    n = 0
    for i in range(len(s)):
        if s[i] == '1':
```

```
        n |= 1
    if i < len(s) - 1:
        n = n << 1
    return n

def eliasGammaDecodeToArray(s):
    array = []
    while len(s) > 0:
        n = eliasGammaDecode(s)
        array.append(n)
        encodeLength = len(eliasGammaEncode(n))
        s = s[encodeLength:]
    return array

s="000101100011000001101"
print(eliasGammaDecodeToArray(s))
```

运行上述代码，结果如图 3-17 所示。

```
#把二进制字符串转换成对应整数
def  binaryStringToInt(s):
    n = 0
    for i in range(len(s)):
        if s[i] == '1':
            n |= 1
        if i < len(s) - 1:
            n = n << 1
    return n


def eliasGammaDecodeToArray(s):
    array = []
    while len(s) > 0:
        n = eliasGammaDecode(s)
        array.append(n)
        encodeLength = len(eliasGammaEncode(n))
        s = s[encodeLength:]
    return array


s="000101100011000001101"
print(eliasGammaDecodeToArray(s))

[11, 12, 13]
```

图 3-17　代码运行结果

上面代码中，最后的 s 字符串是数组[11,12,13]编码后的字符串，它通过调用 eliasGammaDecodeToArray 函数成功地将数组重新解码。

3.7.4　算法分析

该题目的算法虽然简单，但要正确地实现其实并不容易。特别是在给定时间内将相关代码完成并保证质量，是非常考验一个人的工程能力的。
你可以试试，看能否在 45 分钟内完成上述代码。

3.8　整型的二进制乘法

在嵌入式系统中，处理器无法直接进行乘法运算。因此，嵌入式系统
要处理比加减更复杂的运算，如乘除、求余等，就需要另辟蹊径。

3.8.1　题目描述

完成一个函数实现两个无符号整数的乘法运算，函数不能使用加法、
乘法，不能使用++或−−等操作。

3.8.2　算法描述

这道题算法不简单，实现也很麻烦，它非常考验候选人的算法设计能
力及算法实现的工程能力。两个数相乘，不能用乘法，又不能通过多次加
法实现，于是转入二进制形式看有没有突破口。我们再次采用小样本具体
实例来辅助思考，看看两个具体的二进制数相乘的过程。

$$
\begin{array}{r}
1\ 1\ 1 \\
1\ 1 \\
\hline
1\ 1\ 1 \\
1\ 1\ 1 \\
\hline
1\ 0\ 1\ 0\ 1
\end{array}
$$

从上面例子可见，两个二进制数相乘，可以转换成两个错位的二进制
数相加。例子中二进制 0b111 和 0b11 相乘，转换成二进制数 0b0111 和
0b1110 相加。如果能直接用加法实现两个二进制数相加，那么问题就可以
解决了。

二进制比特位上的值只能是 0 和 1，如果相加的两个比特位上的值不
同，那么相加的结果就是 1；如果值相同相加的结果是 0，而两个比特位上

的值如果都是 1 的话，还会产生进位。在此用一个变量 advance 来表示进位，当有进位产生时，advance 的值是 1；如果没有进位，那么 advance 的值就是 0。

判断两个比特位的值是否相同，可以用异或操作实现。如果异或的结果是 1，表明两个比特位值不同；如果为 0，表示两个比特位的值相同。在此用变量 b 来表示两个比特位异或操作后的值，如果 b 等于 1，也就是两个比特位上的值不同，那么它们相加的结果一定是 1。如果此时进位上是 1，那么加上进位，相加结果就是 0，同时产生一个进位。代码如下：

```
If  b == 1:
    #异或结果为1，两个相加的比特位值不同
    If  advance == 1:
        #进位上是1，所以相加结果加上进位后为0，并产生一个进位，因此 b 的
值转换为0，advance 不变
        b = 0
```

如果 b 等于 0，那意味着当前两个比特位的值相同。如果没有进位，那么他们的加法结果就是 0；如果有进位，加法结果就是 1。反之，如果两个比特位上的值都是 1，它们相加后结果是 0，但是会产生一个进位；如果相加前就已经有进位，那么加上进位后，两个比特位相加的结果就是 1，同时产生一个进位。

我们用 x,y 分别代表正在相加的两个比特位，代码描述如下：

```
If  b == 0:
    #相加的比特位值相同
    If x & y == 1:
    #两个比特位的值都是1
        If  advance == 1:
            #如果有进位，相加结果为1，同时产生一个进位
            b = 1
        else:
            #没有进位，相加结果就是0，同时产生一个进位
            b = 0
            advance = 1
    else:
        #两个比特位都是0，相加结果是0
        b = 1
        advance = 0
```

3.8.3　代码实现

综合 3.8.2 节算法描述，得到实现二进制数加法的算法。代码实现如下：

```
def binaryAdd(x, y):
    #x、y 是进行二进制相加的两个整数，v 表示最终结果，advance 表示进位，
r 表示当前相加的比特位在二进制中的位置
    v = 0
    advance = 0
    r = 0
    while x > 0 or y > 0:
        #取得当前最低位的比特位值
        i = x & 1
        j = y & 1
        x = x >> 1
        y = y >> 1
        b = i ^ j
        if b == 1:
            #两个比特位的值不同，因此异或结果为 1
            if advance == 1:
                #存在进位，两个比特位相加的结果再加上进位后值为 0，同时产
生一个进位
                b = 0
        else:
            #异或结果为 0，表明两个比特位值相同
            if i & j == 1:
                #两个比特位的值都是 1
                if advance == 1:
                    #进位为 1，相加结果为 1，并产生一个进位
                    b = 1
                else:
                    #进位不是 1，相加结果为 0，同时产生一个进位
                    b = 0
                    advance = 1
            else:
                #两个比特位都是 0
                if advance == 1:
                    #如果进位为 1，那么相加结果为 1，同时进位为 0
                    b = 1
```

```
            advance = 0
    b = b << r
    v |= b
    r += 1


if advance == 1:
    v |= (advance << r)
return v
```

运行上述代码，结果如图 3-18 所示。

```
def binaryAdd(x, y):
    #x,y是进行二进制相加的两个整数,v表示最终结果,advance表示进位，r表示当前相加的比特位在二进制中的位置
    v = 0
    advance = 0
    r = 0
    while x > 0 or y > 0:
        #取得当前最低位的比特位值
        i = x & 1
        j = y & 1
        x = x >> 1
        y = y >> 1
        b = i ^ j
        if b == 1:
            #两个比特位的值不同，因此异或结果为1
            if advance == 1:
                #存在进位，两个比特位相加的结果再加上进位后值为0,同时产生一股进位
                b = 0
        else:
            #异或结果为0,表明两个比特位值相同
            if i & j == 1:
                #两个比特位的值都是1
                if advance == 1:
                    #进位为1,相加结果为1,并产生一个进位
                    b = 1
                else:
                    #进位不是1,相加结果为0,同时产生一个进位
                    b = 0
                    advance = 1
            else:
                #两个比特位都是0
                if advance == 1:
                    #如果进位为1,那么相加结果为1,同时进位为0
                    b = 1
                    advance = 0
        b = b << r
        v |= b
        r += 1

    if advance == 1:
        v |= (advance << r)
    return v
```

```
a = 0b1101
b = 0b1011
print("{0} + {1} is {2}".format(bin(a),bin(b),bin(a+b)))
v = binaryAdd(a,b)
print("result from binary add is {0}".format(bin(v)))
```

```
0b1101 + 0b1011 is 0b11000
result from binary add is 0b11000
```

图 3-18　代码运行结果

在代码中，我们先用普通加法实现两个整型数相加，然后调用
binaryAdd 实现两个整型数的二进制相加，最后比较发现，结果是一样的。
这意味着 binaryAdd 实现的加法结果是正确的，而且它的实现没有用到乘
法、加法和减法，它用的只是二进制的位操作运算。

有了加法实现，乘法就可以转换成一系列加法操作后的结果。再看个

具体实例。例如 7×7，它转换成二进制乘法如下：

$$
\begin{array}{r}
1\ 1\ 1 \\
1\ 1\ 1 \\
\hline
1\ 1\ 1 \\
1\ 1\ 1 \\
1\ 1\ 1 \\
\hline
1\ 1\ 0\ 0\ 0\ 1
\end{array}
$$

　　也就是说，乘法转换成 3 个二进制数相加，即 0b111、0b1110 和 0b11100 三数求和。在实现时我们分别将 3 个数压入堆栈，依次弹出顶部两个数，做加法操作后把结果重新压回堆栈，直到堆栈只剩下一个数为止。根据上面例子，堆栈开始如下：

0b111

0b1110

0b11100

　　先将堆栈顶部两个元素弹出，也就是 0b111 和 0b1110，相加后结果为 0b10101，然后压入堆栈：

0b10101

0b11100

　　接着再次弹出堆栈顶部两个元素，相加后结果为 0b110001。将结果压入堆栈，此时堆栈只有一个元素，于是计算结束。乘法的最终结果就是 0b110001，转换成十进制就是 59。代码的具体实现如下：

```
def binaryMultiply(a, b):
    ...
    7×7 转换成二进制是 0b111 * 0b111，它转换成 3 个二进制数的加法，分别
是 0b111,0b1110,0b11100
    因此，当第 2 个数的二进制格式中第 i 位是 1 时，这意味着第 1 个数要整体左
移 i 位。例如，第 2 个乘数的第 1 个比特位是 1，因此 0b111 要左移 1 位，于是
就对应 0b1110。以下的 while 循环就是实现这个过程
    ...
    stack = []
    s = 0
    while b > 0 :
        if b & 1 == 1:
            #当前第 s 个比特位是 1，那么把 a 左移相应位数
```

```
                stack.append(a << s)
        else:
            #如果当前比特位是 0，那么直接把 0 压入堆栈
            stack.append(0)
        b = b >> 1
        s += 1
    '''
    依次从堆栈中弹出两个数，执行二进制加法，把结果压回堆栈，当堆栈只剩一
个数时得到最终结果
    '''
    while (len(stack) > 1):
        x = stack.pop()
        y = stack.pop()
        z = binaryAdd(x,y)
        stack.append(z)

    return stack.pop()

v = binaryMultiply(63, 7)
print(v)
```

运行上述代码，结果如图 3-19 所示。

```
def binaryMultiply(a, b):
    '''
    7*7 转换成二进制是0b111 * 0b111，它转换成 3 个二进制数的加法，分别是0b111，0b1110,0b11100
    因此，当第二个数的二进制格式中第i位是1时，这意味着第一个数要整体左移i位。例如，第二个乘数的第1个比特位是1，因此0b111要左移
    1位，于是就对应0b1110。以下的while 循环就是实现这个过程
    '''
    stack = []
    s = 0
    while b > 0 :
        if b & 1 == 1:
            #当前第s个比特位是1，那么把a左移相应位数
            stack.append(a << s)
        else:
            #如果当前比特位是0，那么直接把0压入堆栈
            stack.append(0)
        b = b >> 1
        s += 1
    '''
    依次从堆栈中弹出两个数，执行二进制加法，把结果压回堆栈，当堆栈只剩一个数时得到最终结果
    '''
    while (len(stack) > 1):
        x = stack.pop()
        y = stack.pop()
        z = binaryAdd(x,y)
        stack.append(z)

    return stack.pop()

v = binaryMultiply(63, 7)
print(v)
441
```

图 3-19　代码运行结果

代码中，我们把乘数 63 和 7 传入 binaryMultiply，得到的结果是 441，

可以确定这个结果是正确的，也就是代码实现的逻辑是正确的。

3.8.4　算法分析

　　在执行二进制加法的 binaryAdd 函数中，它遍历加数二进制形式中的每一个比特位进行处理。如果加数的二进制含有 n 个比特位，那么 binaryAdd 的算法复杂度是 $O(n)$。第 2 个函数 binaryMultiply，它先根据乘数二进制中比特位构造若干个加数，如果第 2 个乘数二进制中有 n 个比特位的话，那么函数就有可能构造 n 个加数，然后对加数执行 binaryAdd 操作，于是第 2 个函数的算法复杂度就是 $O(n^2)$。

第 4 章　数组和字符串

　　最简单的数据结构是数组。它由一组连续的内存模块构成。给定一个含有 n 个元素的数组 A，A[i]表示存在于数组中的第 i 个元素。获取或更新数组中指定下标的元素时间是 O(1)，但由于数组空间固定，因此要想在数组中插入新元素就比较麻烦。

　　要向数组后面追加一个元素，我们得重新给数组分配一块比原来大的内存，先将原数组复制到新内存中，然后再追加新元素。这种插入非常耗时。如果分配内存时，让新内存的大小是原来数组的两倍，那么如果插入操作很频繁，由于新内存足够大，插入时就不需要屡次分配新内存并进行复制，这样就使得平均插入耗时为 O(1)。

　　如果要删除第 i 个元素，我们可以重新分配一个对应的bool型数组，将该数组第 i 个元素设置为 false，用于表明 A[i]已经被删除。

4.1　数组的定位排序

　　对数组的排序和相关操作是算法面试的一大考点。而排序的方式和种类变换繁多，下面我们看看在面试中出现得较为频繁的一种，那就是快速地调整数组中元素的次序，使得元素的排列满足给定条件。

4.1.1　题目描述

　　给定一个数组 A 以及下标 i，将数组元素进行调整，使得所有比 A[i]小的元素排在前面，接着是所有等于 A[i]的元素，最后排列的是比 A[i]大的元素。例如，给定的数组 A 如下：

A：6,5,5,7,9,4,3,3,4,6,8,4,7,9,2,1

i = 5,A[i] = 4，于是调整后数组排列如下：

A：1,2,3,3,4,4,4,6,8,7,7,9,5,5,6,9

要求算法不能分配新内存，时间复杂度是 O(n)。

4.1.2　算法描述

我们先用一个变量 pivot 来指定数组元素 A[i]。算法分两步走：第一步，将数组分成两部分，第一部分元素都小于 pivot，第二部分元素都大于或等于 pivot；第二步，对第二部分进行调整将其分成两部分，第一部分所有元素都等于 pivot，第二部分所有元素都大于 pivot。

我们来看看具体的做法：用两个指针 begin 和 end 分别指向数组的开始和末尾，如果 A[begin] >= pivot，那么将 A[begin] 与 A[end] 互换，然后指针 end 向前移动一个元素；如果 A[begin] < pivot，指针 begin 向后移动一个元素；当两个指针相遇时，算法结束。用流程图描述算法如图 4-1 所示。

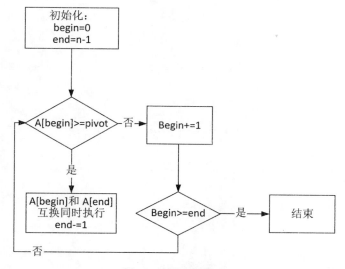

图 4-1　算法流程图

图 4-1 所示是根据算法第一步的描述而制定的流程图，第二步与第一步

的执行流程一样，只不过判断条件由 A[begin] >= pivot 转换为 A[begin] > pivot。

4.1.3 代码实现

根据算法描述的解析以及对应流程图，我们实现算法如下：

```python
def rearrangeByPivot(array, begin, end, pivot, checkEqual):
    if end <= begin:
        return
    while begin < end:
        #如果 checkEqual 为真，那么交换条件是大于等于，为假则元素交换条件为大于
        if (checkEqual is True and array[begin] >= pivot) or (checkEqual is False and array[begin] > pivot):
            #交换 array[begin] 和 array[end]
            temp = array[begin]
            array[begin] = array[end]
            array[end] = temp
            end -= 1
        else:
            begin += 1
    return array

S = [6,5,5,7,9,4,3,3,4,6,8,4,7,9,2,1]
i = 5
S = rearrangeByPivot(S, 0, len(S)-1, S[i], True)
print(S)
```

运行上述代码，结果如图 4-2 所示。

```
def rearrangeByPivot(array, begin, end, pivot, checkEqual):
    if end <= begin:
        return
    while begin < end:
        #如果checkEqual为真，那么交换条件是大于等于，为假则元素交换条件为大于
        if (checkEqual is True and array[begin] >= pivot) or (checkEqual is False and array[begin] > pivot):
            #交换array[begin] 和 array[end]
            temp = array[begin]
            array[begin] = array[end]
            array[end] = temp
            end -= 1
        else:
            begin += 1
    return array
```

```
S = [6,5,5,7,9,4,3,3,4,6,8,4,7,9,2,1]
i = 5
S = rearrangeByPivot(S, 0, len(S)-1, S[i], True)
print(S)
```

```
[1, 2, 3, 3, 4, 9, 7, 4, 6, 8, 4, 7, 9, 5, 5, 6]
```

图 4-2　代码运行结果

在代码中，我们设置 pivot 对应元素 array[4]，该元素的值是 4。从结果上看，数组确实被分成两部分。第一部分从元素 0 到元素 3，它们的值都小于 4；从元素 4 开始，所有元素的值都大于等于 4。接下来，再把算法运行到第二部分，也就是从下标 4 开始的所有元素即可。代码实现如下：

```python
def rearrangeArray(array, i):
    if (len(array) <= 1):
        return array
    pivot = array[i]
    #先执行算法第一步，将数组元素分为两部分，第一部分小于 pivot，第二部分大于等于 pivot
    array = rearrangeByPivot(array, 0, len(array)-1, pivot, True)
    #找到第一部分和第二部分的分界点
    for j in range(len(array)):
        if array[j] >= pivot:
            break
    #执行算法第二步
    array = rearrangeByPivot(array, j, len(array)-1, pivot, False)
    return array

S = [6,5,5,7,9,4,3,3,4,6,8,4,7,9,2,1]
i = 5
S = rearrangeArray(S, i)
print(S)
```

运行上述代码，结果如图 4-3 所示。

```python
def rearrangeArray(array, i):
    if (len(array) <= 1):
        return array
    pivot = array[i]
    #先执行算法第一步骤，将数组元素分为两部分，第一部分小于pivot,第二部分大于等于pivot
    array = rearrangeByPivot(array, 0, len(array)-1, pivot, True)
    #找到第一部分和第二部分的分界点
    for j in range(len(array)):
        if array[j] >= pivot:
            break
    #执行算法第二步骤
    array = rearrangeByPivot(array, j, len(array)-1, pivot, False)
    return array

S = [6,5,5,7,9,4,3,3,4,6,8,4,7,9,2,1]
i = 5
S = rearrangeArray(S, i)
print(S)

[1, 2, 3, 3, 4, 4, 4, 6, 8, 7, 7, 9, 5, 5, 6, 9]
```

图 4-3　代码运行结果

4.1.4　算法分析

在函数 rearrangeArray 中，先调用 rearrangeByPivot 执行算法步骤一，后者执行的时间复杂度是 O(n)；然后通过一个循环找到数组分界点，再次调用 rearrageByPivot 执行算法步骤二，执行所需要的时间复杂度仍然是 O(n)。因此，代码的总体时间复杂度是 O(n)。在代码的执行中没有分配任何新内存，因此算法的空间复杂度是 O(1)。

4.2　在整型数组中构建元素之和能整除数组长度的子集

有关数组的面试题中，时常会出现的一种类型是，在数组中找到一系列元素的组合，使得这些元素能满足给定条件。例如，有一种情况是，给定一个整数 k，让你在数组中找到两个元素，使得它们之和等于 k。像这种从数组中查找满足条件的子集的情况，我们必须认真研究。

4.2.1　题目描述

假设数组 A 包含的全是整数，其长度为 n，数组中的元素可能是重复的。设计一个算法，找到一系列下标的集合，也就是：

$$I = \{i_1, i_2, \cdots, i_n\} \tag{4-1}$$

使得下面等式成立：

$$(A_{i_0} + A_{i_1} + A_{i2} + \cdots + A_{in})\% n = 0 \tag{4-2}$$

4.2.2　算法描述

这是一道难度比较大的题目，能在一个小时内解决绝非易事。我们需要解决两个问题，第一是需要确定这样的集合一定存在；第二，集合存在，如何找到构成这个集合的元素。这两个问题可以统一起来处理。

假设有 n 个盒子，编号分别是 0,1,2,…,n–1。先从数组中拿出一个元素，然后对 n 求余，再把一个球放入求余结果对应编号的盒子中。举个具体例子，假设 n = 10，也就是有 10 个盒子，编号从 0 到 9，然后从数组中取出第一个元素，假设该元素的值是 22，那么求余后所得结果为 2，于是往 2 号盒子里放入一个球。

第二次拿出第一个和第二个元素，把它们相加后对 n 求余，再在得到结果对应编号的盒子里放入一个球。以此类推，直到取出全部元素相加为止。于是就得到以下式子：

$$A_0 \% n = t_0$$
$$(A_0 + A_1) \% n = t_1$$
$$\cdots$$
$$(A_0 + A_1 + \cdots + A_n) \% n = t_n$$

如果上面某个式子所得结果是 0，那么就回答了开头提出的第一个问题。如果上面式子中没有一个是 0，同时有 n 个式子产生 n 个结果，则意味着我们要把 n 个球放入 n–1 个编号不为零的盒子中。于是肯定会出现一种情况，那就是当我们把球放入盒子时，发现盒子里面已经有一个球了。

这意味着上面等式中，有某两个等式产生的结果是一样的。由于等式左边的元素个数是逐次递增的，这意味着存在两个整数 i 和 j，其中 i < j，但是下面两个等式满足：

$$(A_0 + A_1 + \cdots + A_i) \% n = t_i$$
$$(A_0 + A_1 + \cdots + A_{i+1} + \cdots + A_j) \% n = t_j$$
$$t_i = t_j$$

从上面等式，进一步推出如下结论：

$$(A_{i+1} + \cdots + A_j) \% n = 0$$

上面等式正好表明，数组存在一个子集，使得子集元素之和正好整除 n。而且上面的分析，也给出了找出满足条件的子集的算法。

4.2.3 代码实现

根据算法描述中的推导，其实现代码如下：

```
def findModuleSubSet(A):
    ...
    设置编号为 0~n-1 的盒子，并把它们设置为 0，表示盒子里面没有球，如果
    boxes[i]不等于 0，表示编号为 i 的盒子里面已经有球
    ...
    boxes = []
    for i in range(len(A)):
        boxes.append(0)
    sum = 0
    subSet = []
    ...
    依次取出元素相加后对数组长度求余，然后把余数当做盒子编号，将对应boxes
    数组中的元素设置为非 0 值
    ...
    for k in range(len(A)):
        sum += A[k]
        subSet.append(k)
        t = sum % len(A)
        #如果余数为 0，那么便找到了想要的子集
        if t == 0:
            return subSet
        ...
        检测对应编号的盒子是否为 0，如果不是 0 说明找到了 i,j,i < j
        (A[0]+A[1]...A[i]) % n == (A[0]+A[1]+...A[j]) %n
        于是(A[i+1]+...A[j])%n == 0
        也就是元素 A[i+1]...A[j]就是我们要找的子集
        ...
        if boxes[t] != 0:
            preSum = 0
            for i in range(k+1):
                #找到满足条件的 i,subSet[i+1:]就是满足条件的子集
                preSum += A[i]
                if (preSum % len(A) == t):
                    return subSet[i+1:]
        #如果对应编号盒子是 0，那么把 boxes[k]设置为 1，表明该盒子已经放
        入了一个球
        boxes[t] = 1

    return []
```

```
import random
A = []
for i in range (9):
    A.append(random.randint(10, 999))

print(A)

subSet = findModuleSubSet(A)
print(subSet)
```

在代码中先随机生成含有 9 个元素的数组，因此 n 等于 9，每个元素都在区间（10,999）中任意取值，然后调用 findModuleSubSet 获取能够整除 9 的子集。运行上述代码，结果如图 4-4 所示。

```
def findModuleSubSet(A):
    '''
    设置编号为0到n-1的盒子，并把他们设置为0，表示盒子里面没有球，如果boxes[i]不等于0
    表示编号为i的盒子里面已经有球
    '''
    boxes = []
    for i in range(len(A)):
        boxes.append(0)
    sum = 0
    subSet = []
    '''
    依次取出元素相加后对数组长度求余，然后把余数当做盒子编号，将对应boxes数组中的元素设置为非0值
    '''
    for k in range(len(A)):
        sum += A[k]
        subSet.append(k)
        t = sum % len(A)
        #如果余数为0，那么我们找到了想要的子集
        if t == 0:
            return subSet
        '''
        检测对应编号的盒子是否为0，如果不是0说明我们找到了i,j,i < j
        (A[0]+A[1]...A[i]) % n == (A[0]+A[1]+...A[j]) %n
        于是(A[i+1]+...A[j])%n == 0
        也就是元素A[i+1]...A[j]就是我们要找的子集
        '''
        if boxes[t] != 0:
            preSum = 0
            for i in range(k+1):
                #找到满足条件的i,subSet[i+1:]就是满足条件的子集
                preSum += A[i]
                if (preSum % len(A) == t):
                    return subSet[i+1:]
        #如果对应编号盒子是0，那么把boxes[k]设置为1，表明该盒子已经放入了一个球
        boxes[t] = 1
    return []


import random
A = []
for i in range (9):
    A.append(random.randint(10, 999))

print(A)

subSet = findModuleSubSet(A)
print(subSet)

[386, 96, 408, 546, 308, 84, 541, 170, 576]
[1, 2]
```

图 4-4　代码运行结果

4.2.4　算法分析

在算法实现中，我们依次取出数组元素进行求和。求和时，要不正好就找到求和后能整除数组长度的子集元素，要不就是发现对应余数编号的盒子里面有球。于是，再在集合 subSet 中遍历一次。两次遍历的长度最多不超过数组长度，因此算法时间复杂度为 O(n)。代码中没有分配任何新的内存空间，因此空间复杂度为 O(1)。

4.3　计算等价类

等价关系是一种针对集合元素的代数关系，用字母 E 表示。对于集合中两个元素，如果说它们存在等价关系，这意味着这种关系必须满足以下性质。

（1）自反性，对元素 x，它与自己存在等价关系，即(x,x)满足关系 E。

（2）对称性，如果(x,y)满足关系 E，那么(y,x)也满足关系 E。

（3）传递性，如果(x,y)满足关系 E，(y,z)满足关系 E，那么(x,z)也满足关系 E。

举个例子，如果将一个集合中的元素划分为几个不相交的子集，那么每个子集中的元素就满足等价关系。例如下面集合：

A = {1,2,3,4,5,6,7,8,9}

我们将它划分为 3 个不相交子集：

A1 = {1,2,3}；A2 = {4,5,6}；A3 = {7,8,9}

不难验证，每个子集中的元素都能满足前面所说的等价关系 3 条性质。

4.3.1　题目描述

假设有集合 S：{1,2,…,n-1}，同时有两个数组 A 和 B，它们的元素都来自于集合 S，而且长度都是 m。A、B 两个数组用来确定集合 S 中元素的等价关系，假如 A[k]与 B[k]是等价的，那么 S 便会划分成几个不相交的等价

类子集，例如 n=7，m=4，A = {1,5,3,6}，B={2,1,0,5}，那么 S 便会划分为 3
个不相交等价类子集：S1={0,3}，S2={1,2,5,6}，S3={4}。

　　给定一个数组 S，以及数组 A、B，要求计算出 S 被划分的等价类
子集。

4.3.2　算法描述

　　这是一道难度不小的面试题，光是理解题意就不容易。题目说 A[k] 和
B[k] 是等价的，于是 A[0] 和 B[0] 是等价的，也就是 1 和 2 是等价的，由于
A[1] 和 B[1] 是等价的，那么 5 和 1 是等价的；A[3] 和 B[3] 等价，那么 6 和 5
等价，如图 4-5 所示。

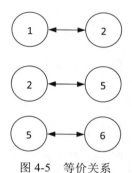

图 4-5　等价关系

　　根据等价关系的传递性，我们有 1、2、5、6 相互间等价，于是上面 4
个元素合在一起形成一个等价类。题目要求就是把这些集合都找出来。前
面章节我们分析过一道汇率转换题目，它体现的是如何将问题转换为队列
思考模式。本题同理，如果我们把等价关系联想为队列节点间的链接，那
么题目就转换为节点路径的搜索问题。

　　以图 4-5 为例，节点 1 通往节点 2，节点 2 通往节点 5，节点 5 通往节
点 6，于是就构成了一条路径，如图 4-6 所示。

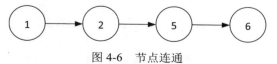

图 4-6　节点连通

　　于是构造等价类转换为将等价的两个节点两两连接，然后通过深度优

先搜索查找到一条路径即可。此外，还有一种更简单的办法，就是利用等价的传递性。假设与元素 2 等价的元素构成一个集合：

$$S_1 = \{2, a_1, a_2, \cdots, a_n\} \tag{4-3}$$

与元素 5 等价的所有元素构成另一个集合：

$$S_2 = \{5, b_1, b_2, \cdots, b_n\} \tag{4-4}$$

由于 2 和 5 等价，于是根据传递性，集合（S_1）与集合（S_2）中的元素一一等价，因此只要将两个集合合并就可以得到一个等价类：

$$S_3 = \{2, a_1, a_2, \cdots a_n, 5, b_1, b_2, \cdots, b_n\} \tag{4-5}$$

按照这一思路，我们看看题目的新解法。先由自反性，每个元素都与子集等价，于是 S 先被分割成 6 个子集，如图 4-7 所示。

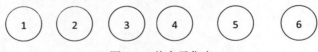

图 4-7　单个子集点

由于 A[0]和 B[0]等价，也就是 1 和 2 等价，于是两个集合合并如图 4-8 所示。

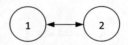

图 4-8　两点集合合并

A[1]和 B[1]等价，也就是 5 和 2 等价，于是单点集合{5}与上面的两点集合合并如图 4-9 所示。

图 4-9　三点集合合并

由于 A[4]和 B[4]等价，单点集合{6}与上面三点集合合并，形成集合如图 4-10 所示。

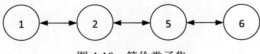

图 4-10　等价类子集

由此 S 的一个等价类子集就产生了，另外两个子集也可同理构建。

4.3.3　代码实现

根据如上分析，代码实现如下：

```python
class Number:
    #Number 表示单独一个数字自己形成的集合
    def __init__(self, val):
        self.val = val
        self.set = []
        self.visited = False
        self.set.append(val)


#EquivalClass 用于构造数字等价类
class EquivalClass:
    def __init__(self, n, A, B):
        #先将集合 S={1,2,…,n-1}中的每个元素各自构造成只包含自己的集合
        self.numArray = []
        for i in range(n):
            #每一个 Number 都是只包含数字 i 本身的等价类
            self.numArray.append(Number(i))
        for i in range(len(A)):
            a = A[i]
            b = B[i]
            #A[i]和 B[i]两个元素属于等价类,所有与该元素等价的元素都可以
合成一个等价类集合
            self.makeSet(self.numArray[a], self.numArray[b])
    def makeSet(self, numberA, numberB):
        #将两个等价类的元素合并成一个等价类，numberA.set 存储的是所有与
numberA.val 等价的元素

        元素 1 原来的等价类只有它自己，也就是{1},元素 2 原来的等价类也只有
它自己，也就是{2}
        A[0] = 1, B[0] = 2,所有 1 和 2 等价，因此可以把两个集合合成一
个，也就是{1}, {2} => {1,2}
        于是元素 1, 2 都指向同一个集合{1,2}
        由于 A[1] = 5, B[1] = {1}, 元素 5 的等价类集合是{5},元素 1 的
等价类集合是{1, 2},因此两者结合后等价类是{1,2,5}
        以此类推
        …
        numberA.set.extend(numberB.set)
        numberB.set = numberA.set
    def printAllEquivalSet(self):
```

```
        for i in range(len(self.numArray)):
            self.printEquivalSet(self.numArray[i])
    def printEquivalSet(self, number):
        #如果元素对应的等价类集合已经打印过，那么就越过
        if number.visited is True:
            return
        number.visited = True
        print("{", end="")
        for i in range(len(number.set)):
            print("{0} ".format(number.set[i]), end="")
            self.numArray[number.set[i]].visited = True
        print("}")
```

```
n = 7
A = [1,5,3,6]
B = [2,1,0,5]
equival = EquivalClass(n, A, B)
equival.printAllEquivalSet()
```

运行上述代码，结果如图 4-11 所示。

```
In [18]: n = 7
         A = [1,5,3,6]
         B = [2,1,0,5]
         equival = EquivalClass(n, A, B)
         equival.printAllEquivalSet()

         {3 0 }
         {5 1 2 }
         {4 }
         {6 5 1 2 }
```

图 4-11　代码运行结果

从代码的运行结果可见，其输出的等价类集合与我们的分析一致，因此代码的实现是正确的。

4.3.4　代码分析

代码通过遍历每一个元素对应的等价类集合，将集合合并成一个，因此算法的时间复杂度是 O(n)，其中 n 是集合中的元素个数。在代码中，我们需要分配新的空间存储等价类中的元素，每个元素占据一个存储单元，因此算法的空间复杂度是 O(n)。

4.4　大型整数相乘

很多应用需要绝对的计算精度，实现这种需求的一种办法是，使用字符串来表示要计算的数字。由于数字在应用中需要进行相应的计算，于是如何在字符串表示的数字上进行相应的运算操作便成为相关应用需要考虑的问题。

4.4.1　题目描述

假定有两个字符串表示的整型数，要求写一个函数，实现两个数字字符串的相乘，函数返回值也是字符串。

4.4.2　算法描述

需要注意的是，我们不能直接将整型数字字符串转换成数字后直接相乘。因为字符串表示的数字可能相当大，例如计算机的字段只有 32 位，如果字符串表示的数字超过了 32 位，那么直接转换会导致结果出错。一种做法是直接在字符串上模拟乘法运算，但这么做需要考虑很多边界条件，因此实现起来会很复杂。

如何才能简单、方便地实现需求呢？这就需要运用我们前面提到的分而治之模式。如果做乘法的字符串只有一位数，那么处理就很简单。只要将其直接转换成数字，然后做乘法运算即可。如果字符串包含多个数字，我们可以将其拆解成更少位的字符串，分别计算后，再将结果整合起来。例如：

"1234" * "5678"

我们把它拆解如下：

S1= "12" * "56"

S2= "12" * "78"

S3= "34" * "56"

S4= "34" * "78"

S1 计算后在结果后面添加 4 个 0，S2 计算后在结果后面添加 2 个 0，

S3 计算后在结果后面添加 2 个 0，S4 计算后在结果后面无需添加 0。对于 S1 的计算，又可以再次分解如下：

I1= "1" * "5"

I2= "1" * "6"

I3= "2" * "5"

I4= "2" * "6"

I1 计算后在结果后面添加 2 个 0。显然 I1 在计算时可以安全地转换成数字进行乘积，然后再转换回字符串。I2、I3、I4 的运算过程都类似。由此一个复杂的多字符乘法变成了多个简单的单字符乘法，然后再将结果整合起来。

最后我们还需要处理数字字符串的加法。因为把多个结果整合在一起时，需要用到数字字符串加法。好在数字字符串加法容易实现，做法跟前面提到的比特位加法是一样的。例如 "1234" + "5678"，在做加法运算时，我们用一个变量 advance 记录进位。

取出最后一位字符，先转换成数字，然后相加，如果结果有进位，那么将变量 advance 设置为 1，然后将个位上的数字作为相加结果。例如上面数字字符串相加时，取最后一位数字字符 "4" 和 "8"，转换成数字，相加后结果是 12，把进位 1 设置到变量 advance，然后将个位上的 2 作为结果，接着计算 "3" 和 "7"。计算时要记得考虑进位。

4.4.3　代码实现

根据算法描述，代码实现如下：

```
import math

class StringMultiply:
    def __init__(self, strX, strY):
        ...
        先将两个数字字符串的长度补齐，如果 strX="123", strY="56789",
那么在 strX 前面添加两个 0 变成"00123"
        两个数字字符串长度一致时才好进行分解运算
        ...
        self.x = strX
        self.y = strY
        if len(strX) < len(strY):
            for i in range(len(strY) - len(strX)):
```

```
        self.x = "0" + self.x
    if len(strY) < len(strX):
        for i in range(len(strX) - len(strY)):
            self.y = "0" + self.y
def  doMultiply(self, x, y):
    if x is None or y is None:
        return "0"

    if len(x) == 0 or len(y) == 0:
        return "0"

    if (len(x) == 1 and len(y) == 1):
        #只有一位数字字符，将其转换为数字后直接做乘法运算
        vx = ord(x[0]) - ord('0')
        vy = ord(y[0]) - ord('0')
        vz = vx * vy
        return str(vz)
...
```

将字符串切分成两半，两两做运算后再将结果整合在一起,例如"1234"*
"5678",切分成:"12"*"56","12"*"78","34"*"56","34"*"78",然后在结
果后面添加相应的 0
...

```
halfX = math.ceil(len(x)/2)
halfY = math.ceil(len(y)/2)

xh = x[0:halfX]
xl = x[halfX:]
yh = y[0:halfY]
yl = y[halfY:]

#相当于"12"*"56"
p1 = self.doMultiply(xh, yh)
for i in range(len(xl) + len(yl)):
    p1 += "0"
#相当于"12"*"78"
p2 = self.doMultiply(xh, yl)
for i in range(len(xl)):
    p2 += "0"
#相当于"34"*"56"
p3 = self.doMultiply(xl, yh)
for i in range(len(yl)):
    p3 += "0"
```

```
        #相当于"34" * "78"
        p4 = self.doMultiply(xl,yl)

        #做字符串加法把结果整合起来
        r = self.stringAdd(p1, p2)
        r = self.stringAdd(r, p3)
        r = self.stringAdd(r, p4)
        return r
    def stringAdd(self, strX, strY):
        ...
```

先将两个数字字符串的长度补齐，如果 strX="123", strY="56789", 那么在 strX 前面添加两个 0 变成"00123"

两个数字字符串长度一致时才好进行分解运算

```
        ...
        x = strX
        y = strY
        if len(strX) < len(strY):
            for i in range(len(strY) - len(strX)):
                x = "0" + x
        if len(strY) < len(strX):
            for i in range(len(strX) - len(strY)):
                y = "0" + y
        k = len(x) - 1
        advance = 0
        result = ""
        while k >= 0:
            vx = ord(x[k]) - ord('0')
            vy = ord(y[k]) - ord('0')
            vz = vx + vy + advance
            #记录进位
            advance = int(vz / 10)
            #将个位数结果转换为字符
            z = vz % 10
            c = chr(ord('0') + z)
            result = c + result
            k -= 1
        #最后还有进位的话，得在最高位添加一个 1
        if advance == 1:
            result = chr(ord('0') + advance) + result
        return result
    def getResult(self):
        return self.doMultiply(self.x, self.y)
```

```
s1 = "1234"
s2 = "5678"
sm = StringMultiply(s1, s2)
print(int(s1) * int (s2))
print(sm.getResult())

s1 = "1234"
s2 = "567"
sm = StringMultiply(s1, s2)
print(int(s1) * int (s2))
print(sm.getResult())
```

运行上述代码，结果如图 4-12 所示。

```
s1 = "1234"
s2 = "5678"
sm = StringMultiply(s1, s2)
print(int(s1) * int (s2))
print(sm.getResult())

s1 = "1234"
s2 = "567"
sm = StringMultiply(s1, s2)
print(int(s1) * int (s2))
print(sm.getResult())
7006652
7006652
699678
0699678
```

图 4-12 代码运行结果

注意看字符串 "1234" * "567" 的结果。在代码实现中，会把长度不相等的数字字符串补齐为长度一样的字符串后再进行计算，因此 "567" 会在前面添加一个 "0"，形成字符串 "0567" 后再参与运算，于是运算结果在最高位多了一个 0，最高位的 0 并不影响结果的正确性，也就是 699678 和 0699678 是一样的。

4.4.4 代码分析

函数 stringAdd 会遍历字符串中的每个字符，然后执行加法运算。如果字符串长度为 n，那么该函数的时间复杂度就是 O(n)。

函数 doMultiply 会把两个长度为 n 的字符串切成 4 个长度为 n/2 的字符串，然后两两再结合起来进行递归处理，接着调用 stringAdd 把多个处理结果结合起来，因此它的算法复杂度满足下面公式：

$$T(n) = 4 * T(n/2) + O(n)$$

从上面公式把 T 解出来，得到的结果是 O(n^2)。由此算法的总时间复杂度是 O(n^2)。代码运行中并未分配新内存，因此算法的空间复杂度是 O(1)。

4.5　数组的序列变换

将数组中的元素按照某种规则重新排序，使得数组元素的出现符合某种规律，是算法面试中涉及到数组时常会出现的题目。数组排序是最常见的情况。下面分析一道有关数组元素排列的问题。

4.5.1　题目描述

给定数组 A = {1,2,3,4,5,6}，并给定一个变化序列 P = {3,1,5,4,0,2}，将变换序列应用到数组 A 上，得到新的数组 B={A[3],A[1],A[5],A[4],A[0]，A[2]} = {4,2,6,5,1,3}。调整过程中不允许分配新内存。

4.5.2　算法描述

新数组 B 中元素与老数组 A 一样，只不过是 A 将元素按照 P 给定的序列重新布置一遍。如果我们能申请一块大小与 A 一样的内存，然后将 A 中的元素依照序列 P 中的规定放置到新内存中，这样就可以得到数组 B，但如此就违背了题目中不可分配新内存的规定。

如果要将元素 A[3]放到第 0 位，那么 A[0]就会被覆盖掉，所以必须找一个地方存放 A[0]。如果直接把 A[0]挪到 A[3]所在位置，那么就得有机制记录 A[0]挪动的信息，这样后面要把 A[0]放到数组的第 4 个位置时，我们才知道去哪里得到 A[0]。倘若不分配新内存来记录这些信息，我们如何找到被挪动的 A[0]呢？

因此算法实现的关键点在于，第一，如何将被覆盖的元素寄存在原数组中；第二，如何找到被寄存的元素。假设数组 A 的长度是 n，用 i 表示当前要替换的元素，于是 i 的取值范围是 0 到 n–1。用变量 change 表示要覆盖 A[i] 的元素下标，用变量 temp 表示覆盖 A[i] 的元素值，也就是 temp = A[change]。

根据上面描述，当 i 等于 0 时，各变量的取值为：i = 0，P[0] = 3，change = 3，temp = A[change] = 4。算法流程如下：

将 i 到 change–1 范围内的元素右移一位，i = 0 时，数组 A = {1,2,3,4,5,6} 就变换成{1,1,2,3,5,6}，将 temp 放到 A[0]，于是 A 变为{4,1,2,3,5,6}。当 i = 1 时，P[1] = 1，也就是要将原来 A[1]放到数组的第 1 位，由于数组 A 有变动，原来 A[1]向后移动一位，于是现在的 A[2]就是原来的 A[1]。

因此，要找到对应元素，我们必须知道原有元素在变换后，向右移动了几位。例如，经过上面描述的变动后，下标为 1、2、3 的元素都向后挪动一位，而下标为 5、6 的元素没有移动。如何元素的位移信息是算法的关键所在。

定理：对于 A[i]，如果 P[0...i–1]中，比 P[i]大的元素是 k，那么 A[i]就向右移动了 k 位。请读者尝试证明一下这个定理。

根据定理，当 i = 1 时，P[1] = 1，P[0...0]中比 1 大的元素个数是 1，因为 P[0] = 3 > 1，所以 A[1]向右移动一位，因此 change = P[i] + 1 = 2，temp = A[change] = 2。先将 i 到 change–1 范围内的元素向右移一位，于是有 {4,1,2,3,5,6} → {4,1,1,3,5,6}，接着把 temp 放到 A[i]后，数组 A 变为 {4,2,1,3,5,6}。

当 i = 2，P[i] = 5，由于 P[0...i–1]中的元素没有比 5 大的，所以 change = P[i] = 5, temp = A[change] = 6。把 A[i...change–1]的元素向右挪动一位，于是{4,2,1,3,5,6} → {4,2,1,1,3,5}。然后把 temp 放入 A[i]，就有了 {4,2,6,1,3,5}。

当 i=3, P[3]=4，由于 P[0...i–1]中比 4 大的元素有 1 个，所以 change= P[3]+1，这意味着当前的 A[5] = 5 对应于原来的 A[4]。于是，temp = A[change] = 5。把 A[i...change–1]间的元素向右挪动一位，有 {4,2,6,1,3,5} → {4,2,6,1,1,3}。然后把 temp 放入 A[i]，得到{4,2,6,5,1,3}。

当 i=4, P[4]=0，P[0...i–1]中比 0 大的元素个数是 4，于是 change= P[4]+4，也就是现在的 A[4]对应原来的 A[0]，temp = A[4] = 1。把 A[i...change–1]中的元素向右挪动一位，但由于 change–1 小于 i，因此没有元素可以移动。然后把 temp 放入 A[i]，就有了{4,2,6,5,1,3}。

当 i=5, P[5]=2, P[0...i−1]中比 2 大的元素有 3 个, 于是 change=P[i]+3=5, 也就是原来的 A[2]对应于现在的 A[5]。于是, temp=A[change]=A[5]=3。将 A[i...change−1]的元素向右挪动一位, 但 change−1=4 比 i=5 小, 因此没有元素可以移动。然后将 temp 放入 A[i], 于是形成最终的集合 A:{4,2,6,1,3,5}。算法流程图如图 4-13 所示。

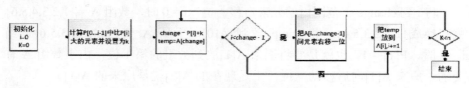

图 4-13　算法流程图

4.5.3　代码实现

根据算法描述, 并结合流程图, 代码实现如下:

```python
class ArrayPermutation:
    def __init__(self, A, P):
        self.A = A
        self.P = P
        self.doPermutation()
    def doPermutation(self):
        for i in range(len(A)):
            #计算 A[i]右移后的位置
            change = self.relocate(i)
            temp = self.A[change]
            #把 A[i...change-1]间的元素右移一位
            self.makeShift(i, change)
            self.A[i] = temp
    def relocate(self,i):
        change = self.P[i]
        k = 0
        #检测 A[0...i-1]中有几个元素比 P[i]大
        j = 0
        while j < i:
            if self.P[j] > change:
                k+=1
            j += 1
        return change + k
    def makeShift(self, begin, end):
```

```
        #把 A[begin, end]之间的元素向右边挪动一位
        i = end
        while i > begin:
            self.A[i] = self.A[i-1]
            i-=1
    def getPermutation(self):
        return self.A

A = [1,2,3,4,5,6]
P = [3,1,5,4,0,2]
ap = ArrayPermutation(A, P)
print("array after permutation is:")
print(ap.getPermutation())
```

运行上述代码，结果如图 4-14 所示。

```
class ArrayPermutation:
    def __init__(self, A, P):
        self.A = A
        self.P = P
        self.doPermutation()
    def doPermutation(self):
        for i in range(len(A)):
            #计算A[i]右移后的位置
            change = self.relocate(i)
            temp = self.A[change]
            #把A[i...change-1]间的元素右移一位
            self.makeShift(i, change)
            self.A[i] = temp
    def relocate(self,i):
        change = self.P[i]
        k = 0
        #检测A[0...i-1]中有几个元素比P[i]大
        j = 0
        while j < i:
            if self.P[j] > change:
                k+=1
            j += 1
        return change + k
    def makeShift(self, begin, end):
        #把A[begin, end]之间的元素向右边挪动一位
        i = end
        while i > begin:
            self.A[i] = self.A[i-1]
            i-=1
    def getPermutation(self):
        return self.A

A = [1,2,3,4,5,6]
P = [3,1,5,4,0,2]
ap = ArrayPermutation(A, P)
print("array after permutation is:")
print(ap.getPermutation())

array after permutation is:
[4, 2, 6, 5, 1, 3]
```

图 4-14　代码运行结果

4.5.4 代码分析

在算法实现中，我们没有分配多余内存，因此空间复杂度是 O(1)。在元素转移中，我们需要把指定区间的元素全部向右挪动一位，同时还得在 P[0…i-1]区间里查找比 P[i]大的元素个数，这两个步骤的时间复杂度为 O(n)。由于每处理一个元素都要进行这两步，算法总共需要处理 n 个元素，因此总的时间复杂度是 O(n^2)。

4.6 字符串的旋转

字符串本质上是指含有字符的数组。这样，很多有关字符串的算法题就转变为对字符的操作，原有很多应用在数组的算法可以稍作变换后平移到字符串的应用上来。以下就是一道有关字符串中字符变换的算法题。

4.6.1 题目描述

A 是含有 n 个元素的数组，如果可以申请到足够大内存，那么把 A 从位置 i 开始旋转是比较简单的。例如 A：a,b,c,d,e,i=3，旋转后字符串 A 为：d,e,a,b,c。要求设计一个时间复杂度为 O(n)、空间复杂度为 O(1)的算法，实现字符串 A 从给定位置开始旋转。

4.6.2 算法描述

我们先看看，在不申请新内存的情况下，如何实现给定要求的位移。最简单的就是根据字符串 A 中的每个字符逐步位移，直到旋转完成为止。例如 A：a,b,c,d,e,i=3，那么分别通过两次对字符的平移，第一次平移后字符串变为 A：e,a,b,c,d，再一次平移后为 A：d,e,a,b,c。两次字符依次平移即可满足要求。

但当前做法的问题在于，每一次平移，字符串中的字符都得移动一次，所以一次平移操作的总时间复杂度为 O(n)；总共要平移的次数是 n-i，如果 i = n/2，那么总的时间复杂度是 O(n^2)。我们看看如何通过优化当前方法以满足题目要求的时间复杂度。

要简便、快捷地实现满足条件的旋转，算法的设计需要一定的灵感。具体做法如下，对给定的字符串，如 A：a,b,c,d,e,f,i=4，根据 i 的值将数组分成两部分：一部分是 A[0…i]，也就对应着 a,b,c,d；第二部分是 A[i+1…n-1]，也就对应着 e,f。接着将整个字符串倒转，于是字符串 A 变为 f,e,d,c,b,a。

最后，将对应着两部分的字符串再各自分别倒转。由于 f,e 对应着第二部分，将其倒转后得到 e,f；接着的 d,c,b,a 对应着第一部分，因此把它们也倒转，于是变成 a,b,c,d。将倒转后的两部分字符串合在一起，得到 e,f,a,b,c,d，就是根据指定要求旋转后的字符串。如果倒转的时间复杂度是 O(n)，那么整个旋转的时间复杂度就是 O(n)。

要实现倒转，我们可以分别使用两个指针 begin 和 end，第一个指针指向第一个字符，第二个指针指向最后一个字符；然后分别交换两个指针对应的字符；接着 begin 向后挪动一位，end 向前挪动一位；如果两个指针没有相遇，那么交换继续进行，直到两个指针相遇为止。

4.6.3　代码实现

根据上面算法描述，代码实现如下：

```
#将字符串倒转
def  roundString(S):
    begin = 0
    end = len(S) - 1
    ss = list(S)
    while begin < end:
        #交换 begin 和 end 指向的字符
        temp = ss[begin]
        ss[begin] = ss[end]
        ss[end] = temp
        begin += 1
        end -= 1
    return ''.join(ss)

#将给定字符串从位置 i 开始旋转
def rotateString(s, i):
```

```
    #i 将字符串分成两部分，第一部分含有开头 i 个元素，后半部分含有 n - i
个元素
    #先将整个字符串倒转
    s = roundString(s)
    #全倒转后前 n-i 个字符对应上面的后半部分，后面的 i 个字符对应前面的前
半部分，对这两部分分别进行倒转
    s1 = roundString(s[0:len(s)-i])
    s2 = roundString(s[len(s)-i:])
    #倒转后合在一起就是原字符从位置 i 处旋转后的结果
    return s1+s2

s = "abcdefg"
i = 4
#旋转后的字符串应该是 efabcd
s = rotateString(s, i)
print(s)
```

运行上述代码，结果如图 4-15 所示。

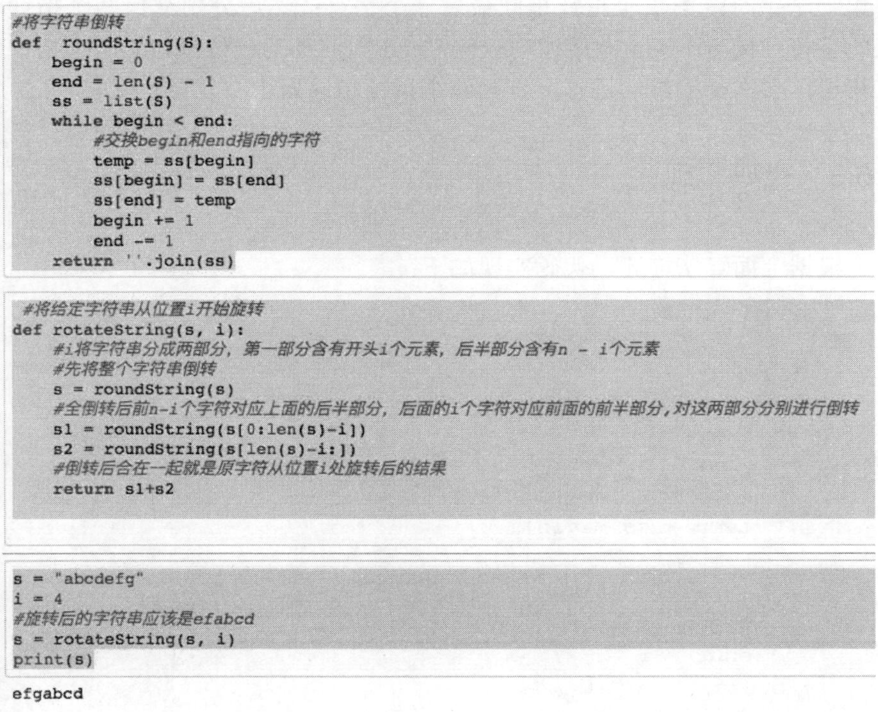

```
#将字符串倒转
def  roundString(S):
    begin = 0
    end = len(S) - 1
    ss = list(S)
    while begin < end:
        #交换begin和end指向的字符
        temp = ss[begin]
        ss[begin] = ss[end]
        ss[end] = temp
        begin += 1
        end -= 1
    return ''.join(ss)
```

```
#将给定字符串从位置i开始旋转
def rotateString(s, i):
    #i 将字符串分成两部分，第一部分含有开头i个元素，后半部分含有n - i个元素
    #先将整个字符串倒转
    s = roundString(s)
    #全倒转后前n-i个字符对应上面的后半部分，后面的i个字符对应前面的前半部分，对这两部分分别进行倒转
    s1 = roundString(s[0:len(s)-i])
    s2 = roundString(s[len(s)-i:])
    #倒转后合在一起就是原字符从位置i处旋转后的结果
    return s1+s2
```

```
s = "abcdefg"
i = 4
#旋转后的字符串应该是efabcd
s = rotateString(s, i)
print(s)
```

efgabcd

图 4-15　代码运行结果

4.6.4　代码分析

在代码实现中，rotateString 分多次调用了 roundString，因此后者决定了整个算法的时间复杂度。roundString 的作用是将整个字符串前后倒转，它的实现只依赖一次循环，因此时间复杂度是 O(n)。由此整个算法的时间复杂度是 O(n)。在代码实现中并没有分配新内存，因此空间复杂度是 O(1)。

4.7　二维数组的启发式搜索算法

并不是每种问题都能设计出步骤明确的算法加以解决，当问题过于复杂，没有步骤明确的算法能处理时，那么只能使用"走一步看一步"的方法来处理。也就是根据当前的条件尝试性地走出一步看看结果如何，如果效果不好，那么退回去从另一个方向入手看看。

4.7.1　题目描述

Sukudo 棋盘是一种逻辑游戏，它由 9×9 的网格组成。玩法是要求每一行，每一列、每个 3×3 的子网格都由 1~9 九个数字填充，并且每行每列每个子网格填充的数字都不重复。给定一个 9×9 的二维数组，请给出满足条件的填充算法。

4.7.2　算法描述

这道题类似于经典的八皇后算法，它展现出一种经典的思维模式——启发式搜索。基本思路如下：对当前所处的位置，从 1~9 九个数字中找出一个满足条件的数字，然后进入下一步；如果当前找不到满足条件的数字，那意味着上一步选取的数字不合适，于是退回到上一步，重新选取一个合适的数字。然后回到当前位置，看看能不能选中满足条件的数字；如果还是不行，继续退回到上一步，重新选择合适的数字后，再回到当前位置，看是否存在满足条件的数字。这种当前走入死胡同就退回到上一步重新做选择，然后再回到原位看看有没有新出路的办法，就叫启发式搜索。

4.7.3　代码实现

我们用代码将算法描述中的步骤实现如下：

```python
class Sukudo:
    def __init__(self):
        #构造一个 9×9 数组作为棋盘
        self.sukudoBoard = [[0]*9 for i in range(9)]
        #通过启发式搜索查找满足条件的数字填充方式
        res = self.setSukudoBoard(0,0)
        if res is True:
            self.printSukudoBoard()
        else:
            print("No satisfy answer!")
    def printSukudoBoard(self):
        for i in range(9):
            for j in range(9):
                print("{0} ".format(self.sukudoBoard[i][j]),
end="")
            print("\n")
    def checkValid(self, i, j, val):
        #检测在第 i 行第 j 列放置数值 val 是否满足条件
        for k in range(9):
            #检测数字所在行有没有出现重复
            if k != j and self.sukudoBoard[i][k] == val:
                return False
            #检测数字所在列是否出现重复
            if k != i and self.sukudoBoard[k][j] == val:
                return False
        #找到对应的 3*3 子网格，查看数字是否出现重复
        subX = int(i / 3) * 3
        subY = int(j / 3) * 3
        for p in range(subX, subX+3):
            for q in range(subY, subY+3):
                if p != i and q != j and self.sukudoBoard[p][q]
== val:
                    return False
        return True
    def setSukudoBoard(self, x, y):
        #使用启发式搜索填充棋盘
        if y >= 9:
```

```
            y = 0
            x += 1
    if x >= 9:
        return True
    #在给定位置从 1 到 9 九个数字中选取一个满足条件的来填充
    for val in range(1, 10):
        #检测数字是否满足条件
        if self.checkValid(x, y, val) is True:
            self.sukudoBoard[x][y] = val
            #设置下一个位置的数字
            if self.setSukudoBoard(x, y+1) is True:
                return True
    #当前位置找不到合适的数字填充，返回到上一步
    self.sukudoBoard[x][y] = 0
    return False

s = Sukudo()
```

运行上述代码，结果如图 4-16 所示。

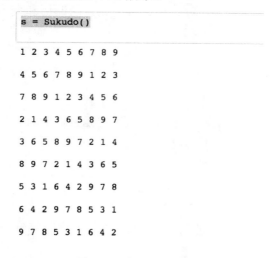

图 4-16　代码运行结果

从运行结果看，每一行、每一列、每个 3×3 子网格都没有重复的数字。

4.7.4　代码分析

启发式搜索本质上是暴力枚举法，它把所有可能的方式都尝试一遍，

然后找到满足条件的一种。通过前几章对暴力枚举法的分析，不难发现枚举法的时间复杂度很容易形成指数级。在上面的代码实现中，当前步骤要遍历 9 个数字，如果没有满足条件的数字，那必须回到上一步更换一个数字后，再回到当前步骤，再遍历 9 个数字。

最坏的情况下，我们需要从当前步骤退回上一步骤 9 次，每退回一次再回来，当前步骤又得再次遍历 9 个数字，因此时间复杂度是 $O(9^2)$。这种往回追溯的情况最多是 9 次，因此在当前步骤找到合适数字的时间复杂度是 $O(9^9)$；如果棋盘的大小是 n×n，那么时间复杂度就是惊人的 $O(n^n)$。

4.8　二维数组的旋转遍历

二维数组比一维数组多了一个维度，因此在元素的变换和操作方式上，比一维数组要多不少。对二维数组中元素的遍历和变换也是有关数组的算法面试题中经常被考查到的难点。

4.8.1　题目描述

假定有一个二维数组，要求将数组中的元素以顺时针的螺旋方式打印出来。例如，假设有一个 3×3 数组如下：

$$1 \quad 2 \quad 3$$
$$4 \quad 5 \quad 6$$
$$7 \quad 8 \quad 9$$

要求实现一个函数，使得数组的元素能按照顺时针方向打印出来：
1,2,3,6,9,8,7,4,5。

4.8.2　算法描述

题目难度不大，但正确的代码并不好写，因此面试中出现的频率不低。假定有 4 个箭头，分别称为 top、right、bottom、left。top 指向最顶行，right 指向最右边一列，bottom 指向最底边一行，left 指向最左边一列：

```
            ↓  (top)
      1    2    3  ← (right)
      4    5    6
(left) → 7   8    9
            ↑ (bottom)
```

我们先把 top 指向的行打印出来，也就是 1,2,3；接着把 right 指向的列打印出来，也就是 6,9；然后把 bottom 指向的行打印出来，也就是 8,7；最后把 left 指向的列打印出来，也就是 4。

把外围元素打印完毕后，把 top 箭头向下挪动一个位置，right 箭头向左挪动一个位置，bottom 向上挪动一个位置，left 向右挪动一个位置，得到结果如下：

```
1          2          3
           ↓ (top)
4 (left) → 5 ← (right)  6
           ↑ (bottom)
7          8          9
```

由于此时所有箭头都指向同一个元素，因此只要把最后这个元素打印出来即可。我们再看一个 4×4 数组的螺旋打印过程，这样能对算法有一个更清晰的认识：

```
          ↓  (top)
      1    2    3    4  ← (right)
      5    6    7    8
      9   10   11   12
(left) → 13  14   15   16
                      ↑ (bottom)
```

我们先打印 top 箭头指向的行，以箭头 right 为边界，也就是 1,2,3,4；接着打印 right 箭头指向的列，以 bottom 为边界，也就是 8,12,16；然后打印 bottom 指向的行，以 left 为边界，也就是 15,14,13；最后打印箭头 left 指向的列，以 top 为边界，也就是 9,5。

然后 top 向下走一步，right 向左走一步，bottom 向上走一步，left 向右走一步，有：

1		2	3	4
		↓	(top)	
5		6	7 ←	(right)	8
9	(left) →	10	11		12
			↑ (bottom)	
13		14	15	16

再把打印步骤重复一次，得到 6,7,11,10。综合两次打印结果，就是整个二维数组螺旋式遍历的结果。

4.8.3　代码实现

根据算法描述中的步骤，我们用代码实现如下：

```
class MatrixSpiral:
    def __init__(self, n):
        #先构造一个 n*n 二维数组，并初始化
        self.array = [[0]*n for i in range(n)]
        for i in range(n):
            for j in range(n):
                self.array[i][j] = i*n + j+1
            print(self.array[i])

        self.size = n
        #top,right,bottom,left 表示四个指针
        self.top = 0
        self.right = n - 1
        self.bottom = n - 1
        self.left = 0

    def spiralPrint(self):
        #根据 4 个指针的指向打印二维数组元素
        while self.top <= self.bottom and self.left <= self.right:
            #先打印 top 指向的行
            for i in range(self.left, self.right+1):
                print(self.array[self.top][i], end=" ")
            #打印 right 指向的列
            for i in range(self.top +1, self.bottom+1):
                print(self.array[i][self.right], end=" ")
            #打印 bottom 指向的行
            for i in range(self.bottom - 1, self.left - 1, -1):
                print(self.array[self.bottom][i], end = " ")
```

```
              #打印 left 指向的列
              for i in range(self.bottom - 1, self.top, -1):
                  print(self.array[i][self.left], end = " ")

              self.top += 1
              self.right -= 1
              self.bottom -= 1
              self.left += 1

m = MatrixSpiral(5)
m.spiralPrint()
```

运行上述代码，结果如图 4-17 所示。

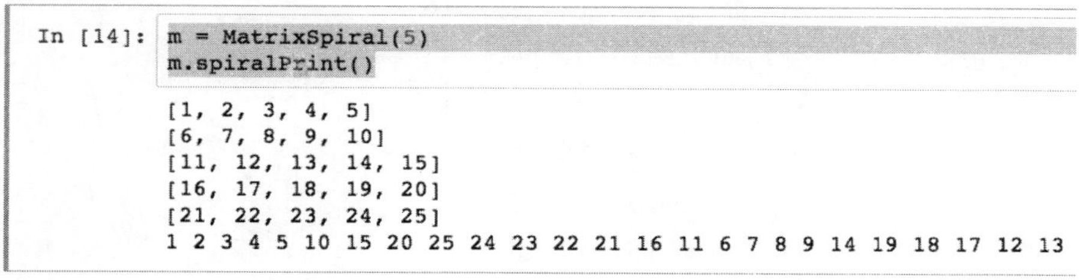

```
In [14]:  m = MatrixSpiral(5)
          m.spiralPrint()

          [1, 2, 3, 4, 5]
          [6, 7, 8, 9, 10]
          [11, 12, 13, 14, 15]
          [16, 17, 18, 19, 20]
          [21, 22, 23, 24, 25]
          1 2 3 4 5 10 15 20 25 24 23 22 21 16 11 6 7 8 9 14 19 18 17 12 13
```

图 4-17　代码运行结果

　　代码构造了一个 5×5 的二维数组并打印出来，接着调用 spiralPrint 接口将数组按照顺时针螺旋方式打印输出。根据最后一行的输出结果与上面的矩阵相比对，可以确定输出是正确的。

4.8.4　代码分析

　　在代码实现中有两个主循环，一个是构建二维数组，另一个是根据 4 个指针螺旋式遍历二维数组。这两个循环都是对数组中每一元素访问一遍。如果二维数组行和列都是 n，那么算法的时间复杂度就是 $O(n^2)$。

4.9　矩阵的 90° 旋转

　　图像旋转是计算机图形学中的常用操作。如果把图像看作是一系列像素点的集合，那么一幅图像其实就是一个二维数组，于是图像的旋转就等价于对一个二维数组的旋转。

4.9.1　题目描述

给定一个二维数组，将其顺时针旋转 90°。例如，将如下的 4×4 二维
数组：

```
1    2    3    4
5    6    7    8
9    10   11   12
13   14   15   16
```

旋转 90° 后，得到如下结果：

```
13   9    5    1
14   10   6    2
15   11   7    3
16   12   8    4
```

4.9.2　算法描述

对比旋转前后的两个矩阵不难发现，旋转的结果相当于将第一行变成
最后一列，将第二行变成倒数第二列……以此类推，最后一行就变成第一
列。一种简单的做法是，直接申请 n×n 的一块新内存，然后按照前面推理
的规则把相应元素填充到新内存的对应位置。只是如此一来算法需要消耗
内存，如果 n 的值很大，那么浪费的内存将会很可观。

有没有办法在不损耗内存的情况下实现旋转呢？仔细观察可知，旋转
其实就是把元素进行挪移。例如，把元素 1 挪到元素 4 的位置，元素 4 挪到
元素 16 的位置，元素 16 挪到元素 13 的位置……以此类推。我们可以仿照
4.9.1 节的方法用 4 个指针来帮助实现元素转移。

```
              ↓ (top)
    1    2    3    4  ← (right)
    5    6    7    8
    9    10   11   12
(left) → 13   14   15   16
              ↑ (bottom)
```

将 top 指针指向的元素转移到 right 指针指向的位置，将 right 指针指向的元素转移到 bottom 指针指向的位置，将 bottom 指针指向的元素转移到 left 指针指向的位置，将 left 指针指向的元素转移到 top 指针指向的位置。

然后将 top 指针右移一位，right 指针下挪一位，bottom 向左移动一位，left 向上挪动一位。接下来，再次把指针指向的元素进行挪动。等到将指针所在的行或列元素都挪动完后，像 4.9.1 节一样，将 4 个指针指向内层元素：

```
1           2            3       4
            ↓ (top)
5           6   7 ← (right)  8
9  (left) → 10  11           12
                ↑ (bottom)
13          14  15           16
```

指针转移后，我们再按照原来方式对指针指向的元素进行转移即可。

4.9.3 代码实现

根据算法描述中的步骤，我们用代码实现如下：

```python
class MatrixRotate:
    def __init__(self, n):
        #初始化矩阵
        self.matrix = [[0]*n for i in range(n)]
        for i in range(n):
            for j in range(n):
                self.matrix[i][j] = i*n + j+1

        self.size = n
        self.top = 0
        self.right = n-1
        self.bottom = n - 1
        self.left = 0

        #用 top_mov, right_mov, bottom_mov, left_mov 表示 4 个指针
挪动后的位置
        self.top_mov = self.left
        self.right_mov = self.top
        self.bottom_mov = self.right
        self.left_mov = self.bottom
```

```
        self.printMatrix()

    def rotate(self):
        while self.top < self.bottom and self.left < self.right:
            #获得 4 个指针指向的元素
            top_val = self.matrix[self.top][self.top_mov]
            right_val = self.matrix[self.right_mov][self.right]
            bottom_val = self.matrix[self.bottom][self.bottom_mov]
            left_val = self.matrix[self.left_mov][self.left]

            #对指针指向的元素进行轮换
            self.matrix[self.top][self.top_mov] = left_val
            self.matrix[self.right_mov][self.right] = top_val
            self.matrix[self.bottom][self.bottom_mov] = right_val
            self.matrix[self.left_mov][self.left] = bottom_val

            #移动 4 个指针
            self.top_mov += 1
            self.right_mov += 1
            self.bottom_mov -= 1
            self.left_mov -= 1

            #如果箭头指向的元素都转移完毕，让 4 个箭头指向下一层
            if self.top_mov >= self.right:
                self.top += 1
                self.right -= 1
                self.bottom -= 1
                self.left += 1

                self.top_mov = self.left
                self.right_mov = self.top
                self.bottom_mov = self.right
                self.left_mov = self.bottom

    def printMatrix(self):
        for i in range(self.size):
            print(self.matrix[i])

print("matrix before rotate:")
mr = MatrixRotate(5)
mr.rotate()
print("matrix after rotate:")
mr.printMatrix()
```

运行上述代码，结果如图 4-18 所示。

```
print("matrix before rotate:")
mr = MatrixRotate(5)
mr.rotate()
print("matrix after rotate:")
mr.printMatrix()
```

```
matrix before rotate:
[1, 2, 3, 4, 5]
[6, 7, 8, 9, 10]
[11, 12, 13, 14, 15]
[16, 17, 18, 19, 20]
[21, 22, 23, 24, 25]
matrix after rotate:
[21, 16, 11, 6, 1]
[22, 17, 12, 7, 2]
[23, 18, 13, 8, 3]
[24, 19, 14, 9, 4]
[25, 20, 15, 10, 5]
```

图 4-18 代码运行结果

从运行结果可见，调用 rotate 实现矩阵的旋转后，原来矩阵的第一行变成最后一列，第二行变成倒数第二列，第三行变为倒数第三列……以此类推。由此断定，代码的实现是正确的。

4.9.4 代码分析

在代码实现中，除了矩阵本身外，我们没有分配任何新内存，因此空间复杂度是 O(1)。在旋转过程中，代码遍历每个矩阵元素，把指针指向的元素挪移到另一个指针指向的位置，由此代码的时间复杂度与矩阵元素个数一致，是 $O(n^2)$。

4.10 游程编码

字符串处理在计算机应用程序中，几乎无处不在，从脚本处理、前端开发，甚至到生物信息算法都涉及到字符串的处理。在面试算法中，各种关于字符串的处理算法题经常被用来检测候选人的编程功底。从本节开始，我们将深入研究字符串的相关算法。先从简单的开始，对于复杂的字符串算法，往往涉及到哈希表和动态规划等深层内容，后面会逐步进行讲解。

4.10.1　题目描述

游程编码（Run-length encoding，RLE），是一种在线高效的压缩算法。它的做法简单，主要是将连续出现的字符转换成重复出现的次数和该字符的组合。例如字符串"aaaabcccaa"，编码后变为"4a1b3c2a"。解码也同理可得，例如字符串"3e4f2e"，解码后为"eeefffee"。假定要编码的字符串只包含 26 个字母，不包含数字等非字母字符，要求编写出编解码算法。

4.10.2　算法描述

这道题的算法实现不难，基本思路是遍历字符串，然后统计字符出现的次数，再把出现的次数和字符组合在一起。代码虽然容易实现，但很容易在边界条件上疏忽大意而导致出错。

4.10.3　代码实现

本题不难，但要想用代码将其正确实现也需要花费一番功夫。我们给出的代码如下：

```python
def RLEncode(s):
    encodeStr = []
    last = s[0]
    count = 0
    for i in range(len(s)):
        #遍历每个字符，统计它连续出现的次数
        if s[i] == last:
            count += 1
        else:
            encodeStr.append(str(count))
            encodeStr.append(last)
            count = 1
            last = s[i]
    #统计最后一个字符及其出现次数，这里是容易遗漏的边界条件
    encodeStr.append(str(count))
    encodeStr.append(last)

    return "".join(encodeStr)
```

```
s = "aaabcccaa"
s1 = RLEncode(s)
print(s1)
```

运行上述代码，结果如图 4-19 所示。

```
def RLEncode(s):
    encodeStr = []
    last = s[0]
    count = 0
    for i in range(len(s)):
        #遍历每个字符，统计它连续出现的次数
        if s[i] == last:
            count += 1
        else:
            encodeStr.append(str(count))
            encodeStr.append(last)
            count = 1
            last = s[i]
    #统计最后一个字符及其出现次数，这里是容易遗漏的边界条件
    encodeStr.append(str(count))
    encodeStr.append(last)

    return "".join(encodeStr)
```

```
s = "aaabcccaa"
s1 = RLEncode(s)
print(s1)
```

3a1b3c2a

图 4-19　代码运行结果

从运行结果来看，代码实现是正确的。在代码实现中很容易忘记添加最后一个字符的统计，那里是一个容易出错的边界条件。

接下来，我们看看解码的实现。在解码过程中，每次读入两个字符，第一个是数字，表示后面字符出现的次数。解码算法实现如下：

```
def RLEDecode(s):
    decodeStr = []
    i = 0
    digitCount = 0
    while i < len(s):
        #统计数字字符的个数，它们表示后面字符要出现的次数
        if s[i].isdigit() is True:
            digitCount += 1
            i += 1
        else:
            #把数字字符转换为数字
            count = int(s[i - digitCount:i])
            c = s[i]
```

```
                #根据次数添加字符
                for j in range(count):
                    decodeStr.append(c)
                i += 1
                digitCount = 0

        return "".join(decodeStr)

s = "11a1b3c2a"
s1 = RLEDecode(s)
print(s1)
```

运行上述代码，结果如图 4-20 所示。

```
def  RLEDecode(s):
    decodeStr = []
    i = 0
    digitCount = 0
    while i < len(s):
        #统计数字字符的个数，它们表示后面字符要出现的次数
        if s[i].isdigit() is True:
            digitCount += 1
            i += 1
        else:
            #把数字字符转换为数字
            count = int(s[i - digitCount:i])
            c = s[i]
            #根据次数添加字符
            for j in range(count):
                decodeStr.append(c)
            i += 1
            digitCount = 0

    return "".join(decodeStr)
```

```
s = "11a1b3c2a"
s1 = RLEDecode(s)
print(s1)
```

aaaaaaaaaaabcccaa

图 4-20　代码运行结果

4.10.4　代码分析

无论是编码还是解码，算法都需要把字符串中的每个字符遍历一次，如果字符串的长度为 n，那么算法的时间复杂度是 O(n)，在编码和解码过程中，代码需要分配一个数组来容纳编码或解码后的字符串，因此算法的空间复杂度是 O(n)。

4.11　字符串中单词的逆转

有一种字符串叫"句子"，它是由多个子字符串组成的一个大字符串。原来对字符串的操作会落到每一个字符上，而对于"句子"，相关操作就会落到组成句子的每个子字符串上。

4.11.1　题目描述

给定一个字符串，它由若干单词组成，每个单词以空格分开。我们想对字符串进行变换，使得字符串中单词的次序发生逆转。例如，字符串"Alice like Bob"逆转后变成"Bob like Alice"。要求编写算法实现该转换，同时算法的空间复杂度必须是 O(1)。

4.11.2　算法描述

我们先看看字符串的倒转。给定字符串"abcd"，倒转后结果为"dcba"。字符串反转的通常做法是用两个指针分别指向开头和结尾，然后将指针指向的两个字符交换，接着指向开头的指针向后挪动一位，指向末尾的指针向前挪动一位，当两指针位置互换时，反转结束。例如：

a b c d
↑   ↑

前后指针指向的字符交换后，结果为：

d b c a
  ↑ ↑

再交换一次，两个指针位置互换，反转结束：

d c b a

单词的倒转可以转换为字符的倒转。我们首先将整个句子字符串倒转，例如"Alice like Bob"倒转后变为"boB ekil ecilA"；接着把句子中每个单词字符串再进行一次倒转，就可以实现单词倒转了。

4.11.3 代码实现

根据算法描述中的步骤，我们用代码实现如下：

```python
class WordReverse:
    def __init__(self, sentence):
        self.sentence = sentence
    def reverseWordInSentence(self):
        #先通过字符倒转的方式把整个句子里的所有字符
        self.reverseByChar(0, len(self.sentence) - 1)
        begin = 0
        end = 0
        while end < len(self.sentence):
            #查找空格，分割出每个单词字符串
            while end < len(self.sentence) and self.sentence
[end] != ' ':
                end += 1
            #反转每个单词字符串
            self.reverseByChar(begin, end - 1)
            begin = end + 1
            end = begin
        return self.sentence
    def reverseByChar(self, begin ,end):
        #把字符串里的字符前后倒转
        if begin < 0 or end > len(self.sentence):
            return
        sentenceList = list(self.sentence)
        while begin < end:
            #交换 begin 和 end 指向的字符
            c = sentenceList[begin]
            e = sentenceList[end]
            sentenceList[begin] = e
            sentenceList[end] = c
            begin += 1
            end -= 1
        self.sentence = "".join(sentenceList)

s = "Alice like Bob"
rs = WordReverse(s)
s1 = rs.reverseWordInSentence()
print(s1)
```

运行上述代码，结果如图 4-21 所示。

```
s = "Alice like Bob"
rs = WordReverse(s)
s1 = rs.reverseWordInSentence()
print s1

Bob like Alice
```

图 4-21　代码运行结果

从输出结果看，句子中的单词实现了正确的倒转。

4.11.4　代码分析

代码在实现算法时，只对字符串中的每个字符进行遍历，如果字符串的字符数是 n，那么算法的时间复杂度是 O(n)。由于算法在实现过程中没有分配新内存，因此空间复杂度是 O(1)。

4.12　Rabin-Karp 字符串匹配算法

既然谈到字符串算法，那么字符串的匹配是无法绕过去的坎儿。在有关字符串的面试算法题中，它的解决很可能需要建立在字符串的匹配基础上。本节我们详细研究字符串匹配中非常有名的 Ranbin-Karp 算法。

4.12.1　题目描述

给定两个字符串，S 和 T，其中 S 是要查找的字符串，T 是被查找的文本，要求给出一个查找算法，找出 S 在 T 中第一次出现的位置。例如 S="acd"，T="acfgacdem"，那么 S 在 T 中第一次出现的位置就是 4。

4.12.2　算法描述

字符串匹配算法有多种，每种都有相应的优缺点。我们先高屋建瓴，了解一下主流字符串匹配算法的特点，见表 4-1。

表 4-1　主流字符串匹配算法的特点

算　　法	预处理时间	匹　配　时　间
暴力匹配法	O(m)	O((n-m+1)*m)
Rabin-Karp	O(m)	O((n-m+1)*m)
Finite automaton	O(|Σ|)	O(n)
Knuth-Morris-Pratt	O(m)	O(n)

在表 4-1 中，m 表示匹配字符串 S 的长度，n 是被匹配文本 T 的长度，符号 Σ 表示的是文本字符集。如果文本是二进制文件，S 和 T 就只由两个字符即 0、1 组成，那么 Σ={0,1}。如果 T 和 S 由 26 个英文字符组成，那么 Σ={a,b,…,z}。另外，符号 || 表示文本长度。例如 s="abcd"，那么 |s| 就等于 4。

我们需要再定义几个概念：

（1）前缀。如果字符串 w 是 x 的前缀，那么 x 可以分解成两个字符串的组合，使得 x=wy。例如 w=ab，x=abcd，y=cd。如果 w 是 x 的前缀，那么 |x| <= |w|。

（2）后缀。如果字符串 w 是 x 的后缀，那么 x 可以分解成两个字符串的组合，x = yw，而且 |w|<=|x|。

再看一个简单的定理：有 3 个字符串，分别是 x、y、z。如果 x、y 都是 z 的前缀，那么当 |x| < |y| 时，x 是 y 的前缀；如果 |x| > |y|，那么 y 是 x 的前缀。如果 x、y 是 z 的后缀，也同理可证。

如果字符串 P 包含 m 个字符，记为 P[1…m]，那么 P 的长度为 k 的前缀 P[1…k] 记为 P_k，对于被匹配的文本 T，长度为 n，如果 P 是 T 的子串，那么存在一个值 s，0<= s <= n-m，使得 P 是字符串 T_{s+m} 的前缀。

先来看暴力枚举法的实现。它的做法是用 P 在 T 中一个字符一个字符地比对，如果有某个字符匹配不上，那么在 T 中后移一个字符后，再继续比对。例如 t="acaabc"，p="aab"，暴力枚举法的处理流程如下，一开始从首字符开始比较：

a c a a b c
a a b

由于第三个字符匹配不上，所以 p 往后移动一个字符：

a c a a b c
　a a b

由于第一个字符匹配不上，p 再次后移一个字符：

a c a a b c

a a b

在第三次尝试时就匹配上了。如果 p 是 t 的后缀，那么这种后移需要进行 n-m+1 次，而每次字符比对可能进行 m 次，因此时间复杂度是 O((n-m+1)m)。枚举法的效率很低，因为它完全忽略了 p 自身的组成特点；后面算法的效率能提高，就是因为考虑到了 p 自身字符的组合特点。

Rabin-Karp 算法在实际运用中能表现出良好性能。它需要 O(m)的时间进行预处理，在最坏情况下，算法的时间复杂度是 O((n-m+1)m)，好在最坏情况极少出现。

假设字符集全是由 0~9 的数字组成，$\Sigma=\{0,1,\cdots,9\}$。一个长度为 k 的字符串，例如 k=3，那么字符串"123"、"404"等，这些字符串可以看成是由 k 个数字组成的整型数。对一个长度为 m 的字符串 P[0···m-1]，用 P 表示含有 m 个数字的整型数，用 T_s 来表示 T[s,···,s+m-1]这 m 个字符对应的整型数，不难发现，当两个数值相等时，对应的字符串就相同。

前面我们研究过数字字符串转换为对应整数的方法：

$$P = P[m-1]+10*(P[m-2]+10*(P[m-3]+\cdots(10*P[1]+P[0])) \qquad (4-6)$$

转换的时间复杂度为 O(m)。

Rabin-Karp 算法的一个巧妙之处就是依赖上面的转换方法快速从 T_s 得到 T_{s+1}。假设 m = 5，T="314152"，显然 T_0="31415"，那么 T_1 可以根据下面公式给出：

$$T_1 = 10 \times (T_0 - 10^{5-1} \times T[0]) + T[5] = 10 \times (31414 - 10^{5-1} \times 3) + 2 = 14152$$

由此我们得到通用公式：

$$T_{s+1} = 10 \times (T_s - 10^{m-1} \times T[s+m]) , \quad 0 \leq s \leq n-m \qquad (4-7)$$

于是可以分别计算出 $T_0, T_1, \cdots, T_{n-m}$。我们先通过字符串转整型的方式计算出 T0，时间复杂度为 O(m)；接下来的每次推算所需时间是 O(1)，总的时间复杂度就是 O(n-m+1)。于是，要在 T[1···n]中查找 P[1···m]，所需时间复杂度就是 O(n-m+1)。

虽说当前处理的是数字字符串，但方法可以推广到其他情况。如果组成文本的是小写字母{a,b,···,z}，那么只需把十进制的数字字符{0,1,···,9}换成二十六进制的数字{0,1,···,25}，然后把上面公式中的 10 转换成 26 即可。

上面算法存在一个问题，就是如果 m 的值过大，那么对应的数值 P 和 T_s 就会变得很大，如果大过计算机字段所能表示的范围就会导致数值溢出。同时我们在谈论二进制算法时讲过，当两个很大的数值比较时，CPU 需要多个运算周期来进行，那么两数比较我们就不能假定它们在单位时间内可以完成。处理这种情况的办法是求余。

我们重新转换一下式（4-7），有：

$$T_{s+1} = (d \times (T_s - T[s] \times h) + T[s+m]) \bmod q \qquad (4\text{-}8)$$

对比式（4-7），上面的 d 就是 10，也就是字符间的进制，而 h 满足：

$$h \equiv d^{m-1} (\bmod q) \qquad (4\text{-}9)$$

q 是我们自己引入的一个素数，h 的值可以通过 O(m) 次运算得到。然而引入求余会引发新问题，那就是两个数对 q 求余的结果相同，不意味着两个数相等，但两个数求余结果不同，则可以肯定两个数的数值一定不同。也就是如果：

$$T_s ! \equiv p (\bmod q) \qquad (4\text{-}10)$$

那么 T_s 对应的字符串与 P 对应的字符串一定不同，但如果满足：

$$T_s \equiv P (\bmod q) \qquad (4\text{-}11)$$

那么并不意味着 T_s 对应的字符串与 P 对应的字符串一定相同，我们还需要 T[s...s+m] 和 P[0...m] 中的每个字符依次比对后才能确定两者是否相同。这就解释了为何 Rabin-Karp 算法在最坏情况下的时间复杂度是 O(m(n-m+1))，因为可能出现这样的情况，式（4-9）每次都成立，但 T[s...s+m] 与 P[0...m] 总是不匹配。

举个具体例子，T="23490231415267399921"，q=13，d=10，P=31415，m=5，不难发现当 s=6 时，满足 T[s...s+m]=P[0...4]，但是当 s=12 时，T[s...s+m] = "67399"，而且满足：

$$7 \equiv 67399 \equiv 31415 (\bmod 13)$$

然而字符串 "67399" 与 "31415" 并不相同。

4.12.3 代码实现

根据算法描述中的步骤，我们用代码实现如下：

```
class RabinKarp:
```

```python
    def __init__(self, t, p, d , q):
        #t 是搜索文本，p 是匹配字符串，d 是字符进制，q 是求余素数
        self.T = t
        self.P = p
        self.d = d
        self.n = len(t)
        self.m = len(p)
        self.h = 1
        self.q = q
        #计算 h 的值
        for i in range(self.m-1):
            self.h *= d
            self.h = self.h % q
    def match(self):
        p = 0
        t = 0
        #预处理，计算 P 和 T0
        for i in range(self.m):
            p = (self.d*p + ord(self.P[i]) - ord('a')) % self.q
            t = (self.d*t + ord(self.T[i]) - ord('a')) % self.q
        for s in range (self.n - self.m + 1):
            if p == t:
                #如果求余后相同，那么就逐个字符比较
                for i in range(self.m):
                    if i == self.m-1 and self.P[i] == self.T[s+i]:
                        return s
                    elif self.P[i] != self.T[s+i]:
                        break
            if s <= self.n - self.m:
                #从 T(s) 计算 T(s+1)，对应公式（4-8）
                t = (self.d * (t-(ord(self.T[s]) - ord('a'))*
self.h) +
                    ord(self.T[s+self.m])-ord('a'))%self.q
                if t < 0:
                    t += self.q
        return -1

T = "abcdbaabcabaa"
P = "abaa"
rk = RabinKarp(T, P, 26, 29)
s = rk.match()
print("P is begin from {0} in T".format(s))
```

运行上述代码，结果如图 4-22 所示。

```
In [24]: T = "abcdbaabcabaa"
         P = "abaa"
         rk = RabinKarp(T, P, 26, 29)
         s = rk.match()
         print("P is begin from {0} in T".format(s))

P is begin from 9 in T
```

图 4-22　代码运行结果

通过比对不难发现，字符串 P 从字符串 T 的第 9 个字符开始匹配。

4.12.4　代码分析

在 match() 函数里，它包含一个外层循环，该循环执行的次数是 n–m+1，最坏情况下每次都要进入 p==t，再进行一次循环次数为 m 的字符匹配，因此算法在最坏情况下的时间复杂度是 O(m*(n-m+1))。在通常情况下，内层循环只会进行若干次，算法的时间复杂度只需考虑外层循环，因此复杂度就是 O(n-m+1)；考虑到 n 比 m 要大很多，因此复杂度可以看作为 O(n)。

需要注意的是，t 的值有可能是负数，负值不会影响最终结果。代码中在遇到 t 为负值的情况下对其进行了修正，例如当 q=29 时，–1 与 28=–1+29 是等价的。

4.13　用有限状态自动机匹配字符串

有限状态自动机是计算机应用里较为常见的复杂数据结构，主要用于辅助算法记录程序运行的状态，并根据当前状态及输入决定如何切换到下一种状态。

4.13.1　题目描述

给定两个字符串，S 和 T，其中 S 是要查找的字符串，T 是被查找的文

本，要求给出一个查找算法，找出 S 在 T 中第一次出现的位置。例如
S="acd"，T="acfgacdem"，那么 S 在 T 中第一次出现的位置就是 4。

4.13.2　算法描述

为了解有限状态自动机这种数据结构，我们来看一下图 4-23。

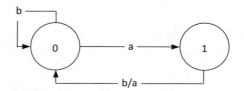

图 4-23　有限状态机示例图

图 4-23 中有两个圆圈，称之为节点，用于表示状态。图 4-23 表明状态
机记录了两个状态，分别是 0 和 1。从每个节点出发都会有若干条边，用于
表示状态的转换路径。当状态机处于节点所表示的状态时，一旦接收到与
从节点出发的边所蕴含的字符一样的输入，就会根据对应的边进入下一个
状态。

例如，当状态机处于状态 0 时，如果此时输入字符为 a，那么状态机就
会进入状态 1，因为由节点 0 出发有一条边蕴含字符 a，并且指向节点 1。
同理，如果当前处于状态 1，那么当输入字符是 a 或 b 时，状态机就会进入
状态 0。如果当前所在状态节点没有出去的边可以对应当前输入的字符，
那么状态机就进入错误状态。

状态机一定包含一个初始节点和结束节点。以图 4-23 为例，设置状态
机初始节点为 0，结束节点为 1。当一系列输入进入状态机时，状态机的状
态不断切换。只要最后一个输入能让状态机进入结束节点，那么就表明当
前输入可以被状态机接收。

假设输入字符串为"abaaa"，那么从初始节点 0 开始，状态机根据输入
字符串中的字符所形成的状态切换序列为{0,1,0,1,0,1}。由于最后一个字符
使得状态机进入状态 1，因此字符串能被状态机接收。如果输入字符串为
"abbaa"，状态机的变换序列为{0,1,0,0,1,0}。由于最后状态机处于非结束节
点，因此字符串被状态机拒绝。

在程序设计中，通常使用二维表来对应一个状态机，如图 4-23 所示状态机对应的二维表见表 4-2。

表 4-2   与状态机对应的二维表

输　　入	a	b
状态 0	1	0
状态 1	0	0

通过查表，我们可以根据输入和当前状态迅速决定下一个转入状态。例如处于状态 0 时，如果输入字符是 a，通过查表可知，状态机会切换到状态 1。

我们看看状态机是如何辅助实现字符串的匹配查找的。假定要查找的字符串 P="ababaca"，被查找的文本为 T="abababacaba"。程序一次读入 T 的一个字符，用 S 表示读入的字符集合。一开始读入一个字符时 S=a，接着检测从 P 第 0 个字符开始、连续几个字符所构成的字符串能否成为 S 的后缀。由于当前 S 只有一个字符 a，于是从 P 第 0 个字符开始连续一个字符就构成了 S 的后缀。我们用字符 K 记录当前后缀的长度，此时 K=1。

继续从 T 中读入字符，于是 S=ab，从 P 第 0 个字符开始，连续两个字符构成的字符串 "ab" 可以作为 S 的后缀，于是 K=2。如此反复操作，便有如下序列：

（1）S=a，K=1，P[0]是 S 的后缀。

（2）S=ab，K=2，P[0,1]是 S 的后缀。

（3）S=aba，K=3，P[0,1,2]是 S 的后缀。

（4）S=abab，K=4，P[0…3]是 S 的后缀。

（5）S=ababa，K=5，P[0…4]是 S 的后缀。

（6）S=ababab，K=4，P[0…4]是 S 的后缀。

（7）S=abababa，K=5，P[0…4]是 S 的后缀。

（8）S=abababac，K=6，P[0…5]是 S 的后缀。

（9）S=abababaca，K=7，P[0…6]是 S 的后缀。

（10）S=abababacab，K=2，P[0…1]是 S 的后缀。

（11）S=abababacab，K=3，P[0…2]是 S 的后缀。

注意，到第 9 步，整个字符串 P 成为了字符串 S 的后缀，而 S 又恰好是文本 T 的前缀，这就表明文本字符串 T 包含了字符串 P。在每一个步骤中，我们都需要从 P 的首字符开始，看看要连续读取几个字符使得它们能成为 S 的后缀。假设 P 的字符个数为 m，那么最多能读取 m 个字符，于是复杂度为 O(m)。

如果有办法使得我们一次就能知道从 P 的首字符开始、连续读取几个字符能使得它们组成的字符串是 S 的后缀，那么时间复杂度就能降到 O(1)。要达到这种目的，就得使用前面所说的有限状态自动机。

假设字符串 P 和文本 T 只由 a、b 两个字符组成，也就是字符集为 $\Sigma=\{a,b\}$。如果 P 含有 m 个字符，那么构造的状态机要有 m 个节点。假设状态机当前处于状态 q，当输入下一个字符 a 或 b 时，它该如何跳转呢？

如果用 P_q 表示长度为 q 的 P 的前缀，如果 q=4，P="ababaca"，那么 P_q="abab"。如果状态机处于状态4，当下一个输入字符是 a 时，我们构造字符串 S=P_q+'b'="ababb"，然后看字符串 P 从首字符开始连续几个字符所构成的字符串能作为 S 的后缀。显然从 P 的首字符开始，连续 5 个字符构成的字符串能成为 S 的后缀。于是，当状态机处于状态 4 时，如果输入字符是 a，我们就让它跳转到状态 5。

同理，当处于状态 q=4 时，如果输入字符为 b，于是有 S=P_q+'b'="ababb"，那么从 P 开始连续读入 0 个字符才能成为 S 的后缀。于是，当状态机处于状态 4 时，如果输入字符是 b，那么状态机跳转到状态 0。q 从 0 开始一直到 m，反复运用上面的方法，便会产生如表 4-3 所示的跳转表。

表4-3 跳转表

输 入	a	b	c
0	1	0	0
1	1	2	0
2	3	0	0
3	1	4	0
4	5	0	0
5	1	4	6
6	7	0	0
7	1	2	0

利用上面的状态机，依次读入 T 的字符。如果状态机跳转到状态 q，那表明从 P 的第一个字符开始，连续读取 q 个字符所形成的字符串能构成 S

的后缀。如果 q=7，就意味着文本 T 包含了字符串 P。

我们手动走一次整个流程。首先状态机处于状态 0，读入 T[0]=a,S=a，查表可知状态机进入状态 1；读入 T[1]=b,S=ab，查表可知状态机进入状态 2；读入 T[2]=a,S=aba，查表可知状态机进入状态 3；继续读入 T[3]=b，S=abab，查表可知状态机进入状态 4；读入 T[4]=a,S=ababa，查表可知状态机进入状态 5。

继续读入 T[5]=b,s=ababab，查表可知状态机进入状态 4；读入 T[6]=a，s=abababa，查表可知状态机进入状态 5；继续读入 T[7]=c,S=abababac，查表可知状态机进入状态 6；读入 T[8]=a,S=abababaca，查表可知状态机进入状态 7。此时我们得出结论，文本 T 包含了字符串 P。

4.13.3 代码实现

综上所述，代码实现如下：

```python
class StringAutomaton:
    def __init__(self, P):
        #用字典来表示状态机跳转表
        self.jumpTable = {}
        self.P = P
        #为简单起见，在此假设文本和字符串由 3 个字符组成。如果要处理由 26
个字符组成的文本，只要把下面的变量改成 26 即可
        self.alphaSize = 3
        self.makeJumpTable()
    def makeJumpTable(self):
        m = len(self.P)
        for q in range(m):
            for k in range(self.alphaSize):
                Pq = self.P[0:q]
                #构造每一个可能的输入字符
                c = chr(ord('a') + k)
                Pq += c
                #查找从 P 的首字符开始连续几个字符能构成 Pq 的后缀
                nextState = self.findSuffix(Pq)
                print("from state {0} receive input char {1} jump
to state {2}".
                        format(q, c, nextState))
                ...
                #跳转表中每一行也是一个字典，一个字符对应一个状态节点
                ...
```

```
            jumpLine = self.jumpTable.get(q)
            if jumpLine is None:
                jumpLine = {}
            jumpLine[c] = nextState
            self.jumpTable[q] = jumpLine
    def findSuffix(self, Pq):
        #查找从 P 的首字符开始，连续几个字符构成的字符串能成为 Pq 的后缀
        suffixLen = 0
        k = 0
        while k < len(Pq) and k < len(self.P):
            ...
```

看看 P 从首字符开始总共有几个字符可以和字符串 Pq 最后 k 个字符形成的字符串相匹配

```
            ...
            i = 0
            while i <= k:
                if Pq[len(Pq) - 1 - k + i] != self.P[i]:
                    break
                i += 1
            if i - 1 == k:
                ...
```

这里加 1，是因为数组的下标与对应的个数之间相差 1。

例如 P[4] 表示数组 P 中第 5 个元素，因为下标从 0 开始计数

```
                ...
                suffixLen = k + 1
            k += 1
        return suffixLen
    def match(self, T):
        #状态机初始时处于状态节点 0
        q = 0
        print("Begin matching...")
        ...
```

依次读入文本 T 中的字符，然后查表看看状态机跳转节点，如果跳转到的节点编号与字符串 P 的长度一致，那表明文本 T 包含了字符串 P

```
        ...
        for i in range(len(T)):
            #根据状态节点获取跳转表中对应的一行
            jumpLine = self.jumpTable.get(q)
            oldState = q
            #根据当前输入字符获取下一个状态
            q = jumpLine.get(T[i])
            if q is None:
```

```
                 #输入的字符无法跳转到有效的下一个状态节点,这表明跳转表的
构建可能出错了
                 return -1
             print("In State{0}receive input{1}jump to state{2}"
                .format(oldState, T[i], q))
             if q == len(self.P):
                 ...
                 状态节点编号如果与 P 的长度一致,则表明 T 包含了 P
                 ...
                 return i - q - 1
         return -1


P = "ababaca"
T = "baababababaca"
sa = StringAutomaton(P)
pos = sa.match(T)
if pos != -1:
    print("Match success in position {0}".format(pos))
```

运行上述代码,结果如图 4-24 所示。

```
from state 0 receive input char a jump to state 1
from state 0 receive input char b jump to state 0
from state 0 receive input char c jump to state 0
from state 1 receive input char a jump to state 1
from state 1 receive input char b jump to state 2
from state 1 receive input char c jump to state 0
from state 2 receive input char a jump to state 3
from state 2 receive input char b jump to state 0
from state 2 receive input char c jump to state 0
from state 3 receive input char a jump to state 1
from state 3 receive input char b jump to state 4
from state 3 receive input char c jump to state 0
from state 4 receive input char a jump to state 5
from state 4 receive input char b jump to state 0
from state 4 receive input char c jump to state 0
from state 5 receive input char a jump to state 1
from state 5 receive input char b jump to state 4
from state 5 receive input char c jump to state 6
from state 6 receive input char a jump to state 7
from state 6 receive input char b jump to state 0
from state 6 receive input char c jump to state 0
Begin matching...
In State 0 receive input b jump to state 0
In State 0 receive input a jump to state 1
In State 1 receive input a jump to state 1
In State 1 receive input b jump to state 2
In State 2 receive input a jump to state 3
In State 3 receive input b jump to state 4
In State 4 receive input a jump to state 5
In State 5 receive input b jump to state 4
In State 4 receive input a jump to state 5
In State 5 receive input c jump to state 6
In State 6 receive input a jump to state 7
Match success from position 2
```

图 4-24 代码运行结果

4.13.4　代码分析

在代码实现中，函数 makeJump 用于构建跳转表；它有两层循环：最外层循环变量的次数是 m，也就是字符串 P 的字符个数；内层循环遍历次数是字符集中的字符个数。其中它还调用了 findSuffix 函数，用于查找最大数字 K，使得 P[0…k-1]是字符串 P_q 的后缀。它有两层循环，所以复杂度是 $O(m^2)$。由此 makeJump 函数的时间复杂度是 $O(m^3*|\Sigma|)$。

match 函数依次读入文本 T 的每个字符，然后查看跳转表状态。如果文本 T 长度为 n，那么 match 函数的时间复杂度是 $O(n)$。

4.14　KMP 算法——字符串匹配算法的创意巅峰

KMP 算法的全称为 Knuth-Morris-Pratt 算法。其中，Knuth 的中文名叫高纳德，算法设计领域的开创性人物，《计算机程序设计艺术》七卷本就是出自他的笔下；后面的两人是他的学生。该算法是字符串匹配算法中效率最高、实现最简单、思维最巧妙的算法，它的设计充分说明了大道至简这个道理。

4.14.1　题目描述

给定两个字符串，S 和 T，其中 S 是要查找的字符串，T 是被查找的文本，要求给出一个查找算法，找出 S 在 T 中第一次出现的位置。例如 S="acd"，T="acfgacdem"，那么 S 在 T 中第一次出现的位置就是 4。

4.14.2　算法描述

回顾一下暴力匹配法，它将两个字符串逐个字符地比较，当某个字符比对不上时，把比较字符串往后挪一位，然后继续对比。暴力匹配法之所以低效，是因为它做了很多无用比对。KMP 算法基于暴力匹配法，但巧妙地消除了很多不必要的比对。我们先看一个实例：

```
T:  a b a b a b a c a b a
P:  a b a b a c a
```

两相比较，我们发现 P 从第六个字符开始，匹配就失败了。P[5]对应的字符是"a"，而对应的字符在 T 中是"c"。按照暴力匹配法，就得把 P 往后挪一个字符后，再重新逐字符比较。KMP 算法不会这么机械，它会先计算往后推几个字符再开始比较才是最优的，从而避免无效字符匹配。

我们先看看当前匹配上的字符串有何特点。当前匹配的字符有 a b a b a，也就是 P[0...4]。我们注意到前 3 个字符，也就是 P[0...2]对应的字符 a b a 是 P[0...4]的最长后缀。KMP 算法得出的结论是，直接往后挪动 2 个字符后再比较才是最有效的。

KMP 算法的基本原理是，假设当前能匹配上的字符串为 P[0...s]，同时存在一个最大值 k，使得 P[0...k]是前者的最长后缀，那么直接将 P 往后挪动 s-k 个字符后再进行字符比对。我们还是拿前面的例子说明：

T: a b a b a b a c a b a

P: a b a b a c a

第一次比对时，从第 0 个字符开始，能成功匹配上的字符串是 P[0...s] = P[0...4] ="a b a b a"。通过观察得知，k = 3，也就是 P[0...2]="a b a"是 P[0...4]的最长后缀。由此我们把 P 直接往后挪 2 个字符后再进行比对。比对时不再比较前 3 个字符，而是直接比对后面 7 - 4 = 3 个字符（其中 7 是 P 的长度），于是有：

T: a b a b a b a c a b a

P: a b a b a c a

通过观察可以确定，第二次比对后，字符串就匹配上了。接下来关键问题是，如何找到最大的 k（0 <= k < s），使得 P[0...k]是 P[0...s]的最长后缀。我们使用一个数组 Pi 来记录 P 子串的最长后缀，例如 Pi[4] = 2。

对于 P[0...s]，如果其最长后缀长度是 k，也就是 P[0...k]是 P[0...s]的最长后缀，则有 Pi[s]=k。如果 P[1+s]==P[1+k]，那么就有 Pi[1+s]=1+k。问题是当 P[1+s]!=P[1+k]时，该如何处理呢？如果 P[1+s]!=P[1+k]，那么对于字符串 P[0...k]，假设其最长后缀是 P[0...k']，其中 0<=k'<k，如果 P[1+k']=P[1+s]，那么 P[0...s+1]的最长后缀就是 P[0...1+k']。

如果 P[0...k']!=P[1+s]，我们再次查看字符串 P[0...k']的最长后缀。假设存在 k"（0<=k"<k），使得 P[0...k"]是 P[0...k']的最长后缀，如果 P[1+k']==P[1+s]，那么 P[0...s+1]的最长后缀就是 P[0...k"+1]。这个过程一

直递归推导下去。

举个具体实例，P="a　b　a　b　a　c　a"。我们知道 s=4 时，k=2。那么当 s=5 时，P[5]是'c'，而 P[1+k]是'b'。由于 P[1+k]!=P[1+s]，我们继续查看 P[0...k]="a　b　a"的最长后缀。通过观察得知 k"=0。由于 P[1+k"]='b'，其与 P[1+s]不相同，于是继续查看 P[0...k"]的最长后缀。由于 k"=0，因此 P[0...0]的最长后缀只能是 0。于是不存在一个 k（0<=k<s），使得 P[0...k]是 P[0...s]的最长后缀。因此，我们用 Pi[5]= -1 表示这种情况。

4.14.3　代码实现

根据前面所描述的算法原理，我们用代码实现如下：

```
class KMPStringMatcher:
    def __init__(self, P):
        self.P = P
        ...
        数组 Pi 用于存储最长后缀信息
        ...
        self.Pi = []
        self.Pi.append(-1)
        for i in range(1, len(self.P)):
            #Pi[i] == -2，我们尚未计算 Pi[0...i]对应的最长后缀
            self.Pi.append(-2)
        #计算最长后缀数组
        self.computePrefix()
        print(self.Pi)


    def computePrefix(self):
        m = len(self.P)
        #只有一个字符组成的字符串没有长度比它小的最长后缀
        self.Pi[0] = -1
        k = -1
        for q in range(1, m):
            ...
            P[0...k] 是 P[0...q-1]的最长后缀，如果 P[k+1] == P[q]，
            那么 P[0...k+1]就是 P[0...q]的最长后缀；不然则按照算法描述中的做法，查
            找 P[0...k]的最长后缀 P[0...k']。如果 P[k'+1] = P[q]，那么 P[0...q]
            的最长后缀就是 P[0...k'+1]
            以此类推
            ...
```

```
        while k >= 0 and self.P[k+1] != self.P[q]:
            k = self.Pi[k]
        if self.P[k+1] == self.P[q]:
            k = k + 1
        self.Pi[q] = k


    def match(self, T):
        n = len(T)
        m = len(self.P) - 1
        q = -1
        for i in range(n):
            #当字符不匹配时，获取最长后缀
            while q > 0 and self.P[q+1] != T[i]:
                q = self.Pi[q]

            ...
```

越过最长后缀的字符后再开始比较，这相当于把 P 直接往后挪相应个字符后再开始比较。例如

```
        T: a b a b a b a c a b a
        P: a b a b a c a
```

一开始 i 和 q 同步增长，当 i = 5，q = 4 时，T[i] != P[q+1]，于是能成功匹配上的是 P[0...4]

根据 Pi[4] = 2，也就是 P[0...2] 是 P[0...4] 的最长子串，那么下次比较时，先把 P 往后挪 4-2=2 个字符，

然后从 P[3] 开始与 P[5] 进行比较

```
                        i
                        ↓
        T: a b a b a b a c a b a
        P:     a b a b a c a
                        ↑
                        q
        ...
        if self.P[q+1] == T[i]:
            q += 1
        if q == m:
            #匹配成功
            return i - m
    return -1


T = "abababacaba"
P = "ababaca"
kmp = KMPStringMatcher(P)
```

```
pos = kmp.match(T)
if pos != -1:
    print("P is contained in T from position {0}".format(pos))
```

运行上述代码，结果如图 4-25 所示。

```
T = "ababababacaba"
P =  "ababaca"
kmp = KMPStringMatcher(P)
pos = kmp.match(T)
if pos != -1:
    print("P is contained in T from position {0}".format(pos))
```

```
[-1, -1, 0, 1, 2, -1, 0]
P is contained in T from position 2
```

图 4-25　代码运行结果

4.14.4　代码分析

KMPStringManager 类有两个关键函数：一个是 computePrefix，另一个是 match。确定这两个函数的时间复杂度，我们就能确定代码的整体时间复杂度。注意到这两个函数有相同的循环嵌套结构，都是一个 for 循环，里面嵌套一个 while 循环，而且两个函数对应的 for 循环和 while 循环条件都是一样的，因此只要分析出其中一个函数的时间复杂度就可以了。

我们看 computePrefix 函数，一个 while 循环虽然嵌套在 for 循环里，for 循环次数是 m，也就是字符串 P 的长度，如果我们能保证 while 最多也只能循环 m 次，那么尽管有循环嵌套，整个函数的时间复杂度仍然是 $O(m)$。

我们观察变量 k 值的变化。一开始代码将 k 设置为–1，k 的值要增加的话，必须满足 for 循环里的 "if self.P[k+1] == self.P[q]" 这一判断条件，而这个判断条件在 for 循环里，所以它最多能成立 m 次，这意味着 k 最多能增大到 m–1。

for 循环中的变量 q 从 1 变化到 m–1，在进入 for 循环前 k 的值是–1，因此进入 for 循环时 k < q。for 循环每进行一次，q 的值就增加 1，于是在 for 循环里，k < q 始终成立。而在 for 循环的最后，语句 "self.Pi[q] = k" 的执行使得 self.Pi[q] < q 始终成立。

于是 while 循环一旦成立，k 的值就会减小，一旦减小到小于 0 时，while 循环便无法继续运行。而能让 k 大于等于 0 的，只能是 for 循环里的语句 "if self.P[k+1] == self.P[q]"。也就是说，这条语句能执行多少次，

while 循环就能进行多少次，while 循环能执行的次数绝对不多于语句"if self.P[k+1] == self.P[q]"所能执行的次数。

由于后者嵌套在 for 循环里，它最多能执行 m 次，于是 while 循环最多能执行 m 次，因此 computePrefix 的时间复杂度是 O(m)。由于 match 函数的循环结构与 computePrefix 一样，因此它的时间复杂度也是由最外层的 for 循环决定，即 O(n)。

综上所述，KMP 算法实现的时间复杂度是 O(n)，n 是匹配文本 T 的长度。

4.15　正则表达式引擎的设计和实施

字符串匹配算法中，最常用的一种方式是正则表达式。它本质上是用一系列符号来表示出抽象的匹配规则。匹配字符串时，代码分析字符串字符的组成规则是否与给定的抽象规则相符合，如果符合，那么程序接受该字符串；如果不符合，程序则拒绝该字符串。

4.15.1　题目描述

一个简单的正则表达式由数字和字符以及一些特殊符号组成。例如"a""aW""aw.9*"等都是正则表达式，其中的特殊符号（如"."以及"*"）都表示特殊的含义。给定一个正则表达式 r 以及字符串 s，后者要能匹配前者就必须满足以下几个条件。

（1）如果 r 是以数字或字符开头，并且 r 的第二个字符不是"*"，那么 s 要匹配 r，就必须以同样的数字或字母开头。

（2）如果 r 以数字或字母开始，并且后面跟着一个"*"，那么 s 要匹配 r，s 就必须能分成两部分——s1、s2，其中 s1 包含 0 个或多个 r 中处于"*"前面的数字或字符，而且 s2 要与 r 中"*"后面的部分相匹配。

（3）如果 r 以"."开头，那么 s 要匹配 r，s 在去掉第一个字符后，剩下的部分要能与 r 去掉"."后的部分相匹配。

（4）如果 r 以"."和"*"开头，那么 s 要匹配 r，s 就必须能分割成两部分——s1、s2，s1 长度可以是 0，而 s2 必须与 r 去除开头两个字符后的剩余部分相匹配。

举个具体例子，如果 r=aw9，s 要与 r 匹配，s 就必须是字符串"aw9"。如果 r=^aw9，那么 s 就必须以字符串"aw9"开头，例如"aw9b" "aw9fg"等都能与 r 匹配。如果 r=$aw9，那么 s 必须以"aw9"结尾才能与 r 匹配，例如"baw9" "fgaw9"等。

如果 r=a.9，特殊符号"."可以与任何字符匹配，所以 s 为"a19" "ab9"等形式，都能与 r 匹配，而"aw89"则不能匹配。但如果 r=a.*9，那么"aw89"则可以与 r 匹配，因为"*"表示对前面字符进行 0 次或多次循环。于是，当 r=aw*9 时，字符串"a9" "aw9" "aww9" "awww9"等，无论中间的 w 循环多少次都能与 r 匹配。

题目要求你实现一个算法，满足正则表达式的匹配规则。对于给定的正则表达式 r 以及字符串 s，利用算法判断两者是否能匹配。

4.15.2 算法描述

这道题无论是从算法设计还是代码实现上，难度都很大，在面试中出现这类题目的情况应该很罕见。但正则表达式的算法设计思维巧妙且优美，掌握和理解它是很有价值的。由于问题的难度较大，我们将分几节来处理。

正则表达式涉及到一个概念，那就是非确定性有限状态自动机。前面我们曾研究过有限状态自动机，它的特点是从一个状态转换到另一个状态时，必须要有对应的输入。非确定性有限状态自动机的特点是，从一个状态切换到另一个状态时，不需要有确定的输入。

1. 理解汤普森构造

最简单的表达式只含有一个字符，例如 r=a，这样的表达式对应对图 4-26 所示的状态机。

图 4-26　状态机示例

该状态机只接受一个字符 a，任何非 a 字符或多余一个字符的字符串都无法被状态机接受。

如果有两个表达式 r1=a，r2=b，两者合在一起形成一个表达式 r=ab，对应的状态机如图 4-27 所示。

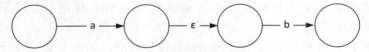

图 4-27　r=ab 对应的状态机

图 4-27 中间的 ε 表示无需任何输入，就可以直接从第二个状态节点进入到第三个状态节点。两个正则表达式还可以通过"或"运算连接在一起，例如 r=a|b，它对应的状态机如图 4-28 所示。

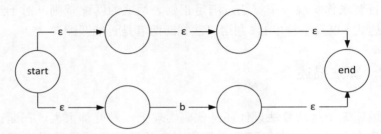

图 4-28　r=a|b 对应的状态机

如果表达式含有符号"*"，则表示匹配时可以把星号前面的部分重复 0 次或多次。例如 r=*a，它对应的状态机如图 4-29 所示。

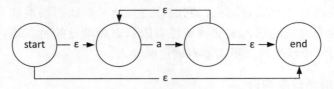

图 4-29　r=*a 对应的状态机

图 4-29 表明，如把星号前面的 a 重复 0 次，那么状态机直接从起始状态在不输入任何字符的情况下抵达终止状态；如果是重复一次或多次，那么状态机由第二个节点进入第三个节点，然后又从上面的边回到第二个节点。

如果表达式中含有字符"+"，例如 r=a+，它对应的状态机如图 4-30 所示。

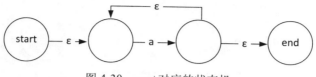

图 4-30　r=a+对应的状态机

如果表达式中包含字符"?"，例如 r=a?，它对应的状态机如图 4-31 所示。

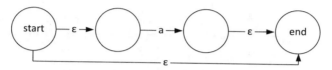

图 4-31　r=a?对应的状态机

上面所有的状态机图形，我们统称为汤普森构造。任何复杂的正则表达式都可以由这几种汤普森构造组合而成。我们看一个例子 r=(D*\.D|D\.D*)，表达式中的特殊符号"."前面有一个斜杠，这是一个转义符，于是符号"."表示的就是一个点字符，其中的大小字母 D 表示 0~9 十个数字集合[0-9]，整个表达式匹配的是带有小数点的浮点数，例如 3.1415926。

下面看看这么复杂的正则表达式，其状态机是如何构造的。

（1）先构造 r=D，如图 4-32 所示。

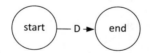

图 4-32　r=D 对应的状态机

（2）构造 r=D*，如图 4-33 所示。

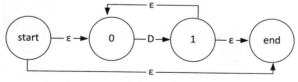

图 4-33　r=D*对应的状态机

（3）构造 r=D*\，如图 4-34 所示。

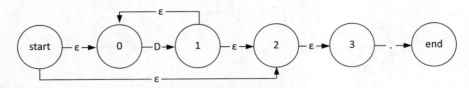

图 4-34   r=D*\对应的状态机

（4）构造 r=D*\.D，如图 4-35 所示。

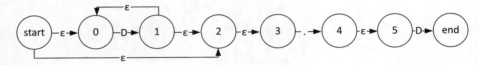

图 4-35   r=D*\.D 对应的状态机

（5）同理构造 r=D\.D*，再做"或"运算，得到完整的状态机，如图 4-36 所示。

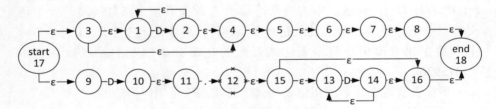

图 4-36   完整的状态机

2．通过 NFA 识别字符串

上面实现的汤普森构造有一个特点，那就是通过 ε 边无需任何输入，一个节点可以直接进入另一个节点，如图 4-37 所示。这种汤普森构造叫做非确定性有限状态自动机，也称 NFA。

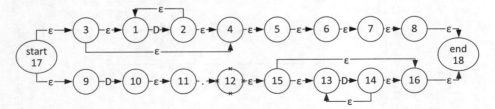

图 4-37   非确定性有限状态自动机

　　根据前文的分析，图 4-37 所示状态机对应着正则表达式 r="D*\.|D\.D*"，该表达式用于匹配浮点数字符串。我们看看，当给定字符串"1.2"时，图 4-37 所示状态机如何判断其符合正则表达式。

　　状态机一开始处于初始状态 17，其通过 ε 边可直达状态节点 3 和 9，在状态节点 3 又可以通过 ε 边进入状态节点 1 和 4。也就是说，当处于状态节点 17 时，通过 ε 边，状态机其实可以直接抵达状态节点集合{17,3,9,1,4}。

　　上面这种通过一个状态节点，根据 ε 边推算出所能抵达的状态节点集合的过程，称为 ε 闭包运算，记作 ε-closure(17) = {17,3,9,1,4}。

　　当状态机读入字符"1"时，状态机处于初始状态 17。根据闭包运算，我们知道状态机同时处于闭包集合中的所有状态节点。于是从闭包集合中，我们通过观察发现，状态 1 和 9 拥有接收数字字符的转换边。状态 1 接收字符"1"后进入状态 2，状态 9 接收字符"1"后进入状态 10。

　　可以说，集合{17,3,9,1,4}在接收字符"1"后进入集合{2,10}，我们把后者称为转移集合，记作 move({17,3,9,1,4},D) = {2,10}。状态节点 2 能通过 ε 边进入状态节点 1、4，而状态节点 10 通过 ε 边进入状态节点 11，状态节点 4 经过 ε 边进入状态节点 5，所以集合 {2,10} 的闭包集合是{2,1,4,5,10,11}，也就是 ε-closure({2,10}) ={2,1,4,5,10,11}。记住，ε 闭包运算的结果包含原有集合。

　　此时继续读入字符"."。在当前闭包集合中，能够接收该字符的是状态 5、11，状态 5 接收字符后进入状态 6，状态 11 接收该字符后进入状态 12，于是有 move({2,1,4,5,10,11},'.') = {6,12}。下面接着计算{6,12}的闭包集合。

　　状态 6 通过 ε 边转移到状态 7，状态 12 经过 ε 边进入状态 15，状态 15 经过 ε 边进入状态 13 和 16，状态 16 经过 ε 边进入状态 18，所以{6,12}的闭包集合为 ε-closure({6,11}) = {6,7,12,15,13,16,18}。注意，此时结束状态 18 已经在闭包集合中，这意味着字符串"1."是可以被状态机接收的，也就是字符串"1."满足给定的正则表达式。由于还有字符需要输入，因此状态机继续运行。

　　接下来输入字符"2"。在闭包集合中，能够接收该字符的是 7、13，状态 7 接收字符后进入状态 8，状态 13 接收字符后进入状态 14，由此得到转移集合 move({6,7,12,15,13,16,18},D) = {8,14}。继续运算它的闭包集合，状态 8 通过 ε 边进入状态 18，状态 14 经过 ε 边进入状态 16，状态 16 经过 ε

边进入状态 18，由此得到闭包集合 ε-closure({8,14})={8,14,18,16}。

此时结束状态 18 在闭包集合中，也就是字符串"1.2"能让状态机进入接收状态，所以字符串"1.2"能够匹配给定的正则表达式："D*\.D|D\.D*"。

4.15.3　代码实现

由于本节内容繁杂，代码量较大，为了表达清晰，特别是为了便于读者更容易地把握代码实现的逻辑，我们将代码切分成若干个模块分别加以实现。

1．基本数据结构定义

从本节开始，我们着手通过代码实现算法。由简入繁，先对简单的正则表达式构建对应 NFA 状态机，然后一步步向更复杂的状态机延伸。我们前面描述的状态机有以下几个特点。

（1）状态机一定只有一个初始状态和一个结束状态。

（2）任何状态节点，最多只有两条出去的边。

（3）每个状态节点所拥有的边最多只有三种可能：一条边对应单个输入字符或字符集；一条边对应 ε；两条边都对应 ε。

结合上述特点，通过一个类来构造 Nfa 节点，代码实现如下：

```python
from enum import Enum
class ANCHOR(Enum):
    NONE = 0
    START = 1
    END = 2
    BOTH = 3


class Nfa:
    def __init__(self):
        #定义节点边的类型
        #ε 边
        self.EPSILON = -1
        #边对应字符集，例如 D=[0...9]
        self.CCL = -2
        #节点没有出去的边
        self.EMPTY = -3
        #ASCII 字符数量
```

```
        self.ASCII_COUNT = 127
        self.edge = self.EPSILON
        #用来存储字符集
        self.inputSet = []
        #节点跳转的下一个状态，可以为空
        self.next = None
        self.next2 = None
        #对应表达式开头和结尾是否有特殊符号^和$，或者两种都有
        self.anchor = ANCHOR.NONE
        #记录节点编号
        self.stateNum = 0
        #记录节点是否被访问过，用于节点打印
        self.visited = False
        self.clearState()

def getEdge(self):
    return self.edge
def setEdge(self, edge):
    self.edge = edge
def isVisited(self):
    return visited
def setVisited(self):
    self.visited = True
def setStateNum(self, num):
    self.stateNum = num
def getStateNum(self):
    return self.stateNum
def addToSet(self, b):
    #将字符加入字符集
    self.inputSet.append(b)
def setComplete(self):
    #求集合的补集，也就是把 inputSet 中没有包含的字符组合成一个集合
    newSet = []
    for b in range(self.ASCII_COUNT):
        if self.inputSet.count(b) == 0:
            newSet.append(b)

    self.inputSet = newSet
def setAnchor(self, anchor):
    self.anchor = anchor
def clearState(self):
    self.inputSet = []
    self.next = self.next2 = None
    self.anchor = ANCHOR.NONE
```

```
            self.stateNum = -1
    def cloneNfa(self, nfa):
            #将传入对象的字符集复制一份
            self.inputSet = nfa.inputSet[:]
            self.anchor = nfa.getAnchor()
            self.next = nfa.next
            self.next2 = nfa.next2
            self.edge = nfa.getEdge()
```

Nfa 对应状态机有一个节点，如果该点有一条出去的边，那么 next2 等于 None，next 指向下一个状态节点，同时 edge 等于该边接收的字符。如果接收的是字符集，例如所有的整数 0~9，那么所有可接收的字符都存储在 inputSet 里面，同时 edge 的值设置为 CCL。

如果该节点只有一条出去的 ε 边，那么 next 指向下一个状态节点，next2 等于 None，edge 的值设置为 EPSILON；如果该点有两条出去的 ε 边，那么 next 和 next2 分别指向要转换的下一个节点，同时 edge 的值等于 EPSILON；如果该节点没有出去的边，next 和 next2 都是 None，edge 的值设置为 EMPTY。

代码中定义了一个取反操作 setComplete，例如[^a-z]接收除了 26 个小写字母之外的一切字符。要达到这个效果，代码的做法是先把 26 个小写字母放入 inputSet，然后把所有不在 inputSet 中的字符存入另一个集合，接着把 inputSet 指向上一步创建的集合即可。

由于在程序运行过程中，节点对象需要频繁地创建和删除，因此我们专门创建一个对象来管理 Nfa 节点的创建和回收。代码如下：

```
class NfaManager:
    def __init__(self):
            #最多分配 256 个 Nfa 对象
            self.NFA_MAX = 256
            self.nfaStatesArray = []
            self.nfaStack = []
            #指向 Nfa 数组的下标
            self.nextAlloc = 0
            self.nfaStates = 0
            for i in range(self.NFA_MAX):
                self.nfaStatesArray.append(Nfa())
    def newNfa(self):
            #获取一个 Nfa 节点对象时，先从堆栈中获取；如果堆栈中没有，再从数
组中获取
            self.nfaStates += 1
```

```
        if self.nfaStates >= self.NFA_MAX:
            raise RuntimeError('Alloc exceed up limit')
        nfa = None
        if len(self.nfaStack) > 0:
            nfa = self.nfaStack.pop()
        else:
            nfa = self.nfaStatesArray[self.nextAlloc]
            self.nextAlloc += 1
        nfa.clearState()
        nfa.setStateNum(self.nfaStates)
        nfa.setEdge(nfa.EPISILON)

        return nfa
    def discardNfa(self, nfa):
        self.nfaStates -= 1
        nfa.clearState()
        self.nfaState.push(nfa)
```

NfaManager 在初始化时，先构造一个含有 256 个 Nfa 节点对象的内存池，当外界需要获取一个 Nfa 节点时，它调用 newNfa 接口来获取。该接口先查看节点是否已经分配光了，如果没有则先在堆栈上查看是否有回收节点可用，如果没有则从内存池中分配一个节点。当外界不需要节点后，调用 discardNfa 接口来回收，回收的节点会存储在堆栈上，以待将来使用。

由于 Nfa 状态机一定有一个起始状态和一个结束状态，因此专门定义一个类来存储这两个状态：

```
class NfaPair:
    def __init__(self):
        self.startNode = None
        self.endNode = None
```

2．辅助类的设计

要完整实现一个正则表达式引擎，我们需要完成很多琐碎的"边角料"处理。其中，第一个要处理的是宏定义转换。前面看到的正则表达式 r="D*\.D|D\.D*"中，字符 D 表示的是字符集[0-9]，因此第一步要把 r 转换成"[0-9]*\.[0-9]|[0-9]\.[0-9]*"，实现这种转换功能。

首先要做的是解读宏定义。例如，当程序读到字符串"D　[0-9]"后，程序就知道要把正则表达式中所有的大写字符 D 替换成数字集合[0-9]。我们看看这个功能在代码中是如何实现的。

```
class MacroHandler:
```

```python
    def __init__(self, macroStr):
        #指向宏定义字符串中的字符
        self.charIndex = 0
        self.macroDictionary = {}
        self.macroString = macroStr
        k = len(macroStr)
        while self.charIndex < len(macroStr):
            self.newMacro()
    def newMacro(self):
        ...
```

将宏定义与它对应的内容存入字典，例如"D [0-9]"，代码会在字典中设置对应关系:{"D"=>"[0-9]"}

输入可以包含多个宏定义，用分号隔开，例如"D [0-9];A [A-Z];alpha [a-z]"

```python
        ...
        #忽略掉宏定义名字前的空格
        c = self.macroString[self.charIndex]
        macroLen = len(self.macroString)
        while c.isspace():
            self.charIndex += 1
            if self.charIndex >= macroLen:
                break
            c = self.macroString[self.charIndex]

        macroName = ""
        #如果当前字符不是空格或分号，那么字符就组成宏定义的名字
        while c.isspace() is False and c != ';':
            macroName += c
            self.charIndex += 1
            if self.charIndex >= macroLen:
                break
            c = self.macroString[self.charIndex]
        #越过宏定义名字后面的一系列空格
        while c.isspace():
            self.charIndex += 1
            if self.charIndex >= macroLen:
                break
            c = self.macroString[self.charIndex]

        macroContent = ""
        #宏定义的名称之后，越过一系列空格对应的就是宏定义的内容
        while c.isspace() is False and c != ';':
            macroContent += c
```

```
        self.charIndex += 1
        if self.charIndex >= macroLen:
           break
        c = self.macroString[self.charIndex]
     #把宏定义名字和内容填入字典
     self.macroDictionary[macroName] = macroContent
     #越过末尾的分号
     self.charIndex += 1


  def  expandMacro(self, name):
     ...
     输入宏定义的名字，将其展开成对应内容，例如输入"D"，
     函数返回"([0-9])"
     ...
     if self.macroDictionary[name] is None:
        #没有对应的宏定义，直接返回
        return
     return "(" + self.macroDictionary[name] + ")"
  def  printMacs(self):
        #将所有宏定义及其内容打印出来
        for key in self.macroDictionary:
           print("Macro name {0} and its content is {1}".
format(key, self.macroDictionary[key]))
```

我们实现宏定义，然后调用上面代码解析宏定义，把宏定义与它的相应内容对应起来。代码如下：

```
macro = "D      [0-9];  A    [A-z]"
mh = MacroHandler(macro)
mh.printMacs()
```

运行上述代码，结果如图 4-38 所示。

```
macro = "D      [0-9];  A    [A-z]"
mh = MacroHandler(macro)
mh.printMacs()

Macro name D and its content is [0-9]
Macro name A and its content is [A-z]
```

图 4-38　代码运行结果

从运行结果看，代码解读宏定义后，能把宏定义 D 对应到字符集 [0-9]，把宏定义 A 对应到字符集[A-Z]。

我们要实现的第二个辅助类是读入正则表达式，把表达式中的宏定义

替换成它对应的内容。为了区分字符或字符串是否是宏定义，我们把包裹在"{}"里面的字符串认作宏定义。例如，表达式 r=D 对应的就是单字符表达式，而表达式 r={D}就得替换成 r=[0-9]。相应实现代码如下：

```python
class RegularExpressionHandler:
    def __init__(self, macroHandler, expression):
        self.macroHandler = macroHandler
        self.regularExpression = expression
        self.charIndex = 0
        self.expressionAfterExpanded = ""
    def expandMacroInExpression(self):
        ...
         * 对正则表达式进行预处理，将表达式中的宏进行替换，例如
         * D*\.D 预处理后输出
         * [0-9]*\.[0-9]
        ...
        exprLen = len(self.regularExpression)
        #去掉空格
        while self.charIndex < exprLen and (self.regularExpression
[self.charIndex]).isspace():
            self.charIndex += 1

        if self.charIndex >= exprLen:
            return ""

        regularExpr = ""
        while self.charIndex < exprLen:
            c = self.regularExpression[self.charIndex]
            if c == '{':
                #获取大括号里面的宏定义名字
                name = self.extractMacroName()
                #替换宏定义
                regularExpr += self.macroHandler.expandMacro(name)
            else:
                regularExpr += c
                self.charIndex += 1
        self.expressionAfterExpanded = regularExpr
        return regularExpr

    def extractMacroName(self):
        ...
        把宏定义的名字从大括号里抽取出来
        ...
        name = ""
```

```
        #越过当前左括号{
        self.charIndex += 1
        match = False
        while self.charIndex < len(self.regularExpression):
            c = self.regularExpression[self.charIndex]
            if c != '}':
                name += c
            if c == '}':
                match = True
                self.charIndex += 1
                break
            self.charIndex += 1
        if match is False:
            raise RuntimeException("braces are no match!")
        return name

    def getExpanedExpression(self):
        if self.expressionAfterExpanded == "":
            self.expressionAfterExpanded = self.
expandMacroInExpression()
        return self.expressionAfterExpanded
```

接下来设置一个含有宏定义的正则表达式，然后调用上面代码实现宏定义的替换。代码实现如下：

```
regular = "{D}*\.{D}|{D}\.{D}*"
rh = RegularExpressionHandler(mh, regular)
rh.getExpanedExpression()
```

运行上述代码，结果如图 4-39 所示。

```
regular = "{D}*\.{D}|{D}\.{D}*"
rh = RegularExpressionHandler(mh, regular)
rh.expandMacroInExpression()
```

```
'([0-9])*\\.([0-9])|([0-9])\\.([0-9])*'
```

图 4-39　代码运行结果

从运行结果上看，代码能正确地将表达式中表示宏定义的{D}替换成对应的字符集[0-9]。

我们要实现的第三个辅助类是读取正则表达式中的每个字符，如果读取到特殊字符，则需要抽取出其所对应的含义。例如，当读取到字符"*"时，我们必须知道表达式要进行 0 次到多次的闭包操作。相应的代码实现如下：

```
from enum import Enum
class Token(Enum):
    EOS = 0  #表示正则表达式末尾
    ANY = 1  #对应"."通配符
    AT_BOL = 2  #对应"^"开头匹配符
    AT_EOL = 3  #对应"$"末尾匹配符
    CCL_END = 4  #对应"]"
    CCL_START = 5  #对应"["
    CLOSE_CURLY = 6  #对应"}"
    OPEN_CURLY = 7  #对应"{"
    CLOSURE = 8  #对应"*"
    DASH = 9  #对应"-"
    CHAR = 10  #对应字符常量
    OPEN_PAREN = 11  #对应"("
    CLOSE_PAREN =12  #对应")"
    OPTIONAL = 13  #对应"#"
    OR = 14  #对应"|"
    AND = 15  #对应"&"
    PLUS = 16  #对应"+"


class Lexer:
    def __init__(self, regularExprHandler):
        self.ASCII_COUNT = 128
        self.currentToken = -1
        self.regularExprHandler = regularExprHandler
        self.charIndex = -1
        self.lexeme = ''  #当前读取的字符
        self.tokenMap = {}
        #获得宏定义展开后的正则表达式字符串
        self.regularExpression = regularExprHandler.
getExpanedExpression()
        self.initTokenMap()
    def initTokenMap(self):
        ...
        将特殊字符与给定枚举类型对应起来
        ...
        for i in range(self.ASCII_COUNT):
            self.tokenMap[i] = Token.CHAR

        self.tokenMap[ord('.')] = Token.ANY
        self.tokenMap[ord('^')] = Token.AT_BOL
        self.tokenMap[ord('$')] = Token.AT_EOL
        self.tokenMap[ord(']')] = Token.CCL_END
        self.tokenMap[ord('[')] = Token.CCL_START
```

```
        self.tokenMap[ord('}')] = Token.CLOSE_CURLY
        self.tokenMap[ord(')')] = Token.CLOSE_PAREN
        self.tokenMap[ord('*')] = Token.CLOSURE
        self.tokenMap[ord('-')] = Token.DASH
        self.tokenMap[ord('{')] = Token.OPEN_CURLY
        self.tokenMap[ord('(')] = Token.OPEN_PAREN
        self.tokenMap[ord('?')] = Token.OPTIONAL
        self.tokenMap[ord('|')] = Token.OR
        self.tokenMap[ord('&')] = Token.AND
        self.tokenMap[ord('+')] = Token.PLUS

def matchToken(self, t):
    return self.currentToken == t
def getCurrentToken(self):
    return self.currentToken
def getLexeme(self):
    #获取当前读到的字符
    return self.lexeme
def advance(self):
    self.charIndex += 1
    if self.charIndex >= len(self.regularExpression):
        self.currentToken = Token.EOS

    #读取表达式下一个字符，并返回其对应含义
    if self.currentToken == Token.EOS:
        #已经读取到表达式末尾，不能继续往下读取
        return Token.EOS

    c = self.regularExpression[self.charIndex]
    #判断当前字符是否是反斜杠
    sawEsc = (c == '\\')
    if sawEsc is True:
        #越过转义字符
        self.charIndex += 1
        c = self.regularExpression[self.charIndex]

    self.lexeme = c
    self.currentToken = self.tokenMap[ord(c)]
    if sawEsc is True:
        self.currentToken = Token.CHAR

    return self.currentToken
```

在代码实现中，为特殊字符建立了一个映射表，当读取到字符时，程

序到映射表中查询其对应的特定含义，进而得知当前特殊字符所要进行的操作。接下来调用上面代码读取一个正则表达式，并把每个字符对应的含义打印出来。代码实现如下：

```python
def printMetaCharMeaning(lexer):
    s = ""
    if lexer.matchToken(Token.ANY):
        s = "当前字符是点通配符"
    if lexer.matchToken(Token.AT_BOL):
        s = "当前字符是开头匹配符"
    if lexer.matchToken(Token.AT_EOL):
        s = "当前字符是末尾匹配符"
    if lexer.matchToken(Token.CCL_END):
        s = "当前字符是字符集类结尾括号"
    if lexer.matchToken(Token.CCL_START):
        s = "当前字符是字符集类开始括号"
    if lexer.matchToken(Token.CLOSE_CURLY):
        s = "当前字符是结尾大括号"
    if lexer.matchToken(Token.CLOSE_PAREN):
        s = "当前字符是结尾圆括号"
    if lexer.matchToken(Token.CCL_START):
        s = "当前字符是字符集类开始括号"
    if lexer.matchToken(Token.OPEN_CURLY):
        s = "当前字符是开始大括号"
    if lexer.matchToken(Token.OPEN_PAREN):
        s = "当前字符是开始圆括号"
    if lexer.matchToken(Token.DASH):
        s = "当前字符是横杠"
    if lexer.matchToken(Token.OPTIONAL):
        s = "当前字符是单字符匹配符? "
    if lexer.matchToken(Token.OR):
        s = "当前字符是或操作符"
    if lexer.matchToken(Token.PLUS):
        s = "当前字符是正闭包操作符"
    if lexer.matchToken(Token.CLOSURE):
        s = "当前字符是闭包操作符"
    print(s)

def runLexerExample():
    lexer = Lexer(rh)
    print("当前解析的表达式在宏定义扩展后为:{0}".format(rh.
getExpanedExpression()))
    lexer.advance()
    while lexer.matchToken(Token.EOS) is False:
```

```
    if lexer.matchToken(Token.CHAR) is False:
        print("当前字符{0}有特殊含义".format(lexer.getLexeme()))
        printMetaCharMeaning(lexer)
    else:
        print("当前字符{0}是普通字符".format(lexer.getLexeme()))
    lexer.advance()
runLexerExample()
```

上面代码构建了 Lexer 类，让它读取并解析宏定义替换后正则表达式的每个字符的含义。运行上述代码，结果如图 4-40 所示。

当前解析的表达式在宏定义扩展后为:([0-9])*\.([0-9])|([0-9])\.([0-9])*
当前字符(有特殊含义
当前字符是开始圆括号
当前字符[有特殊含义
当前字符是字符集类开始括号
当前字符0是普通字符
当前字符-有特殊含义
当前字符是横杠
当前字符9是普通字符
当前字符]有特殊含义
当前字符是字符集类结尾括号
当前字符)有特殊含义
当前字符是结尾圆括号
当前字符*有特殊含义
当前字符是闭包操作符
当前字符.是普通字符
当前字符(有特殊含义
当前字符是开始圆括号
当前字符[有特殊含义
当前字符是字符集类开始括号
当前字符0是普通字符
当前字符-有特殊含义
当前字符是横杠
当前字符9是普通字符
当前字符]有特殊含义
当前字符是字符集类结尾括号

图 4-40　代码运行结果

从运行结果看，代码读取表达式中的每个字符后，能够识别其中的特殊字符并解读其对应含义。例如，当读取字符 "*" 时，代码知道它表示的是 0 次或多次的闭包操作。完成了辅助类的设计后，我们可以进入正则表达式引擎的设计流程。

3．四种汤普森构造的代码实现

完成一系列辅助类的实现后，我们就可以着手用代码实现汤普森构造，进而完成正则表达式引擎的设计了。先从最简单的正则表达式开始：r=c。该表达式只接收一个字符 c。我们再回忆一下它对应的汤普森构造，如图 4-41 所示。

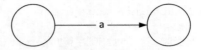

图 4-41　r=c 对应的汤普森构造

其实现代码如下：

```
class NfaMachineConstructor:
    def __init__(self, lexer, nfaManager):
        self.lexer = lexer
        self.nfaManager = nfaManager
        self.lexer.advance()
    def constructNfaForSingleCharacter(self, pairOut):
        ...
        构造由一个字符组成的汤普森构造,pairOut.startNode 对应状态机的
初始状态
        pairOut.endNode 对应状态机的结束状态
        ...
        #既然当前构造对应一个输入字符,因此必须确保当前读入符号是一个普通
字符
        if lexer.matchToken(Token.CHAR) is False:
            return False
        start = None
        #分配两个节点,对应起始节点和结束节点
        start = pairOut.startNode = self.nfaManager.newNfa()
        pairOut.endNode = pairOut.startNode.next = self.
nfaManager.newNfa()
        #设置从初始节点出去的边所接收的对象为对应字符
        start.setEdge(self.lexer.getLexeme())
        self.lexer.advance()

        return True


regular = "a"
rh = RegularExpressionHandler(mh, regular)
lexer = Lexer(rh)
nfaManager = NfaManager()
nfaMachineConstructor = NfaMachineConstructor(lexer,nfaManager)
pairOut = NfaPair()
nfaMachineConstructor.constructNfaForSingleCharacter(pairOut)
```

constructNfaForSingleCharacter 函数分别构造两个 Nfa 节点对象，然后将对应边的输入设置为对应字符，函数执行后，pairOut 对象里的 startNode

和 endNode 分别对应状态机的起始节点和结束节点。上面代码运行后暂时没有任何有意义的输出。接下来，专门构建一个用于打印 Nfa 状态机的类。代码如下：

```python
class NfaPrinter:
    def __init__(self):
        self.ASCII_NUM = 128
        self.start = True
    def printCCL(self, inputSet):

        打印字符集，例如打印整数集合[0-9]时，该函数会把 0,1,2,…,9 十个
整数打印出来
        ...
        for i in range(len(inputSet)):
            if inputSet[i] is not None:
                if inputSet[i]< ord(' '):
                    #ASCII 码值小于空格的是不可显示的控制符，因此我们用
一种特殊的方式来表示
                    print("^{0}".format(chr(i + ord('@'))),end="")
                else:
                    print(chr(inputSet[i]), end="")
        print("]")
    def printNfa(self, startNfa):
        ...
        从起始节点开始，依次打印状态机中每个节点
        ...
        if startNfa is None or startNfa.isVisited():
            return
        if self.start is True:
            print("begin to print Nfa machine nodes....")
        startNfa.setVisited()
        #打印节点信息
        self.printNfaNode(startNfa)

        if self.start is True:
            print("(START STATE)")
            self.start = False
        #接着依次打印由当前节点出发的下两个节点
        self.printNfa(startNfa.next)
        self.printNfa(startNfa.next2)
    def printNfaNode(self, node):
        ...
        将节点信息打印出来
        ...
```

```
        if node.next is None:
            print("NFA state: {0}".format(node.getStateNum()))
            print("(TERMINAL STATE)")
            return
        else:
            print("NFA state: {0}".format(node.getStateNum()),
end="")
            print("--> {0}".format(node.next.getStateNum()),
end="")
            if node.next2 is not None:
                print(",{0}".format(node.next2.getStateNum()),
end="")
            #把边接收的内容打印出来
            print(" with edge :", end="")
        if node.getEdge() == node.CCL:
            #边接收的是字符集
            self.printCCL(node.inputSet)
        elif node.getEdge() == node.EPSILON:
            #边接收的是空字符
            print("EPSILON")
        else:
            #边接收的是单个字符
          print(node.getEdge())

nfaPrinter = NfaPrinter()
nfaPrinter.printNfa(pairOut.startNode)
```

运行上述代码，结果如图 4-42 所示。

```
nfaPrinter = NfaPrinter()
nfaPrinter.printNfa(pairOut.startNode)

begin to print Nfa machine nodes....
NFA state: 1--> 2 with edge :a
(START STATE)
NFA state: 2
(TERMINAL STATE)
```

图 4-42　代码运行结果

　　我们先构造了一个只接收单字符 "a" 的状态机，并把状态机的起始节点输入 NfaPrinter 类，将状态机每个节点的内容都打印出来。

　　接着构造的是通配符状态机，它对应的是表达式 r=.。符号 "." 表示特殊含义，能匹配任意字符。当状态机的一条边对应的输入是点通配符时，它就能接收任何字符。我们继续在 **NfaMachineConstructor** 类里添加相关代码：

```
def constructNfaForDot(self, pairOut):
        #当前读入的字符必须是点通配符
        if self.lexer.matchToken(Token.ANY) is False:
            return False
        start = None
        #构造起始节点
        start = pairOut.startNode = self.nfaManager.newNfa()
        #构造结束节点
        pairOut.endNode = pairOut.startNode.next = self.
nfaManager.newNfa()
        #由于点通配符能匹配任何字符，因此我们用一个包含几乎所有 ASCII 字
符的字符集来对应
        start.setEdge(start.CCL)
        start.addToSet('\r')
        start.addToSet('\n')
        ...
        一开始字符集里只有两个换行符'\r','\n'，调用 setComplement 后，
字符集里就包含除了\r 和\n 以外的所有 ASCII 字符，这意味着状态机能接收除了
\r 和\n 之外的任何 ASCII 字符
        ...
        start.setComplete()
        lexer.advance()
        return True
```

然后我们构造一个只含有点通配符的正则表达式，再调用上面函数构造对应的 Nfa 状态机，最后再把构建好的状态机打印出来。代码如下：

```
regular = "."
rh = RegularExpressionHandler(mh, regular)
lexer = Lexer(rh)
nfaManager = NfaManager()
nfaMachineConstructor = NfaMachineConstructor(lexer,nfaManager)
pairOut = NfaPair()
nfaMachineConstructor.constructNfaForDot(pairOut)


nfaPrinter = NfaPrinter()
nfaPrinter.printNfa(pairOut.startNode)
```

运行上述代码，结果如图 4-43 所示。

```
nfaPrinter = NfaPrinter()
nfaPrinter.printNfa(pairOut.startNode)
```

```
begin to print Nfa machine nodes....
NFA state: 1--> 2 with edge :[^@^A^B^C^D^E^F^G^H^I^J^K^L^M^N^O^P^Q^R^S^T^U^V^W^X^Y^Z^[^\^]^^^
_"#$%&'()*+,-./0123456789:;<=>?@ABCDEFGHIJKLMNOPQRSTUVWXYZ[\]^_`abcdefghijklmnopqrstuvwxyz{|}
~]
(START STATE)
NFA state: 2
(TERMINAL STATE)
```

图 4-43　代码运行结果

接着，我们看看字符集类的正则表达式如何构建 Nfa 状态机。例如，当边对应的字符集是[abcd]时，该边就能接收 a、b、c、d 四个字符，如果对应的是字符集[0-9]，那么该边就能接收 0~9 十个数字字符。在 NfaMachine-Constructor 类里添加代码如下：

```
def constructNfaForChacracterSetWithouNegative(self,pairOut):
    #字符集类必须以符号"["开始
    if self.lexer.matchToken(Token.CCL_START) is False:
        return False
    lexer.advance()


    start = None
    start = pairOut.startNode = self.nfaManager.newNfa()
    pairOut.endNode = pairOut.startNode.next =
self.nfaManager.newNfa()
    #设置边的类型为 CCL，表示边对应的输入是字符集
    start.setEdge(start.CCL)
    #如果符号"["后面不是直接跟着"]"，则表明字符集不为空
    if self.lexer.matchToken(Token.CCL_END) is False:
        ...
        doDash 函数的作用是解读字符"-"，然后把对应字符都加入集合。例如对应[0-9],doDash 会把 0~9 十个数字字符加入 inputSet
        ...
        self.doDash(start.inputSet)
    #如果字符集不是以符号"]"结尾，则表明输入有错
    if self.lexer.matchToken(Token.CCL_END) is False:
        raise RuntimeError("Character set doesn't end with ]")
    lexer.advance()
    return True


def doDash(self, inputSet):
    ...
    doDash 函数的作用是解读字符"-"，然后把对应字符都加入集合。例如对应
```

```
[0-9],doDash 会把 0~9 十个数字字符加入 inputSet
    ...
    firstChar = 0
    while self.lexer.matchToken(Token.CCL_END) is False and
self.lexer.matchToken(Token.EOS) is False:
        #对应字符集，如[0-9]，首先读入的字符是字符集的起始字符
        if self.lexer.matchToken(Token.DASH) is False:
            #获取字符集的首字符
            firstChar = ord(self.lexer.getLexeme())
        else:
            ...
            当前读到字符-，那么下一个字符就是字符集的结尾字符，我们把首字
符到结尾字符间的所有字符全部加入集合
            ...
            #越过字符'-'
            lexer.advance()
            endChar = ord(lexer.getLexeme())
            for i in range(firstChar, endChar+1):
                inputSet.append(i)
        self.lexer.advance()
```

上述代码运行后，我们就可以对形如 r=[0-9]这样的表达式构造对应的
NFA 状态机。字符集类有两种情况：第一种如[0-9]，表示包含 0~9 十个数
字的字符集合；第二种是[^0-9]，它表示除了 0~9 十个数字之外的所有字
符集合。上述代码处理的是第一种，第二种将在此基础上实现。

第 二 种 字符集 [^0-9] 中， 符 号 "^" 表示对字符集取反。 函数
constructNfaForCharacterSetWithouNegative 表示的正是不含取反字符的字符
集。完成上面代码后，我们将构造的状态机打印出来。代码如下：

```
regular = "[0-9]"
rh = RegularExpressionHandler(mh, regular)
lexer = Lexer(rh)
nfaManager = NfaManager()
nfaMachineConstructor = NfaMachineConstructor(lexer,nfaManager)
pairOut = NfaPair()
nfaMachineConstructor.constructNfaForChacracterSetWithouNega
tive(pairOut)

nfaPrinter = NfaPrinter()
nfaPrinter.printNfa(pairOut.startNode)
```

运行上述代码，结果如图 4-44 所示。

```
: nfaPrinter = NfaPrinter()
  nfaPrinter.printNfa(pairOut.startNode)

  begin to print Nfa machine nodes....
  NFA state: 1--> 2 with edge :[0123456789]
  (START STATE)
  NFA state: 2
  (TERMINAL STATE)
```

图 4-44　代码运行结果

　　从运行结果看，我们把边对应的字符集所包含的所有字符都显示出来了。我们接着实现带有取反符号的字符集，例如[^a-z]，它表示除了 a~z 这26 个字母之外的所有字符集合。继续在 NfaMachineConstructor 类里添加代码实现如下：

```
def constructNfaForCharacterSet(self, pariOut):
    #字符集必须以[开头
    if self.lexer.matchToken(Token.CCL_START) is False:
        return False
    self.lexer.advance()
    negative = False
    #匹配字符^
    if self.lexer.matchToken(Token.AT_BOL) is True:
        negative = True
        self.lexer.advance()

    start = None
    start = pairOut.startNode = self.nfaManager.newNfa()
    pairOut.endNode = pairOut.startNode.next = self.
nfaManager.newNfa()
    start.setEdge(start.CCL)
    #如果字符集不为空，那么把字符集对应的字符加入集合
    if self.lexer.matchToken(Token.CCL_END) is False:
        self.doDash(start.inputSet)
    #字符集必须以"]"结尾
    if self.lexer.matchToken(Token.CCL_END) is False:
        raise RuntimeError("Character set doesn't end with ]")

    if negative is True:
        start.setComplete()
    return True
```

　　接着构造一个含有取反符号的字符集 r=[^a-z]，然后调用上述代码构造对应的 NFA 状态机，最后把生成的状态机打印出来：

```
regular = "[^a-z]"
rh = RegularExpressionHandler(mh, regular)
lexer = Lexer(rh)
nfaManager = NfaManager()
nfaMachineConstructor = NfaMachineConstructor(lexer,
nfaManager)
pairOut = NfaPair()
nfaMachineConstructor.constructNfaForCharacterSet(pairOut)
nfaPrinter = NfaPrinter()
nfaPrinter.printNfa(pairOut.startNode)
```

运行上述代码，结果如图 4-45 所示。

```
regular = "[^a-z]"
rh = RegularExpressionHandler(mh, regular)
lexer = Lexer(rh)
nfaManager = NfaManager()
nfaMachineConstructor = NfaMachineConstructor(lexer, nfaManager)
pairOut = NfaPair()
nfaMachineConstructor.constructNfaForCharacterSet(pairOut)
nfaPrinter = NfaPrinter()
nfaPrinter.printNfa(pairOut.startNode)

begin to print Nfa machine nodes....
NFA state: 1--> 2 with edge :[^@^A^B^C^D^E^F^G^H^I^J^K^L^M^N^O^P^Q^R^S^T^U^V^W^X^Y^Z^[^\^]^^^
_ !"#$%&'()*+,-./0123456789:;<=>?@ABCDEFGHIJKLMNOPQRSTUVWXYZ[\]^_`{|}~]
(START STATE)
NFA state: 2
(TERMINAL STATE)
```

图 4-45   代码运行结果

注意观察代码运行后的输出，在显示的所有字符中，正好没有 a~z 这 26 个小写字符，这意味着我们的代码在构造对应字符集的边时，能正确识别里面的取反字符。最后把这 4 种 NFA 状态机的生成方法统一起来，代码如下：

```
def term(self, pairOut):
    ...
    term-> character | . | [...]|[^...]
    ...
    handled = self.constructNfaForSingleCharacter(pairOut)
    if handled is False:
        handled = self.constructNfaForDot(pairOut)
    if handled is False:
        handled = self.constructNfaForCharacterSet(pairOut)
    return handled
```

term 函数把前面 4 种 NFA 状态机的构造统一起来，于是要创建 4 种基础类型的状态机，我们直接调用函数 term 即可。

4．正则表达式闭包操作的代码实现

我们完成了 NFA 状态机中四种最基本形态的构建，它们的特点是有一个起始点和一个结束点，两点间由一条边连接，它们唯一的区别就在于边接收的字符不同。本小节研究含有闭包操作符时对应 NFA 状态机的构建。我们先看 r=a*的构建，该表达式对应的状态机如图 4-46 所示。

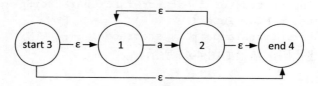

图 4-46 r=a*对应的状态机

上面状态机对应的实现代码如下：

```
def constructStarClosure(self, pairOut):
    ...
    构造 r = a*对应的 NFA 状态机
    ...
    ...
    首先构造 r = a 对应的状态机，显然在*前面不一定是单字符，可以是 4
种基础 NFA 状态机的任何一种
    ...
    self.term(pairOut)
    if self.lexer.matchToken(Token.CLOSURE) is False:
        #如果不以符号*结尾，那意味着正则表达式不是做闭包操作
        return False

    #构造起始节点和结束节点
    start = self.nfaManager.newNfa()
    end = self.nfaManager.newNfa()
    #start 节点有一条 ε 边指向*前面表达式对应的 NFA 状态机的起始节点
    start.next = pairOut.startNode
    #*前面表达式对应的状态机的结束节点有一条 ε 边指向它的起始节点
    pairOut.endNode.next = pairOut.startNode
    #start 节点有另一条 ε 边直接指向 end 节点
    start.next2 = end
    #*号前面表达式对应的状态机，其结束节点有一条 ε 边指向 end 节点
    pairOut.endNode.next2 = end

    #把 pairOut 的起始节点和结束节点分别对应到新的起始节点和结束节点
    pairOut.startNode = start
    pairOut.endNode = end
```

```
        self.lexer.advance()
        return True
```

在上面代码实现中，我们先调用 term 为"*"前面的部分构造对应的 NFA 状态机，然后创建两个新节点，并根据图 4-46 所示，对应节点引申出的 ε 边指向相应节点。完成上面代码后，我们调用它创建表达式 r=a*对应的状态机：

```
regular = "a*"
rh = RegularExpressionHandler(mh, regular)
lexer = Lexer(rh)
nfaManager = NfaManager()
nfaMachineConstructor = NfaMachineConstructor(lexer,nfaManager)
pairOut = NfaPair()
nfaMachineConstructor.constructStarClosure(pairOut)
nfaPrinter = NfaPrinter()
nfaPrinter.printNfa(pairOut.startNode)
```

运行上述代码，结果如图 4-47 所示。

```
regular = "a*"
rh = RegularExpressionHandler(mh, regular)
lexer = Lexer(rh)
nfaManager = NfaManager()
nfaMachineConstructor = NfaMachineConstructor(lexer, nfaManager)
pairOut = NfaPair()
nfaMachineConstructor.constructStarClosure(pairOut)
nfaPrinter = NfaPrinter()
nfaPrinter.printNfa(pairOut.startNode)

begin to print Nfa machine nodes....
NFA state: 3--> 1,4 with edge :EPSILON
(START STATE)
NFA state: 1--> 2 with edge :a
NFA state: 2--> 1,4 with edge :EPSILON
NFA state: 4
(TERMINAL STATE)
```

图 4-47　代码运行结果

在上面的代码中先根据表达式 r=a*构造对应的 NFA 状态机，然后打印出来，打印结果与前面展示的 NFA 状态机图是一致的。接下来，用代码构造表达式 r=a+对应的 NFA 状态机。我们再次回忆下该状态机的形式，如图 4-48 所示。

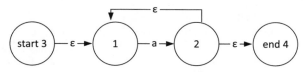

图 4-48　r=a+对应的 NFA 状态机

实现代码如下：

```
def constructPlusClosure(self, pairOut):
    ...
    构造 r=a+对应的 NFA 状态机，+前面可以是一个复杂的正则表达式，不
一定是单字符
    ...
    #先构造+前面正则表达式对应的状态机
    self.term(pairOut)

    if self.lexer.matchToken(Token.PLUS) is False:
        #如果不以+结尾，表达式就不对应+闭包操作
        return False

    #构造两个 Nfa 节点，分别对应起始节点和结束节点
    start = self.nfaManager.newNfa()
    end = self.nfaManager.newNfa()
    #start 节点有一条 ε 边指向+前面状态机的起始节点
    start.next = pairOut.startNode
    #+前面状态机的结束节点有一条 ε 边指向 end 节点
    pairOut.endNode.next2 = end
    #+前面状态机结束节点有一条 ε 边指向起始节点
    pairOut.endNode.next = pairOut.startNode
    #把 pairOut 的起始节点和结束节点分别对应新分配的 start 和 end 节点
    pairOut.startNode = start
    pairOut.endNode = end
    self.lexer.advance()
    return True
```

代码实现的基本逻辑是，先调用 term 为+前面的表达式构建对应的 NFA 状态机，然后构造两个新节点，分别对应图 4-48 中的 start 和 end 节点，接着把 Nfa 节点的 next 或 next2 指针指向其他节点，这相当于图 4-48 中某个节点引发一条 ε 边指向另一个节点。

我们接着实现代码，调用上面函数创建 r=a+对应的状态机并将其打印出来：

```
regular = "a+"
rh = RegularExpressionHandler(mh, regular)
lexer = Lexer(rh)
nfaManager = NfaManager()
nfaMachineConstructor = NfaMachineConstructor(lexer,nfaManager)
pairOut = NfaPair()
nfaMachineConstructor.constructPlusClosure(pairOut)
nfaPrinter = NfaPrinter()
nfaPrinter.printNfa(pairOut.startNode)
```

运行上述代码，结果如图 4-49 所示。

```
regular = "a+"
rh = RegularExpressionHandler(mh, regular)
lexer = Lexer(rh)
nfaManager = NfaManager()
nfaMachineConstructor = NfaMachineConstructor(lexer, nfaManager)
pairOut = NfaPair()
nfaMachineConstructor.constructPlusClosure(pairOut)
nfaPrinter = NfaPrinter()
nfaPrinter.printNfa(pairOut.startNode)
```

```
begin to print Nfa machine nodes....
NFA state: 3--> 1 with edge :EPSILON
(START STATE)
NFA state: 1--> 2 with edge :a
NFA state: 2--> 1,4 with edge :EPSILON
NFA state: 4
(TERMINAL STATE)
```

图 4-49　代码运行结果

从打印出的状态机信息来看，节点间的关联关系与前面状态机图形是一一对应的。

继续看一下表达式 r=a?对应的状态机是如何实现的。我们先看看其对应的状态机图形，如图 4-50 所示。

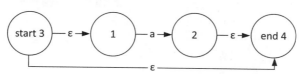

图 4-50　r=a?对应的状态机

实现图 4-50 所示状态机的代码如下：

```
def constructOptionClosure(self, pairOut):
    ...
    构造 r=a?对应状态机，?前面可以是单字符外的任何正则表达式
    ...
    #先构建?前面表达式对应的状态机
    self.term(pairOut)
    if self.lexer.matchToken(Token.OPTIONAL) is False:
        #如果不以?结尾，表达式不对应?闭包操作
        return False
    #构造两个新节点作为 start 和 end
    start = self.nfaManager.newNfa()
    end = self.nfaManager.newNfa()
    #start 节点有一条 ε 边指向?前面表达式对应状态机的起始节点
    start.next = pairOut.startNode
```

```
#?前面表达式对应状态机有一条 ε 边指向 end 节点
pairOut.endNode.next = end
#start 节点有一条 ε 边指向 end 节点
start.next2 = end
#将起始节点和结束节点设置为 start 和 end
pairOut.startNode = start
pairOut.endNode = end
self.lexer.advance()

return True
```

代码实现的基本逻辑是，先构造"?"前面表达式对应的 NFA 状态机，然后构造两个新节点作为 start 和 end 节点，接着依据图 4-50 所示节点 ε 边的连接方式，将对应节点的 next 或 next2 指针指向相应节点。下面调用上述代码构造对应的状态机：

```
regular = "a?"
rh = RegularExpressionHandler(mh, regular)
lexer = Lexer(rh)
nfaManager = NfaManager()
nfaMachineConstructor = NfaMachineConstructor(lexer,nfaManager)
pairOut = NfaPair()
nfaMachineConstructor.constructOptionClosure(pairOut)
nfaPrinter = NfaPrinter()
nfaPrinter.printNfa(pairOut.startNode)
```

运行上述代码，结果如图 4-51 所示。

```
regular = "a?"
rh = RegularExpressionHandler(mh, regular)
lexer = Lexer(rh)
nfaManager = NfaManager()
nfaMachineConstructor = NfaMachineConstructor(lexer, nfaManager)
pairOut = NfaPair()
nfaMachineConstructor.constructOptionClosure(pairOut)
nfaPrinter = NfaPrinter()
nfaPrinter.printNfa(pairOut.startNode)

begin to print Nfa machine nodes....
NFA state: 3--> 1,4 with edge :EPSILON
(START STATE)
NFA state: 1--> 2 with edge :a
NFA state: 2--> 4 with edge :EPSILON
NFA state: 4
(TERMINAL STATE)
```

图 4-51　代码运行结果

从代码打印出的状态机节点以及节点间的连接关系看，它是能对应到前面展示的状态机图形的。最后我们统一用一个 factor 函数把本节说过的 3

种闭包实现函数的调用集合起来：

```
def factor(self, pairOut):
    handled = False
    handled = self.constructStarClosure(pairOut)
    if handled is False:
        handled = self.constructPlusClosure(pairOut)
    if handled is False:
        handled = self.constructOptionClosure(pairOut)
    return handled
```

我们分别用 term 和 factor 把对应的正则表达式构造接口统一起来，这种做法目前看似多余，但在后续开发中便能体会到这么做所带来的便利之处。

5. 正则表达式连接与异或操作的代码实现

通过两种操作，我们可以把多个正则表达式整合成一个。第一种是连接操作。例如，有 3 个正则表达式：r1=a，r2=b，r3=c，它们对应的状态机如图 4-52 所示。

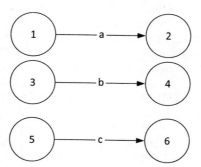

图 4-52　r1=a，r2=b，r3=c 对应的状态机

我们可以通过连接操作，把 3 个独立的正则表达式合成一个，也就是 r=a&b&c，合成后对应的 NFA 状态机如图 4-53 所示。

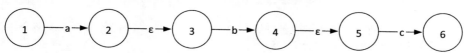

图 4-53　合成后对应的 NFA 状态机

连接操作的实现代码如下：

```
def cat_expr(self, pairOut):
    ...
```

一个 factor 对应的是闭包操作后的表达式状态机，cat_expr 的作用是把多个 factor 首尾相连形成新的状态机

```
...
#先检测表达式的起始字符是否是正确的
if self.first_in_cat(self.lexer.getCurrentToken()) is
False:
    return False

#先构造第一个表达式
self.factor(pairOut)

#表达式后面跟着符号&，那就越过它
if self.lexer.matchToken(Token.AND) is True:
    self.lexer.advance()

...
```

依次检测后续表达式是否以正确字符开始，然后将其状态机构造出来，再与前面状态机首尾相连后，形成一个新的状态机

```
...
while self.first_in_cat(self.lexer.getCurrentToken()):
    #根据表达式构建状态机
    pairLocal = NfaPair()
    self.factor(pairLocal)
    #从前面状态机的结束节点引出一条 ε 边指向当前状态机的起始节点
    pairOut.endNode.next = pairLocal.startNode
    ...
```

把上面状态机的接收节点设置为当前状态机的结束节点，两个状态机就结合成一个状态机

```
    ...
    pairOut.endNode = pairLocal.endNode
     #表达式后面跟着符号&，那就直接越过
    if self.lexer.matchToken(Token.AND) is True:
        self.lexer.advance()

    return True
def first_in_cat(self, token):
    ...
```

判断当前字符是否能够成为一个正则表达式的起始字符，当表达式以下面数组中字符起始时，表达式的输入有误

```
    ...
    errorToken = [Token.CLOSE_CURLY, Token.CLOSE_PAREN,
Token.AT_EOL, Token.EOS,
            Token.CLOSURE, Token.OPTIONAL, Token.CCL_END,
Token.OR]
```

```
if errorToken.count(token) > 0 :
    return False
return True
```

代码的基本思路是，先读入符号"&"前面的正则表达式对应的所有字符，并构造出对应的 NFA 状态机；然后读入"&"后面表达式对应的字符，并构造对应的 NFA 状态机；接着把前面构造的状态机的接收节点的 next 指针指向后面状态机的起始节点；再把 pairOut 的 startNode 指向第一个状态机的起始节点，pairOut 的 endNode 节点指向第二个状态机的接收节点，于是 pairOut 对应的就是两个状态机结合后的状态机。

上面的步骤反复进行，直到再也没有"&"操作符或是表达式所有的字符都读取完毕为止。接着调用上面代码，读入表达式 r=a&b&c 后，通过连接操作把 3 个表达式连接成一个整体。代码如下：

```
regular = "a&b&c"
rh = RegularExpressionHandler(mh, regular)
lexer = Lexer(rh)
nfaManager = NfaManager()
nfaMachineConstructor = NfaMachineConstructor(lexer,
nfaManager)
pairOut = NfaPair()
nfaMachineConstructor.cat_expr(pairOut)

nfaPrinter = NfaPrinter()
nfaPrinter.printNfa(pairOut.startNode)
```

运行上述代码，结果如图 4-54 所示。

```
regular = "a&b&c"
rh = RegularExpressionHandler(mh, regular)
lexer = Lexer(rh)
nfaManager = NfaManager()
nfaMachineConstructor = NfaMachineConstructor(lexer, nfaManager)
pairOut = NfaPair()
nfaMachineConstructor.cat_expr(pairOut)

nfaPrinter = NfaPrinter()
nfaPrinter.printNfa(pairOut.startNode)

begin to print Nfa machine nodes....
NFA state: 1--> 2 with edge :a
(START STATE)
NFA state: 2--> 3 with edge :EPSILON
NFA state: 3--> 4 with edge :b
NFA state: 4--> 5 with edge :EPSILON
NFA state: 5--> 6 with edge :c
NFA state: 6
(TERMINAL STATE)
```

图 4-54 代码运行结果

从代码输出结果看，打印出的状态机确实与前面我们看到的 3 个状态机连接在一起后的状态机是对应的。

下面看看正则表达式的异或操作。如果说连接操作是以串联的方式将多个表达式结合在一起，那么异或操作就是以并联方式将多个表达式结合在一起。例如，有两个表达式 r1=a，r2=b，它们对应的状态机如图 4-55 所示。

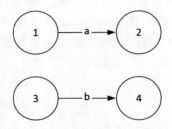

图 4-55　r1=a，r2=b 对应的状态机

进行异或连接后的表达式为 r=a|b，其对应的状态机如图 4-56 所示。

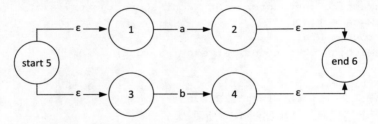

图 4-56　r=a|b 对应的状态机

前面讲解汤普森构造时，详解过上面状态机的创建过程，现在看看代码是如何实现的。还是在 NfaMachineConstructor 中添加如下代码：

```
def expr(self, pairOut):
    ...
    expr 将多个表达式用异或的方式连接在一起，对于表达式
    r=a&b|c&d，代码会先把'|'前后两部分做连接操作后进行异或操作
    ...
    #先构造符号'|'左边表达式的状态机
    self.cat_expr(pairOut)
    pairLocal = NfaPair()

    ...
    如果表达式后面跟着符号'|'，那么先构造'|'后面的状态机，再把前后两
个状态机并列地整合起来
```

```
        ...
        while self.lexer.matchToken(Token.OR):
            self.lexer.advance()
            #构造'|'后面表达式的状态机
            self.cat_expr(pairLocal)
```

    ...

    构造一个 start 节点，并引出两条 ε 边，分别指向第一个表达式状态机的起始节点和第二个表达式状态机的起始节点

```
        ...
        start = self.nfaManager.newNfa()
        start.next = pairOut.startNode
        start.next2 = pairLocal.startNode

        ...
```

    构造一个 end 节点，由第一个表达式状态机接收节点引出一条 ε 边连接到 end 节点，由第二个表达式状态机的接收节点引出一条 ε 边连接到 end 节点

```
        ...
        end = self.nfaManager.newNfa()
        pairOut.endNode.next = end
        pairLocal.endNode.next = end

        ...
```

    将 pairOut 的 startNode 设置为 start，pairOut 的 endNode 设置为 end，这样 pairOut 对应的就是两个状态机并联起来后的统一表达式

```
        ...
        pairOut.startNode = start
        pairOut.endNode = end
```

  代码的基本逻辑是，先给操作符"|"前面的表达式构造状态机，然后为"|"后面的表达式构造状态机；接着创建两个新节点，一个新节点引出两条 ε 边，分别指向两个状态机的起始节点；再从两个状态机的接收节点各自引出一条 ε 边，分别指向另一个新节点，这样形成的状态机就能和图 4-56 所示的状态机对应起来。

  我们用代码构造一个异或表达式 r=a|b，然后调用上面代码构造对应状态机：

```
regular = "a|b"
rh = RegularExpressionHandler(mh, regular)
lexer = Lexer(rh)
nfaManager = NfaManager()
nfaMachineConstructor = NfaMachineConstructor(lexer,nfaManager)
pairOut = NfaPair()
```

```
nfaMachineConstructor.expr(pairOut)

nfaPrinter = NfaPrinter()
nfaPrinter.printNfa(pairOut.startNode)
```

运行上述代码，结果如图 4-57 所示。

```
regular = "a|b"
rh = RegularExpressionHandler(mh, regular)
lexer = Lexer(rh)
nfaManager = NfaManager()
nfaMachineConstructor = NfaMachineConstructor(lexer, nfaManager)
pairOut = NfaPair()
nfaMachineConstructor.expr(pairOut)

nfaPrinter = NfaPrinter()
nfaPrinter.printNfa(pairOut.startNode)

begin to print Nfa machine nodes....
NFA state: 5--> 1,3 with edge :EPSILON
(START STATE)
NFA state: 1--> 2 with edge :a
NFA state: 2--> 6 with edge :EPSILON
NFA state: 6
(TERMINAL STATE)
NFA state: 3--> 4 with edge :b
NFA state: 4--> 6 with edge :EPSILON
```

图 4-57　代码运行结果

　　从上面代码运行后打印出的状态机信息来看，结果完全能跟前面展示的状态机图形对应起来。现在把两种操作结合起来，看看一个更复杂的状态机是如何从前面讲述的多种简单构造法结合起来后形成的。

　　例如，要构造 r=(a|b)*对应的状态机，那么先构造 r=a|b 对应的状态机，然后应用前面讲过的闭包操作。r=(a|b)*对应的状态机如图 4-58 所示。

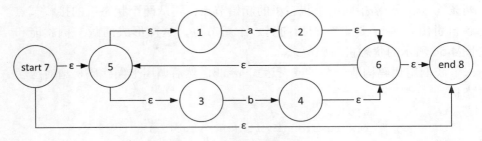

图 4-58　r=(a|b)*对应的状态机

图 4-58 看似复杂，但实际上是由前面讲过的各个步骤依次叠加而成

的。节点 5 和 6 之间的图形对应前面讲过的 r=a|b；把节点 5 到节点 6 间的图形看作一个节点，那么节点 7 到节点 8 所形成的图形本质上与我们前面做过的 r=a*对应的状态机图形其实是一模一样的。我们先看看带有括号的表达式代码实现：

```python
def constructExprInParen(self, pairOut):
    ...
    构造一个包含在()里面的表达式，里面的表达式对应的就是 expr
    ...
    #必须以符号"("开头
    if self.lexer.matchToken(Token.OPEN_PAREN) is False:
        return False

    self.lexer.advance()
    self.expr(pairOut)
    #必须以符号")"结尾
    if self.lexer.matchToken(Token.CLOSE_PAREN) is False:
        raise RuntimeError("expr dosen't end with )")

    self.lexer.advance()
    return True
```

上面代码的逻辑是，判断表达式是否以"("开头。如果是，那么调用 expr 函数为括号里面的表达式建立 NFA 状态机。

对于表达式 r=(a|b)*，回忆下前面构造闭包操作时，无论闭包符号是"*""+"还是"?"，我们都会调用 term()来为操作符前面的表达式构造状态机。这意味着我们要在 term 里面调用 constructExprInParen 来为带有括号的表达式构建状态机，所以 term 函数的代码做如下修改：

```python
def term(self, pairOut):
    ...
    term-> character | . | [...]|[^...]
    ...
    #它可以对应一个在括号内的表达式
    handled = self.constructExprInParen(pairOut)
    if handled is False:
        handled = self.constructNfaForSingleCharacter(pairOut)
    if handled is False:
        handled = self.constructNfaForDot(pairOut)
    if handled is False:
        handled = self.constructNfaForCharacterSet(pairOut)
    return handled
```

接下来用代码为表达式 r=(a|b)*构造状态机，并将其打印出来。代码如下：

```
regular = "(a|b)*"
rh = RegularExpressionHandler(mh, regular)
lexer = Lexer(rh)
nfaManager = NfaManager()
nfaMachineConstructor = NfaMachineConstructor(lexer,
nfaManager)
pairOut = NfaPair()
nfaMachineConstructor.expr(pairOut)

nfaPrinter = NfaPrinter()
nfaPrinter.printNfa(pairOut.startNode)
```

运行上述代码，结果如图 4-59 所示。

```
regular = "(a|b)*"
rh = RegularExpressionHandler(mh, regular)
lexer = Lexer(rh)
nfaManager = NfaManager()
nfaMachineConstructor = NfaMachineConstructor(lexer, nfaManager)
pairOut = NfaPair()
nfaMachineConstructor.expr(pairOut)

nfaPrinter = NfaPrinter()
nfaPrinter.printNfa(pairOut.startNode)

begin to print Nfa machine nodes....
NFA state: 7--> 5,8 with edge :EPSILON
(START STATE)
NFA state: 5--> 1,3 with edge :EPSILON
NFA state: 1--> 2 with edge :a
NFA state: 2--> 6 with edge :EPSILON
NFA state: 6--> 5,8 with edge :EPSILON
NFA state: 8
(TERMINAL STATE)
NFA state: 3--> 4 with edge :b
NFA state: 4--> 6 with edge :EPSILON
```

图 4-59 代码运行结果

从代码运行后打印出的状态机信息来看，代码构造的 NFA 状态机与前面显示的状态机图形是一致的。

当前代码还存在一个小问题，就是在函数 factor 里面，它会相继执行 constructStartClosure、constructPlusClosure、constructOptionClosure。在这 3 个函数里，分别都会执行函数 term，其目的是为了构造闭包操作符号前面表达式的状态机。这样就有可能造成 term 会连续执行 3 次，而按照逻辑，term 只需要执行一次就够了。

于是修改如下，把 term 函数的调用转移到 factor 函数里执行，然后把 term 的调用从 constructStartClosure、constructPlusClosure、constructOption-Closure 这 3 个函数里去除。于是代码改动如下：

```
def factor(self, pairOut):
    #先构造操作符*、+、?前面表达式对应的状态机
    self.term(pairOut)
    handled = False
    handled = self.constructStarClosure(pairOut)
    if handled is False:
        handled = self.constructPlusClosure(pairOut)
    if handled is False:
        handled = self.constructOptionClosure(pairOut)
    return handled
```

记住，一定要把 constructStartClosure、constructPlusClosure、construct-OptionClosure 这 3 个函数中对 term 函数的调用删除掉。为了行文简洁，此处不再罗列后面 3 个函数的代码。

经过一番艰苦的努力后，我们已经完成了根据正则表达式来构造 NFA 状态机的所有代码，现在可以调用代码构造复杂表达式 r={D)*\.{D}|{D}\.{D}*对应的 NFA 状态机了。再复习一下前面绘制过的 NFA 状态机图形，如图 4-60 所示。

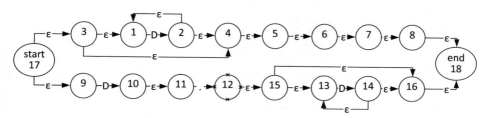

图 4-60　NFA 状态机图形

实现图 4-60 所示状态机构建的代码如下：

```
regular = "{D}*\.{D}|{D}\.{D}*"
rh = RegularExpressionHandler(mh, regular)
print(rh.getExpanedExpression())
lexer = Lexer(rh)
nfaManager = NfaManager()
nfaMachineConstructor = NfaMachineConstructor(lexer,
nfaManager)
pairOut = NfaPair()
nfaMachineConstructor.expr(pairOut)
```

```
nfaPrinter = NfaPrinter()
nfaPrinter.printNfa(pairOut.startNode)
```

运行上述代码，结果如图 4-61 所示。

```
regular = "{D}*\.{D}|{D}\.{D}*"
rh = RegularExpressionHandler(mh, regular)
print(rh.getExpanedExpression())
lexer = Lexer(rh)
nfaManager = NfaManager()
nfaMachineConstructor = NfaMachineConstructor(lexer, nfaManager)
pairOut = NfaPair()
nfaMachineConstructor.expr(pairOut)

nfaPrinter = NfaPrinter()
nfaPrinter.printNfa(pairOut.startNode)
```

```
([0-9])*\.([0-9])|([0-9])\.([0-9])*
begin to print Nfa machine nodes....
NFA state: 17--> 3,9 with edge :EPSILON
(START STATE)
NFA state: 3--> 1,4 with edge :EPSILON
NFA state: 1--> 2 with edge :[0123456789]
NFA state: 2--> 1,4 with edge :EPSILON
NFA state: 4--> 5 with edge :EPSILON
NFA state: 5--> 6 with edge :.
NFA state: 6--> 7 with edge :EPSILON
NFA state: 7--> 8 with edge :[0123456789]
NFA state: 8--> 18 with edge :EPSILON
NFA state: 18
(TERMINAL STATE)
NFA state: 9--> 10 with edge :[0123456789]
NFA state: 10--> 11 with edge :EPSILON
NFA state: 11--> 12 with edge :.
NFA state: 12--> 15 with edge :EPSILON
NFA state: 15--> 13,16 with edge :EPSILON
NFA state: 13--> 14 with edge :[0123456789]
NFA state: 14--> 13,16 with edge :EPSILON
NFA state: 16--> 18 with edge :EPSILON
```

图 4-61　代码运行结果

从运行结果打印出的信息看，状态机节点和边的连接与前面显示的 NFA 状态机图形是一致的。

6. ε 闭包集合与转移集合的代码实现

前几节讨论过，如何根据前面构造的状态机去识别一个数字字符串是否符合正则表达式的要求。在识别过程中，我们需要计算两种集合：一种是 ε 闭包集合，也就是一个节点通过 ε 边所能到达的节点集合；第二种就是 ε 闭包集合里的节点在接收到一个字符后，能转移到的节点集合。首先看前者是如何实现的，其相关代码如下：

```
class  NfaIntepretor:
    def  __init__(self, nfaStart, inputStr):
        self.nfaStartNode = nfaStart
        self.inputStr = inputStr
    def  getEpsilonClosureByNode(self, nodes):
        ...
```

　　计算输入节点的 ε 闭包集合，算法基本逻辑是，从输入节点开始，根据其 ε 边找到对应节点，把这些节点压入堆栈，同时构造一个集合，并判断根据 ε 边找到的节点是否已经在集合中。如果不在集合中，就把节点加入集合。然后再从堆栈中弹出一个节点，再根据其 ε 边找到相应节点，把这些节点加入集合并压入堆栈。反复进行这些步骤，直到堆栈为空

```
        ...
        if nodes is None or len(nodes) == 0:
            return None

        nfaStack= []
        for node in nodes:
            nfaStack.append(node)

        从堆栈中取出节点
        while len(nfaStack) > 0:
            node = nfaStack.pop()
            if node.getEdge() != node.EPSILON:
                continue

            #找到第一条 ε 边指向的节点
            next = node.next
            ...
            ...
            #判断节点是否已经在集合中，如果不在则把它加入集合和堆栈
            if next is not None and nodes.count(next) == 0:
                nfaStack.append(next)
                nodes.append(next)

            #如果当前节点有两条 ε 边，那么把第二条 ε 边对应的节点做同样处理
            next2 = node.next2
            if next2 is not None and nodes.count(next2) == 0:
                nfaStack.append(next2)
                nodes.append(next2)

        return nodes
```

```
def printNfaNodeSet(self, inputSet):
    ...
    打印集合中的节点信息
    ...
    s = "{"
    for node in inputSet:
        s += str(node.getStateNum())
        s += ","
    #去掉最后一个元素后面的逗号
    s = s[:len(s) - 1]
    s+= "}"

    return s
```

getEpsilonClosureByNode 函数接收一个 NFA 节点的集合，然后计算集合中每个节点通过 ε 边可以访问到的节点，并把这些节点放置到一个集合中返回。计算的流程在代码的注释中有详细说明。

根据前面我们构造的 NFA 状态机，通过观察图形我们可以发现，起始节点 17 经过 ε 边后，可抵达的节点集合为{17,3,9,1,4,5}。调用上面实现的函数，把起始节点传入，看看计算出的 ε 闭包集合是否与我们观察的一致。代码如下：

```
intepretor = NfaIntepretor(pairOut.startNode, "3.14")
nodes = [pairOut.startNode]
s = "ε closure of set "
s += intepretor.printNfaNodeSet(nodes)
s += " are "
closure = intepretor.getEpsilonClosureByNode(nodes)
s += intepretor.printNfaNodeSet(closure)
print(s)
```

运行上述代码，结果如图 4-62 所示。

```
intepretor = NfaIntepretor(pairOut.startNode, "3.14")
nodes = [pairOut.startNode]
s = "ε closure of set "
s += intepretor.printNfaNodeSet(nodes)
s += " are "
closure = intepretor.getEpsilonClosureByNode(nodes)
s += intepretor.printNfaNodeSet(closure)
print(s)

ε closure of set {17} are {17,3,9,1,4,5}
```

图 4-62 代码运行结果

从程序输出的结果看，它计算的关于起始节点的 ε 闭包集合与我们的观察是一致的。

　　接着我们实现转移集合的计算。对于上面的闭包集合，能够接收数字字符的状态节点是 1 和 9，节点 1 接收数字字符后跳转到节点 2，节点 9 接收数字字符后跳转到节点 10，因此其转移集合为 move({17,3,9,1,4,5})= {10,2}。对应的代码实现如下：

```
def moveSet(self, inputSet, char):
    ...
    根据字符 char，计算 inputSet 中节点的转移集合
    ...
    moveSet = []
    for node in inputSet:
        ...
        如果当前节点的边对应输入字符 char，或者节点边是字符集，而且字符集
包含输入字符 char，那么就将节点 next 对应的节点加入 moveSet
        ...
        if node.getEdge() == char:
            moveSet.append(node.next)
        elif node.getEdge() == node.CCL and node.inputSet.
count(ord(char)) > 0:
            moveSet.append(node.next)

    return moveSet
```

调用上面代码，输入前面求得的闭包集合，同时输入数字字符"3"，看看计算的转移集合。代码如下：

```
s = "move set of "
s += intepretor.printNfaNodeSet(closure)
s += " with input char of 3 are "
move = intepretor.moveSet(closure, '3')
s += intepretor.printNfaNodeSet(move)
print(s)
```

运行上述代码，结果如图 4-63 所示。

```
s = "move set of "
s += intepretor.printNfaNodeSet(closure)
s += " with input char of 3 are "
move = intepretor.moveSet(closure, '3')
s += intepretor.printNfaNodeSet(move)
print(s)

move set of {17,3,9,1,4,5} with input char of 3 are {10,2}
```

图 4-63　代码运行结果

从图 4-63 显示的运行结果看，转移集合对应的节点为 10 和 2，这与我们前面的分析是一致的。

7．利用 NFA 状态机识别输入字符串

现在我们看看如何判断给定字符串是否符合状态机对应的正则表达式。识别逻辑在前面描述过，首先获取起始节点的 ε 闭包集合，然后读入一个字符，获取转移集合，再次计算转移集合的 ε 闭包集合。此过程反复进行，当读入最后一个字符，计算出的闭包集合包含接收节点，那么给定字符串就符合正则表达式。相关代码实现如下：

```python
def intepretNfa(self, inputStr):
    ...
    依次读入每个字符，计算 ε 闭合集合和转移集合，当读入最后一个字符，
    对应的 ε 闭合集合含有接收节点，那么字符串就能匹配 NFA 状态机对应的正则
表达式
    ...
    start = self.nfaStartNode
    next = []
    next.append(start)
    print("step into state: {0} ".format(start.getStateNum()),
end = "")
    #先计算起始节点的 ε 闭包集合
    next = self.getEpsilonClosureByNode(next)
    print("it is ε set are: ", end ="")
    print(self.printNfaNodeSet(next))

    current = []
    lastAccepted = False
    for c in inputStr:
        lastAccepted = False
        #计算转移集合及其对应的 ε 闭包集合
        current = self.moveSet(next, c)
        if current is None or len(current) == 0:
            break

        print("it is move set by char {0} are: ".format(c),
end="")
        print(self.printNfaNodeSet(current))
        next = self.getEpsilonClosureByNode(current)
```

```
        print("ε set of current move set are: ",end="")
        print(self.printNfaNodeSet(next))

        if next is not None:
            if self.hasAcceptState(next) is True:
                lastAccepted = True
                print("we have accept state now!")
        else:
            break
        print("-----------")
    if lastAccepted is True:
        print("NFA state machine can accept string :{0}".
format(inputStr) )
    else:
        print("NFA state machine can not accept string :{0}".
format(inputStr) )

def hasAcceptState(self, inputSet):
    isAccepted = False
    if inputSet is None or len(inputSet) == 0:
        return False
    stateNum = -1
    for node in inputSet:
        ...
        遍历集合中每个节点,如果它没有出去的边,那么它就是接收节点
        ...
        if node.next is None and node.next2 is None:
            isAccepted = True
            stateNum = node.getStateNum()
            break
    if isAccepted is True:
        print("Accept State is {0}".format(stateNum))
    return isAccepted
```

我们构造一个数字字符串"3.14",调用上面代码判断其是否能被 NFA
状态机所接收:

```
Intepretor.intepretNfa("3.14")
```

运行上述代码,结果如图 4-64 所示。

代码通过计算节点的 ε 闭包集合与转移集合,在识别最后一个数字
后,集合中包含接收状态节点,因此字符串"3.14"能被表达式 r=
"{D}*\.{D}|{D}\.{D}*"所构造的 NFA 状态机接收。

```
intepretor.intepretNfa("3.14")
step into state: 17 it is ε set are: {17,3,9,1,4,5}
it is move set by char 3 are: {10,2}
ε set of current move set are: {10,2,1,4,5,11}
-----------
it is move set by char . are: {6,12}
ε set of current move set are: {6,12,15,13,16,18,7}
Accept State is 18
we have accept state now!
-----------
it is move set by char 1 are: {14,8}
ε set of current move set are: {14,8,18,13,16}
Accept State is 18
we have accept state now!
-----------
it is move set by char 4 are: {14}
ε set of current move set are: {14,13,16,18}
Accept State is 18
we have accept state now!
-----------
NFA state machine can accept string :3.14
```

图 4-64　代码运行结果

4.15.4　代码分析

我们以层层递进、由简入深的方式大体上构建了一个正则表达式引擎。本节是全书中代码量最大、设计逻辑最复杂的一节，因为我们设计的是一个引擎而不单单是解一道算法题。在现实面试中，不太可能让面试者去编写如此之多的代码，但会考查面试者的算法逻辑和系统设计。

本节设计的正则表达式引擎并非完善的，但基本上将其大体构架实现完毕。当您跟随着笔者千转百回，费劲心机后，突然进入一马平川的平原，想必您能够收获一种豁然开朗的愉悦。

第5章 队列和链表

在算法面试中，链表出现的频率非常高，一是因为链表是数据结构的基础，很多更复杂的高层数据结构的设计大多基于链表之上。其次，链表可以实现多种变化，因此使用链表来考察候选人，既能考察其技术基本功是否扎实，同时又能检验对方的思维灵敏性。所以，链表作为算法面试的常用手段也就不足为奇了。

5.1 递归式实现链表快速倒转

有一道链表面试题，在笔者的面试经历中出现过很多次，很多知名的软件巨头也把它作为面试题。这道题虽然笔者多次遇见，但每次总是不能解答到点子上，因此也无法在面试中得到高分。为此，很有必要把这道题拿出来进行详细分析，让大家不要像笔者一样在面试中错失良机。

5.1.1 题目描述

题目是这样的：给定一个链表，请对该链表实现反转，倒转前的链表如图 5-1 所示。

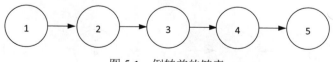

图 5-1 倒转前的链表

倒转后的链表如图 5-2 所示。

图 5-2　倒转后的链表

5.1.2　算法描述

这道题初看起来似乎很简单。假定链表的数据结构如下:

```
class Node:
    def __init__(self, val):
        self.val = val
        self.next = None
```

笔者当时的想法是依赖 3 个指针来实现反转操作,指针 p1 指向第 1 个节点,指针 p2 指向第 2 个节点,指针 p3 指向第 3 个节点,把 p2.next 指向 p1,然后 p1 挪到 p2,p2 挪到 p3,p3 挪到它的下一个节点。想必很多人的思路与笔者是一样的。具体完成过程如下:

```
p1 = node1
p2 = node1.next
p3 = p2.next
p2.next = p1
p2 = p3
p1 = p2
p3 = p3.next;
```

上面的操作一直进行,直到遍历完整个链表为止。上面的办法是可行的,只不过答不到点上,面试官想看的并不是这种做法。况且上面的做法比较复杂,要考虑很多情况,例如要判断指针是否为空,要判断链表是否有 3 个以上的节点等。以前每次遇到这道题,笔者采用的都是上面的做法,做完了自以为答得很好,但面试结果却不是很理想,后来想到更好的解决办法后才知道面试不佳的原因。

这道题其实有更简单、更巧妙的做法。假定链表已经反转为以下情况,如图 5-3 所示。

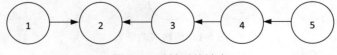

图 5-3　反转后的链表

也就是假定从第 1 个结果开始,后面的节点已经倒转完毕。接下来我们要做的，很简单只要把节点 1 和 2 之间的指向关系倒转一下就可以了。这样就能形成一种递归的思路；如果要倒转的链表有 n 个节点，那么如果第 1 个节点后面的 n–1 个节点已经正确倒转了的话，只要处理第 1 个和第 2 个节点的指向关系就可以了。要使得后 n–1 个节点正确倒转，那么先使得后 n–2 个节点正确倒转。于是就这么递归下去。最后只剩下一个节点时，什么都不用做了。这种思路简单明了，不需要像第 1 种方法那样考虑各种边界条件，这种做法才是面试官真正想要的。我们看看如图 5-4 所示的算法流程图，以便加深理解。

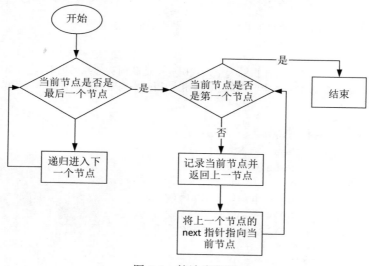

图 5-4　算法流程图

5.1.3　代码实现

根据流程图逻辑，代码实现如下：

```
...
Node 用于表示队列中的节点，它包含两个域，val 表示节点的值，next 指向下一
个节点
...
class Node:
    def __init__(self, val):
        self.next = None
        self.val = val
class ListUtility:
```

```
def __init__(self):
    self.head = None
    self.tail = None
    pass
def createList(self,nodeNum):
    #生成含有 nodeNum 个节点的列表
    if nodeNum <= 0:
        return None
    head = None
    val = 0
    node = None

    #构造给定节点数的队列，每个节点数值依次递增
    while nodeNum > 0:
        ...
```

如果 head 指针为空，代码先构造队列头部；如果不为空，代码构造节点对象。然后用上一个节点的 next 指针指向当前节点，从而将多个节点串联形成队列

```
        ...
        if  head is None:
            head = Node(val)
            node = head
        else:
            node.next = Node(val)
            node = node.next
            self.tail = node
        val += 1
        nodeNum -= 1

    self.head = head
    return head

def printList(self,head):
    ...
```

根据队列头节点，依次遍历队列每个节点对象，并打印出节点值
假设队列含有 3 个节点，节点值分别为 1，2，3，那么代码输出结果为：
1->2->3->null

```
    ...
    while head is not None:
        print("{0}->".format(head.val), end="")
        head = head.next
    print("null")
```

Node 仅仅用来表示一个链表节点；ListUtility 的作用是生成一个用于操

作的链表，同时当给定链表头节点时，把链表打印出来。真正实现链表倒转作用的是下面的代码：

```
class ListReverse:
    def __init__(self, head):
        self.listHead = head
        self.newHead = None
    def recursiveReverse(self, node):
        #如果队列为空或者只有一个节点，那么队列已经倒转完成
        if node is None or node.next is None:
            self.newHead = node
            return node
        ...
        如果队列包含多个节点，那么通过递归调用的方式，先把当前节点之后所
有节点实现倒转，然后再把当前节点之后节点的 next 指针指向自己，从而完成整
个列表所有节点的倒转
        ...
        head = self.recursiveReverse(node.next)
        head.next = node
        node.next = None
        return node
def getReverseList(self):
        listHead 是原队列头节点，执行 recursiveReverse 后 newHead
指向新列表的头节点，它对应的其实是原列表的尾节点，而 head 指向新列表的尾
节点
        ...
        self.recursiveReverse(self.listHead)
        return self.newHead
```

recursiveReverse 做的就是递归性地倒转链表，如果当前只有一个节点，那么链表就已经倒转完毕；如果不止一个节点，那么先把当前节点后面的链表倒转，然后改变当前节点的下一个节点的指向关系，原来是当前节点的 next 指针指向下个节点，现在改成下个节点的 next 指针指向当前节点。

我们先创建一个含有 10 个节点的链表，然后调用上面代码进行倒转，看看运行结果。

```
utility = ListUtility()
head = utility.createList(10)
utility.printList(head)
#执行倒转算法，然后再次打印队列，前后对比看看倒转是否成功
reverse = ListReverse(head)
utility.printList(reverse.getReverseList())
```

在上述代码中，先是生成含有 10 个节点的队列，并打印出来，然后把队列倒转后再次打印出来。运行上述代码，结果如图 5-5 所示。

```
utility = ListUtility()
head = utility.createList(10)
utility.printList(head)
#执行倒转算法，然后再次打印队列，前后对比看看倒转是否成功
reverse = ListReverse(head)
utility.printList(reverse.getReverseList())

0->1->2->3->4->5->6->7->8->9->null
9->8->7->6->5->4->3->2->1->0->null
```

图 5-5　代码运行结果

从运行结果可知，我们的算法设计是正确的。

5.1.4　代码分析

代码调用 createList 先生成一个队列。如果传入参数为 n，createList 的时间复杂度就是 O(n)，因为它根据传入参数的大小，依次构造相应节点并串联后，把队列的头节点返回。

代码接着调用 getReverseList 获得倒转后的队列。倒转的实现在 recursiveReverse，它递归地把当前节点后面节点的 next 指针指向前一个节点，队列有几个节点，该函数就递归几次，因此它的时间复杂度是 O(n)。

代码还调用了 printList 把队列打印出来。该函数遍历队列中每个节点，然后把遍历到的节点信息打印出来，因此它的时间复杂度也是 O(n)。

综上所述，算法的整体时间复杂度是 O(n)。

5.2　链表成环检测

链表结构的一个特点是，由一个节点引出一个指针，指向下一个节点，由此不同节点就能像珍珠一样，串成一条项链。正是这种特性使得对链表结构的考查成为链表算法题的重点，例如检测链表是否绕成环，两条链表是否相交等。

5.2.1　题目描述

检测给定链表是否形成一个环是常见的面试题目。给定一个链表，要求设计算法，判断链表中是否有节点形成一个循环；如果有，给出构成循环的节点个数。要求算法时间复杂度是 O(n)，空间复杂度是 O(1)。

5.2.2　算法描述

在图论中，有一种对图的遍历法称为深度优先搜索。在遍历每个节点时，算法会为其设置一个标志位。如果在读取某个节点前，发现其标志位已经设置了，则表明该节点曾经被访问过。于是，链表中也就存在循环。

问题在于，题目要求空间复杂度是 O(1)，导致算法无法分配多余的空间用作节点的标志位。那么，如何在没有标志位的情况下，判断一个队列中节点是否形成循环呢？

如图 5-6 所示，链表中含有一个环，环的节点数是 6，节点 4~9 形成了一个圆环。试想有一个圆形跑道，甲、乙两人同时在跑道的起点，如果甲的速度是乙的两倍，那么当乙跑完半圈时，甲跑完一圈回到起点；乙跑完一圈时，甲跑完两圈也回到起点。如此一来，甲、乙重新在跑道起点相遇。

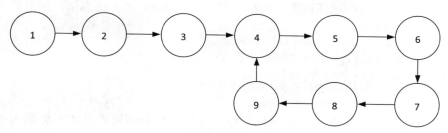

图 5-6　循环链表

采用上面的思路，如果使用两个指针分别从队列的起点出发，一个指针一次遍历 1 个节点，另一个指针一次遍历 2 个节点，如果队列中有环，我们预测两个指针会相遇。

以图 5-6 为例，假设两个指针 h1、h2 同时位于头节点，h1 一次经过 1 个节点，h2 一次经过 2 个节点。我们用 stepCount 来统计节点前进的次数，当它的值为 3 时，两个指针同时进入环中，h1 处于节点 4，h2 处于节点 7。

此时 h1 和 h2 相距 2 个节点，我们用 d 来表示。如果 h2 要追上 h1，也就是前进指定次数后，h2 与 h1 重合，这时 h2 经历的节点数等于 h1 经过的节点数，加上环的长度的整数倍，再加上当前距离 d。如果用 circleLength 来表示环的长度，那么两指针重合时，下面公式成立：

$$2×stepCount–(1×stepCount+d) = k×circleLength \qquad （5-1）$$

k 为任意整数。k=1 时，两指针第一次相遇；k=2 时，两指针第二次相遇。以此类推，如果我们让两个指针不停前进，那么它们将不断地相遇。假设使得两指针第一次相遇的次数用 t1 表示，那么有：

$$2×t1–(1×t1+d) = 1×circleLength \qquad （5-2）$$

如果两指针第二次相遇需要前进的次数是 t2，那么有：

$$2×t2–(1×t2+d) = 2×circleLength \qquad （5-3）$$

用式（5-3）– 式（5-2）就有：

$$t2–t1 = circleLength$$

于是，只要记录第一次相遇时前进的次数，还有第 2 次相遇时前进的次数，两个次数相减就能得到队列中环的长度。

5.2.3 代码实现

为了能够打印循环链表，我们需要对节点 Node 加上标志位。例如：

```python
class Node:
    def __init__(self, val):
        self.next = None
        self.val = val
        #为了打印循环链表，我们给节点加上标志位
        self.visited = False
```

我们给节点加上一个访问标志位，这样打印循环链表时才不会陷入死循环。同时我们修改链表打印函数 printList，它在打印节点前先通过节点的 **visited** 标志位判断其是否已经打印过，如果该值为真，那表明队列的遍历进入了循环。修改如下：

```python
def printList(self,head):
    ...
        根据队列头节点，依次遍历队列每个节点对象，并打印出节点值。
        假设队列含有 3 个节点，节点值分别为 1，2，3，那么代码输出结果为：
        1->2->3->null
```

```
    ...
    while head is not None and head.visited is False:
        print("{0}->".format(head.val), end="")
        head.visited = True
        head = head.next
    print("null")
```

接着我们在 ListUtility 中增加一个函数，用于创建含有环的队列。代码如下：

```
def createList(self,nodeNum):
    #生成含有 nodeNum 个节点的列表
    if nodeNum <= 0:
        return None
    head = None
    val = 0
    node = None

    #构造给定节点数的队列，每个节点数值依次递增
    while nodeNum > 0:
```
...

如果 head 指针为空，代码先构造队列头部。如果不为空，代码构造节点对象。

然后用上一个节点的 next 指针指向当前节点，从而将多个节点串联形成队列

...

```
        if head is None:
            head = Node(val)
            node = head
        else:
            node.next = Node(val)
            node = node.next
            self.tail = node
        val += 1
        nodeNum -= 1

    self.head = head

    return head
```

上面代码把尾部节点的 next 指针指向队列中间某个节点，这样队列就能形成一个环。接着我们把前面讲述的查找环的算法用代码实现如下：

```
class CircleList:
    def __init__(self):
        #对应每次遍历一个节点的指针
```

```
        self.stepOne = None
        #对应每次遍历两个节点的指针
        self.stepTwo = None
        self.visitCount = 0
        self.lenOfFirstVisit = 0
        self.lenOfSecondVisit = 0
        self.stepCount = 0

    def getCircleLength(self, head):
        self.stepOne = head
        self.stepTwo = head

        while self.visitCount < 2:
            #让两指针分别前进
            if self.goOneStep() is False or self.goTwoStep() is
False:
                break
            self.stepCount += 1
            #记录两指针相遇时前进的次数
            if self.stepOne == self.stepTwo:
                self.visitCount += 1
                if self.visitCount == 1:
                    self.lenOfFirstVisit = self.stepCount
                if self.visitCount == 2:
                    self.lenOfSecondVisit = self.stepCount

        return self.lenOfSecondVisit - self.lenOfFirstVisit
    def goOneStep(self):
        if self.stepOne is None or self.stepOne.next is None:
            return False
        self.stepOne = self.stepOne.next
        return True
    def goTwoStep(self):
        if self.stepTwo is None or self.stepTwo.next is None or
self.stepTwo.next.next is None:
            return False
        self.stepTwo = self.stepTwo.next.next
        return True
```

在 getCircleLength 中，它调用 goOneStep 和 goTwoStep 让两个指针分别前进一步和两步，然后检测两指针是否相遇。第一次相遇时记录前进的次数，第二次相遇时也记录下前进次数，然后把两次次数相减，就能得到环的长度。

我们创建一条含有环的队列，然后调用上面的代码，看看能否成功地检测出环的长度。代码如下：

```
util = ListUtility()
head = util.createCircleList(10, 6)
util.printList(head)
cl = CircleList()
lens = cl.getCircleLength(head)
print("len of circle len is : {0}".format(lens))
```

代码创建了一个含有 10 个节点的队列，同时设置队列中环的长度为 6，于是在 createCircleList 的实现中，它会把末尾节点 9 的 next 指针指向节点 4，于是节点 4、5、6、7、8、9 就构成了一个含有 6 个元素的环。运行上述代码，结果如图 5-7 所示。

```
util = ListUtility()
head = util.createCircleList(10, 6)
util.printList(head)
cl = CircleList()
lens = cl.getCircleLength(head)
print("len of circle len is : {0}".format(lens))

circle begin with node: 4
0->1->2->3->4->5->6->7->8->9->null
len of circle len is : 6
```

图 5-7　代码运行结果

运行结果表明，代码成功地给出了圆环的长度，由此证明我们算法的实现是正确的。

5.2.4　代码分析

算法的时间复杂度主要在 getCircleList 中的 while 循环。根据式（5-2），两个指针相遇，此时 while 循环的次数就是 t1。从式（5-1）中解出 t1 = circleLength–d，无论是 d 还是 circleLength，它们的大小都不超过队列的长度 n。

两指针第二次相遇时满足式（5-3），其中的 t2 对应的是指针相遇时 while 循环的次数。从式（5-3）中把 t2 解出来，有 t2 = 2×circleLength - d，因此 t2 的值小于 2×n。

综上所述，while 循环次数不超过 2n，因此算法的时间复杂度是 O(n)。由于算法没有申请多余内存，因此空间复杂度是 O(1)。

5.3 在 O(1)时间内删除单链表非末尾节点

链表和数组在结构上有相似之处。链表的优势是数组的劣势，数组的优势反过来又是链表的劣势。例如，往链表中添加或删除节点很容易，而对数组来说，增删元素却很困难；而定位数组中的元素很容易，对链表而言却很麻烦。在有关链表的算法题中，元素的插入、删除、查找往往就是考查的重点。

5.3.1 题目描述

对于一个单向连接的链表，给定其中某个非末尾的任意节点，要求在O(1)时间内删除该节点。

5.3.2 算法描述

链表节点的删除通常需要从起始节点开始遍历，遍历到被删除节点的前一个节点，然后把前一个节点的 next 指针指向被删除节点的下一个节点。但如果时间要求是 O(1)的话，则意味着不允许遍历。

我们先假设被删除的节点不是链表末尾节点，例如给定链表如图 5-8 所示。

图 5-8 示例链表

假设要删除中间节点 3，通常做法是从节点 1 开始遍历到节点 2，然后把节点 2 的指针指向节点 4。由于题目 O(1)时间限制，我们无法从头遍历。于是使用一个小技巧，把节点 4 的值复制到节点 3，然后把原来节点 3 的next 指针指向节点 5，如图 5-9 所示。

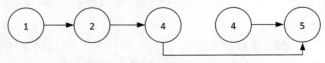

图 5-9 节点删除示例

5.3.3　代码实现

根据算法描述中的逻辑步骤，我们用代码实现如下：

```
def deleteNode(node):
    if node.next is None:
        return
    #把下一个节点的值复制到当前节点
    node.val = node.next.val
    #把当前节点的next指针指向下下个节点
    node.next = node.next.next
def showList(head):
    while head is not None:
        print("{0}->".format(head.val), end="")
        head = head.next
    print("null")
```

deleteNode 实现上文描述的节点删除算法，showList 将队列打印出来，它不属于算法实现部分。接下来，先创建一个含有 10 个节点的队列并打印出来，然后把第二个节点调用 deleteNode 删除，接着再次打印删除后的队列。

```
util = ListUtility()
head = util.createList(10)
print("List before node deletetion:")
showList(head)

#假设要删除数值为2的节点，先从头节点遍历得到该节点
nodeDelete = 2
node = head
while nodeDelete > 0:
    node = node.next
    nodeDelete -= 1
#调用deleteNode删除给定节点
deleteNode(node)
print("List after node deletion:")
util.printList(head)
```

运行上述代码，结果如图 5-10 所示。

代码先找到要删除的节点 2，执行 deleteNode 进行删除。根据节点删除后打印的队列来看，删除逻辑是正确的。

```
util = ListUtility()
head = util.createList(10)
print("List before node deletetion:")
showList(head)

#假设要删除数值为2的节点，先从头节点遍历得到该节点
nodeDelete = 2
node = head
while nodeDelete > 0:
    node = node.next
    nodeDelete -= 1
#调用deleteNode删除给定节点
deleteNode(node)
print("List after node deletion:")
util.printList(head)
```

```
List before node deletetion:
0->1->2->3->4->5->6->7->8->9->null
List after node deletion:
0->1->3->4->5->6->7->8->9->null
```

图 5-10　代码运行结果

5.3.4　代码分析

deleteNode 函数的实现并没有遍历，只是把当前节点值设置成下一个节点值，并把当前节点的 next 指针指向下下个节点，因此算法时间复杂度是 O(1)。

5.4　获取重合列表的第一个相交节点

假设有两个单向链表产生了重叠，情况如图 5-11 所示。

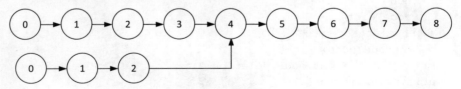

图 5-11　重叠列表

从图 5-11 可以看到，两个链表在节点 5 处开始融合。

5.4.1　题目描述

要求设计一个时间复杂度为 O(n)的算法，返回两链表相交时第一个节点，对于图 5-11 来说就是要返回节点 4。

5.4.2　算法描述

可以肯定的是，两个重叠链表末尾节点是两个链表的共同节点。于是，要确定两个链表的第一个共同节点，我们先获取末尾节点，将其删除，然后再从头遍历两个链表，如果它们末尾节点相同，则表明链表仍然重合。

如此依次去掉末尾的重合节点，然后再遍历查找新的末尾节点。反复进行，直到两个链表没有共同末尾节点为止，那么最后去掉的共同末尾节点就是两个链表的首次相交节点。但这种做法需要重复对链表进行遍历，其时间复杂度是 $O(n^2)$，我们需要寻找更有效的算法。

假设第一个链表，从头节点到首次相交节点，所经历的距离用 T1 表示，根据图 5-11，T1 = 5。也就是从头节点 1 开始，经历节点 0、1、2、3 总共 4 个节点后抵达节点 4。

用 T3 表示链表 2 从头节点到首次相交节点的距离，根据图 5-11，T3 = 3。

用 T2 表示两链表重合部分的节点数，根据图 5-11，T2 = 5。

由此链表 1 的长度为：

$$T1+ T2 \tag{5-4}$$

链表 2 的长度为：

$$T3 + T2 \tag{5-5}$$

如果能算出 T3 的值，然后从链表 2 头节点开始，经过 T3 − 1 步后就能抵达首次相交节点，问题是如何计算 T3 的值。

对于 T3 的计算，需要一个小技巧。我们把链表 2 倒转，得到如下情形，如图 5-12 所示。

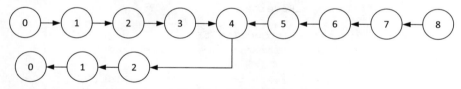

图 5-12　链表 2 倒转

如果从链表 1 的头节点开始遍历，那么从上头的节点 1 出发，回到队列 2 的节点 1 结束。因此队列 2 倒转后，从队列 1 的头节点开始遍历，所得队列长度就是：

$$T1 + T3 + 1 \tag{5-6}$$

于是式（5-4）、式（5-5）、式（5-6）就构成了 3 个变量 3 个方程的方程组，这样就可以把 T3 解出来：

式（5-6）－ 式（5-4）=T1+T3+1–(T1+T2)=T3–T2+1

式（5-6）－ 式（5-4）+ 式（5-5）=T3–T2+1+(T3+T2)=2×T3+1

通过上面计算反解出 T3 后，便可得到两队列首次相交节点。

5.4.3　代码实现

我们先在 ListUtility 中增加一个函数 getNodeByIdx，用于取得队列给定节点：

```python
def getNodeByIdx(self, num):
    node = self.head
    while num > 0:
        if node is not None:
            node = node.next
        num -= 1

    return node
```

接着用代码实现前面所推导的步骤：

```python
class ListIntersetFinder:
    def __init__(self, listHead1, listHead2):
        #记录队列 1 和队列 2 的头节点
        self.listHead1 = listHead1
        self.listHead2 = listHead2
        # t1 + t2
        self.firstListLen = self.getListLen(self.listHead1)
        #t3 + t2
        self.secondListLen = self.getListLen(self.listHead2)
        #t1 + t3
        self.lenAfterReverse = 0

    def getFirstIntersetNode(self):
        listReverse = ListReverse(self.listHead2)
        #先把队列 2 倒转
        reverseHead = listReverse.getReverseList()
        #倒转后，从队列 1 的头节点开始遍历，直到队列 2 的头节点
```

```
        self.lenAfterReverse = self.getListLen(self.listHead1)
        t3 = ((self.lenAfterReverse - self.firstListLen) + self.
secondListLen - 1) / 2
        steps = self.secondListLen - t3 - 1
        while steps > 0:
            reverseHead = reverseHead.next
            steps -= 1
        return reverseHead
    def getListLen(self, head):
        len = 0
        while head is not None:
        head = head.next
        len += 1
        return len
```

创建两个重叠队列，调用上面代码查找首个相交节点：

```
util1 = ListUtility()
util2 = ListUtility()

list1 = util1.createList(9)
list2 = util2.createList(3)

#构造重叠队列
node = util1.getNodeByIdx(4)
tail = util2.getNodeByIdx(2)
tail.next = node

checker = ListIntersetFinder(list1, list2)
interset = checker.getFirstIntersetNode()
print("The first interset node is : {0}".format(interset.val))
```

运行上述代码，结果如图 5-13 所示。

```
util1 = ListUtility()
util2 = ListUtility()

list1 = util1.createList(9)
list2 = util2.createList(3)

#构造重叠列列
node = util1.getNodeByIdx(4)
tail = util2.getNodeByIdx(2)
tail.next = node

checker = ListIntersetFinder(list1, list2)
interset = checker.getFirstIntersetNode()
print("The first interset node is : {0}".format(interset.val))

The first interset node is : 4
```

图 5-13　代码运行结果

从运行结果看，代码正确地找到了重叠队列的第一个相交节点。

5.4.4　代码分析

代码实现时，需要对两个队列进行遍历，时间复杂度为 O(n)；同时需要对队列 2 进行倒转，因此时间复杂度也是 O(n)；然后从队列 1 的起始节点开始遍历到队列 2 的起始节点，时间复杂度也是 O(n)，因此算法的总时间复杂度是 O(n)。

5.5　单向链表的奇偶排序

给定一个单向链表，要求实现一个算法，把链表分为两部分，前一部分链表节点数值全为偶数，后一部分链表节点数值全为奇数。假设给定链表如图 5-14 所示。

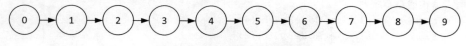

图 5-14　含有奇偶数值的链表

5.5.1　题目描述

设计一个算法，将上面链表修改为如图 5-15 所示的形式。

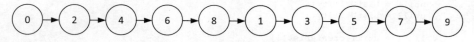

图 5-15　奇偶节点分开后链表

要求算法不能分配多余内存，同时在操作链表时，不能更改节点内容，只能更改节点的 next 指针。

5.5.2　算法描述

如果可以分配新内存，我们可以先复制所有偶数节点，串成一个队列；然后再复制所有奇数节点，串成一个队列；最后把两队列相连。但题目限制了内存分配，所以必须要另辟蹊径。

我们可以这么做，用一个指针 evenHead 专门指向偶数节点，用另一个指针 oddHead 专门指向奇数节点，注意到偶数节点的下一个节点正好是奇数节点。这样我们把 evenHead.next 指向 oddHead.next，然后 evenHead 沿着 next 指针步入下一个节点，再把 oddHead.next 指向 evenHead.next，接着 oddHead 沿着 next 指针进入下一个节点，如此反复进行。

队列的改动过程如下，首先 evenHead 和 oddHead 分别指向首个偶数节点和奇数节点，如图 5-16 所示。

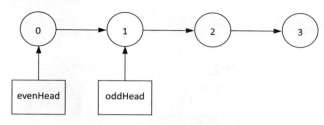

图 5-16 奇偶指针指向首节点

evenHead 指向节点 0，oddHead 指向节点 1，oddHead.next 指向节点 2。如果把 evenHead 的 next 指向 oddHead 的 next，那就把节点 0 和节点 2 连在一起；然后再把 evenHead 沿着 next 指针进入下一个节点，情形如图 5-17 所示。

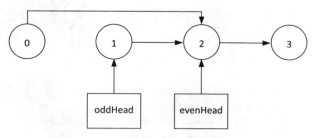

图 5-17 队列根据指针指向转换

此时 evenHead 的 next 指针指向节点 3，正好是下一个奇数节点，于是把 oddHead 指向节点的 next 指向 evenHead 的 next 就可以实现奇数节点连接在一起，如图 5-18 所示。

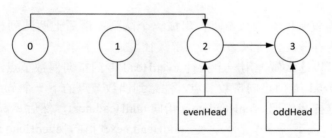

图 5-18　oddHead 连接下一个奇数节点

将上述操作反复进行，直到遍历整个队列。

5.5.3　代码实现

根据前面所述的算法逻辑，我们将其用代码实现如下：

```python
class EvenOddListSorter:
    def __init__(self, listHead):
        self.listHead = listHead
    def sort(self):
        if self.listHead is None or self.listHead.next is None:
            return self.listHead
        #将 evenHead 和 oddHead 分别指向首个偶数节点和奇数节点
        evenHead = self.listHead
        oddHead = self.listHead.next
        oddHeadCopy = oddHead
        evenTail = evenHead

        while evenHead is not None and oddHead is not None:
            #把 evenHead.next 指向 oddHead.next
            evenTail = evenHead
            evenHead.next = oddHead.next
            evenHead = evenHead.next
            #把 oddHead.next 指向 evenHead.next
            if evenHead is not None:
                evenTail = evenHead
                oddHead.next = evenHead.next
                oddHead = oddHead.next
        #把偶数队列和奇数队列首尾相连
        evenTail.next = oddHeadCopy
        return self.listHead
```

上面代码根据 evenHead 和 oddHead 两个指针把偶数节点和奇数节点串

联起来。接着我们构造一个队列，调用上面代码实现队列节点的奇偶排列：

```
util = ListUtility()
head = util.createList(10)
sorter = EvenOddListSorter(head)
head = sorter.sort()
util.printList(head)
```

运行上述代码，结果如图 5-19 所示。

```
util = ListUtility()
head = util.createList(10)
sorter = EvenOddListSorter(head)
head = sorter.sort()
util.printList(head)

0->2->4->6->8->1->3->5->7->9->null
```

图 5-19　代码运行结果

从运行结果看，队列确实实现了节点的奇偶性排序。

5.5.4　代码分析

算法在运行过程中没有分配新内存，因此空间复杂度是 O(1)，代码中的 evenHead 指向队列中所有偶数节点，oddHead 指向队列中所有奇数节点，所以代码只对队列遍历了一次，因此时间复杂度是 O(n)。

5.6　双指针单向链表的自我复制

有一种特殊链表——Posting 链表，如图 5-20 所示。

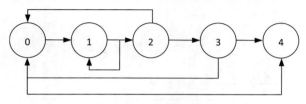

图 5-20　Posting 链表

这种链表的一个特点是，除了 next 指针指向下一个节点外，它还多了一个 jump 指针，这个指针指向队列中的某个节点，这个节点可以是它自己，也可以是其他节点。例如，图 5-20 中节点 0 的 jump 指针指向了节点 4，而节点 1 的 jump 指针指向它自己。这种链表有一个专门的名称，叫做 Posting List。

5.6.1 题目描述

要求设计一个算法，复制给定的 Posting List。算法的时间复杂度是 O(n)；算法除了分配节点所需内存外，不能分配多余内存。算法可以更改原队列，但更改后需要将队列恢复原状。

5.6.2 算法描述

这道题有一定难度，难点在于如何复制 jump 指针。一种简单的做法是，不考虑 jump 指针，先把队列复制出来，然后再考虑如何处置 jump 指针。

具体做法是，给定一个具体节点，然后将队列遍历一次，判断 jump 节点与当前节点距离。例如给定节点 0，通过遍历得知，其 jump 指针指向与当前节点有 4 个节点距离的节点，在复制新队列时，从新复制节点 0 往后走 4 个节点，找到新复制的节点 4，然后把新节点 0 的 jump 指针指向新生成的节点 4。

这种做法有个问题是，设置每个节点的 jump 指针时，都得将队列遍历一次，这样整个算法复杂度是 O(n²)，但题目要求时间复杂度是 O(n)，因此必须思考新办法。我们可以尝试如下做法。

首先遍历队列，为每个节点生成一个复制节点，如图 5-21 所示。

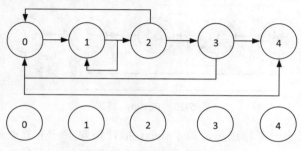

图 5-21 复制队列节点

接着把原队列节点的 next 指针指向对应的复制节点，复制节点的 next
指针指向原节点 next 指针指向的节点，如图 5-22 所示。

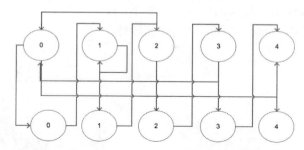

图 5-22　复制节点的 next 指针指向原节点 next 指针指向的节点

经过上面变动后，原节点与复制节点连接起来，同时原队列的连接性
仍然得以保持。例如，原来节点 0 要抵达其下一个节点，只需要通过 next
指针抵达复制节点，然后再通过复制节点的 next 指针就可以抵达原队列的
节点 1。

此时新节点的 jump 指针就容易设置了。例如，要设置复制节点 0 的
jump 指针，先通过原节点的 jump 指针找到节点 4，然后通过节点 4 的 next
指针找到其复制节点，再把复制节点的 jump 指针设置成节点 4 的复制节点
即可。

如果用 node 表示原节点，cpNode 表示复制节点，那么下面代码可以设
置复制节点的 jump 指针：

```
cpNode = node.next #获得复制节点
cpNode.jmp = node.jump.next #设置 jump 指针
```

遍历原队列每个节点，采用上面操作，这样新复制节点的 jump 指针就
能够正确设置。接下来，恢复原队列，以及设置复制节点的 next 指针。由
于复制节点的 next 指向原节点的 next 对象，因此只需要把原节点的 next 指
向复制节点的 next 就可以恢复原状。

复制节点 0 的 next 指针要想指向复制节点 1，需先通过自己的 next 指
针找到原节点 1，然后通过原节点 1 的 next 指针找到其复制节点，这样复制
节点 0 的 next 指针就可以指向复制节点 1 了。实现代码如下：

```
cpNode = node.next #获得复制节点
node.next = cpNode.next #恢复原节点的 next 指针
node = node.next
cpNode.next = node.next #将复制节点的 next 指针指向对应的下一个复制
节点
```

5.6.3　代码实现

把上面描述综合起来的代码实现如下。

我们先修改 Node，增加一个 jump 指针：

```
import random
...
Node 用于表示队列中的节点，它包含两个域，val 表示节点的值，next 指向下一
个节点
...
class Node:
    def __init__(self, val):
        self.next = None
        self.val = val
        #为了打印循环链表，我们给节点加上标志位
        self.visited = False
        #增加 jump 指针
        self.jump = None
```

我们在 ListUtility 中增加创建 Posting 队列的代码：

```
class ListUtility:
    def __init__(self):
        self.head = None
        self.tail = None
        self.map = {}
        pass
    def createList(self,nodeNum):
        #生成含有 nodeNum 个节点的列表
        if nodeNum <= 0:
            return None
        self.listLength = nodeNum

        head = None
        val = 0
        node = None

        #构造给定节点数的队列，每个节点数值依次递增
        while nodeNum > 0:
            ...
            如果 head 指针为空，代码先构造队列头部。如果不为空，代码构造
节点对象
            然后用上一个节点的 next 指针指向当前节点，从而将多个节点串联
形成队列
            ...
```

```
        if  head is None:
            head = Node(val)
            node = head
        else:
            node.next = Node(val)
            node = node.next
            self.tail = node
        #将节点值与节点对象对应在 map 里，为后续设置 jump 指针做准备
        self.map[val] = node
        val += 1
        nodeNum -= 1

    self.head = head

    return head
def createJumpNode(self, head):
    ...
    把节点的 jump 指针随机地指向队列中其他节点
    ...
    while head is not None:
        n = random.randint(0, self.listLength - 1)
        head.jump = self.map[n]
        head = head.next

def printPostingList(self, head):
    while head is not None:
        print("(node val: {0} jump val: {1}) -> ".format
(head.val, head.jump.val), end="")
        head = head.next
    print("null")
...
```

　　我们在代码中增加了一个 map，用于将节点值和节点对象对应起来，以便构造 jump 指针指向节点。在 createJumpNode 函数里，代码遍历每个节点，然后取一个随机值，利用该值从 map 中找到对应节点对象，再把节点的 jump 指针指向从 map 中查询到的节点。

　　我们用代码创建一个 Posting 列表，然后打印出来：

```
util = ListUtility()
head = util.createList(10)
util.createJumpNode(head)
util.printPostingList(head)
```

运行上述代码，结果如图 5-23 所示。

```
util = ListUtility()
head = util.createList(10)
util.createJumpNode(head)
util.printPostingList(head)
```

```
(node val: 0 jump val: 0) -> (node val: 1 jump val: 9) -> (node
val: 3 jump val: 5) -> (node val: 4 jump val: 9) -> (node val: 5 jump val: 1) -> (node val: 6
jump val: 5) -> (node val: 7 jump val: 0) -> (node val: 8 jump val: 4) -> (node val: 9 jump v
al: 2) -> null
```

图 5-23　Posting 链表生成结果

接着实现算法描述中的复制步骤，代码实现如下：

```
class PostingListCopy:
    def __init__(self, head):
        self.originalHead = head
        self.copyHead = None
    def copyPostingList(self):
        self.createPostingNodes()
        self.createJumpNodes()
        self.adjustNextPointer()
        return self.copyHead

    def createPostingNodes(self):
        node = None
        tempHead = self.originalHead
        #先逐个复制原队列的每个节点
        while tempHead is not None:
            node = Node(tempHead.val)
            #把复制节点的 next 指针指向原节点 next 指针指向的节点
            node.next = tempHead.next
            #把原节点的 next 指针指向复制节点
            tempHead.next = node
            #当前节点通过复制节点的 next 指针进入其下一个节点
    tempHead = node.next
        def createJumpNodes(self):
        temp = self.originalHead
        #指向复制队列的头节点
        self.copyHead = temp.next
        while temp is not None:
            cpNode = temp.next
            #temp.jump 对应的是原节点 jump 指针执行的对象，jump.next
指向原节点 jump 指针指向对象的复制节点
            cpNode.jump = temp.jump.next
            #通过复制节点的 next 指针进入原节点后面的节点
            temp = cpNode.next
```

```
def adjustNextPointer(self):
    #恢复原队列节点的next指针
    temp = self.originalHead
    while temp is not None:
        #通过原节点的next指针获得复制节点
        cpNode = temp.next
        #复制节点的next指向原节点的next
        temp.next = cpNode.next
        temp = temp.next
        if temp is not None:
            cpNode = temp.next
        else:
            cpNode.next = None
```

creatingPostingNode 用于将原队列的节点进行复制，并把原节点的 next 指针指向复制节点，同时复制节点的 next 指针指向原节点的下一个节点。

在 createJumpNodes 中，通过原节点的 jump 指针找到对应节点，接着通过对应节点的 next 指针找到其在复制队列中的复制节点，然后原节点的复制节点就可以把 jump 指针设置为原节点 jump 指针指向节点在复制队列里的对象。

adjustNextPointer 用于把原队列中的 next 指针恢复，因为原队列 next 指针指向的对象对应于其复制节点 next 指针指向的对象，于是把复制节点 next 指针指向对象设置回原节点的 next 指针即可。

接下来，调用上面代码复制前面生成的 Posting 队列：

```
pc = PostingListCopy(head)
copyHead = pc.copyPostingList()
print("print copied posting list:")
util.printPostingList(copyHead)
```

运行上述代码，结果如图 5-24 所示。

```
pc = PostingListCopy(head)
copyHead = pc.copyPostingList()
print("print copied posting list:")
util.printPostingList(copyHead)
```

```
print copied posting list:
(node val: 0 jump val: 0) -> (node val: 1 jump val: 9) -> (node val: 2 jump val: 6) -> (node
val: 3 jump val: 5) -> (node val: 4 jump val: 9) -> (node val: 5 jump val: 1) -> (node val: 6
jump val: 5) -> (node val: 7 jump val: 0) -> (node val: 8 jump val: 4) -> (node val: 9 jump v
al: 2) -> null
```

图 5-24　代码运行结果

从运行结果看，打印出来的队列内容与前面我们打印的原队列内容是一样的，因此代码实现是正确的。

5.6.4 代码分析

在复制过程中调用的 3 个函数都只执行一个 while 循环，它把队列中每个节点遍历一遍，因此算法的时间复杂度是 O(n)。

5.7 利用链表层级打印二叉树

给定一个二叉树，如图 5-25 所示。

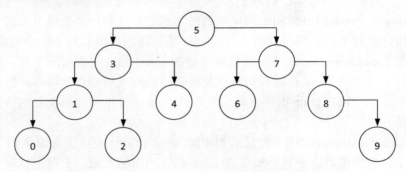

图 5-25　二叉树

二叉树的打印方式有 3 种，分别是前序遍历、中序遍历、后续遍历。除此之外，还能按照层级，把处于不同层次的节点从高到低依次打印。

5.7.1 题目描述

要求实现算法，把二叉树的节点逐层打印出来。例如，先打印最高层节点 5；然后打印第二层，也就是节点 3、7；接着打印第三层，也就是节点 1、4、6、8；最后打印底层，也就是节点 0、2、9。

5.7.2 算法描述

使用队列可以很方便地实现该功能。步骤如下：

（1）首先把根节点加入队列。

（2）把队列头节点打印出来，然后将该节点的左右孩子加入队列。

（3）重新执行步骤（2）。

5.7.3　代码实现

首先用代码构建一颗二叉树：

```
class TreeNode:
    def __init__(self, val):
        self.val = val
        self.left = None
        self.right = None
class TreeUtility:
    def __init__(self):
        self.treeHead = None
    def createTree(self):
        vals = [5,7,3,1,2,6,8,4,9,0]
        for val in vals:
            self.insertTreeNode(val)
        return self.treeHead
    def insertTreeNode(self, val):
        if self.treeHead is None:
            self.treeHead = TreeNode(val)
            return

        node = self.treeHead
        while node is not None:
            #如果插入节点的值小于当前节点，那么将其加入左子树
            if node.val > val and node.left is not None:
                node = node.left
                continue
            #如果插入节点的值大于当前节点，将其加入右子树
            if node.val <= val and node.right is not None:
                node = node.right
                continue

            temp = TreeNode(val)
            if node.val > val:
                node.left = temp
                break
            else:
                node.right = temp
                break
```

上述代码创建一棵树，并返回根节点。接着利用一个队列并根据二叉树的层次关系，把树中的节点依次打印出来。代码实现如下：

```python
def printTree(head):
    if head is None:
        return
    treeNodeList = []
    treeNodeList.append(head)

    while len(treeNodeList) > 0:
        t = treeNodeList[0]
        del(treeNodeList[0])

        print("{0} ".format(t.val), end="")
        if t.left is not None:
            treeNodeList.append(t.left)
        if t.right is not None:
            treeNodeList.append(t.right)

tree = TreeUtility()
head = tree.createTree()
printTree(head)
```

上面的代码根据前面描述的算法步骤，将输入的二叉树节点依次加入队列，然后逐个打印出来。运行上述代码，结果如图 5-26 所示。

```python
def printTree(head):
    if head is None:
        return
    treeNodeList = []
    treeNodeList.append(head)

    while len(treeNodeList) > 0:
        t = treeNodeList[0]
        del(treeNodeList[0])

        print("{0} ".format(t.val), end="")
        if t.left is not None:
            treeNodeList.append(t.left)
        if t.right is not None:
            treeNodeList.append(t.right)

tree = TreeUtility()
head = tree.createTree()
printTree(head)
5 3 7 1 4 6 8 0 2 9
```

图 5-26　代码运行结果

5.7.4　代码分析

在 printTree 的实现中，代码依次将二叉树节点加入队列，然后从队列头部取出元素进行打印，直到队列中没有元素为止，因此其中的 while 循环执行的次数与加入队列中的元素个数相当。如果二叉树的节点个数是 n，那么 printTree 的时间复杂度就是 $O(n)$。

第 6 章　堆栈和队列

堆栈的特点是后进先出。很多复杂的功能设计一旦使用堆栈后，在工程实现上会得到极大的简化。如今使用范围广泛的 Java 编程语言，其虚拟机的实现，就是以堆栈作为基本架构。由于堆栈在工程实践中的广泛运用，因此在面试中它会屡屡出现。

6.1　利用堆栈计算逆向波兰表达式

对于一个四则运算表达式字符串，如果它满足逆向波兰表达式，那么它要满足以下条件：
（1）该表达式含有一个数字字符或一串数字字符。
（2）它满足给定格式，例如"A,B,。"，其中 A,B 是波兰逆向表达式，句号"。"表示 4 种运算符"+""－""*""/"之一。
例如字符串"3,4,*,1,2,+,+"满足逆向波兰表达式，该表达式的值为3*4+(1+2)= 15。

6.1.1　题目描述

给定一个逆向波兰表达式，要求选取一种合适的数据结构并设计算法，计算出表达式的值。

6.1.2　算法描述

处理逆向波兰表达式最后的数据结构就是堆栈。我们使用该数据结构解决问题的步骤如下：

（1）如果当前字符是数字，把数字压入堆栈。

（2）如果当前字符是运算符，从堆栈弹出两个元素，根据运算符做相应运算后，将结果压入堆栈。

（3）当所有字符处理完毕后，堆栈上包含的数值就是表达式的值。

我们根据给定例子，将上面算法走一遍。

首先读取字符"3"，压入堆栈：

Stack:3

读入第 2 个字符"4"，也压入堆栈：

Stack:3,4

读入第 3 个字符"*"，由于其是运算符，因此弹出堆栈顶部两个元素，做乘法运算，再将结果压入堆栈：

Stack:12

读入第 4 个字符"1"，将其压入堆栈：

Stack:12,1

读入第 5 个字符"2"，将其压入堆栈：

Stack:12,1,2

读入第 6 个字符"+"，由于其是运算符，将堆栈顶部两个元素弹出，做加法运算后将结果压入堆栈：

Stack:12,3

读入第 7 个字符"+"，由于其是运算符，将堆栈顶部两个元素弹出，做加法运算后将结果压入堆栈：

Stack:15

此时所有字符读取完毕，堆栈上的数值 15 就是逆向波兰表达式的结果。

6.1.3　代码实现

根据上面算法描述，对应代码实现如下：

```python
class ReversePolishExpr:
    def __init__(self, expr):
        self.expression = expr
        self.stack = []
    def calculation(self):
```

```
        exprs = self.expression.split(',')
        for expr in exprs:
            if self.isOperator(expr) and len(self.stack) < 2:
                raise RuntimeError('stack less than 2 elements')
            if self.isOperator(expr):
                #如果当前字符是操作符，那么将堆栈顶部两个元素弹出后进行
计算
                self.doCalculation(expr)
            else:
                #如果当前字符是数字，将其压入堆栈
                self.stack.append(int(expr))

        return self.stack.pop()
    def isOperator(self, expr):
        if len(expr) > 1:
            return False
        if expr == "+" or expr == "-" or expr == "*" or expr == "/":
            return True
        return False
    def doCalculation(self, operator):
        ...
        如果当前读入的是操作符，弹出堆栈顶部的两个元素，根据操作符进行计
算，再把结果压入堆栈
        ...
        op1 = self.stack.pop()
        op2 = self.stack.pop()

        if operator == "+":
            self.stack.append(op1 + op2)
        elif operator == "-":
            self.stack.append(op1 - op2)
        elif operator == "*":
            self.stack.append(op1 * op2)
        elif operator == "/":
            self.stack.append(op1 / op2)
```

接着我们调用上面代码并传入一个逆向波兰表达式，然后检测结果是否正确。代码如下：

```
rp = ReversePolishExpr("3,4,*,1,2,+,+")
print("result of reverse polish expression is
{0}".format(rp.calculation()))
```

运行上述代码，结果如图 6-1 所示。

从运行结果看，得到的结果 15 与我们先前分析的结果是一致的。

```
In [3]: rp = ReversePolishExpr("3,4,*,1,2,+,+")
        print("result of reverse polish expression is {0}".format(rp.calculation()))

        result of reverse polish expression is 15
```

图 6-1　代码运行结果

6.1.4　代码分析

算法的主要流程是，依次读入字符串字符，将其压入堆栈，如果字符是操作符，则将堆栈元素弹出进行相应运算，如果字符串字符个数是 n，那么算法的复杂度就是 O(n)。

6.2　计算堆栈当前元素最大值

针对堆栈的常用操作有：pop，弹出堆栈顶部元素；push，向堆栈压入一个元素；peek，获得堆栈顶部元素值，但不把元素弹出堆栈。现在需要增加一个操作——max，它返回当前所有元素中的最大值。例如当前堆栈元素如下：

Stack:5,2,4,3

那么 max 操作返回值是 5。加入堆栈后又压入元素：

Stack:5,2,4,3,6,1,10,8

那么调用 max() 得到的结果是 10。假如我们采取 pop 操作，弹出栈顶两个元素：

Stack:5,2,4,3,6

此时调用 max() 返回结果是 6。

6.2.1　题目描述

给定一个堆栈，请给出时间复杂度为 O(1) 的 max 实现。

6.2.2　算法描述

题目的关键在于，如果堆栈仅仅压入元素，那么返回最大值不难，只要把压入元素的最大值记录下来即可。问题在于算法必须考虑弹出操作，弹出后，堆栈的当前最大值可能在不断变化；如果是压入和弹出交叉进行，那么情况就更复杂。

解决该问题的算法如下：

（1）每次压入堆栈时，用一个变量 maxVal 记录堆栈当前最大值。

（2）创建一个新堆栈 maxStack，当压入元素的值大于当前最大值时，将该元素压入 maxStack。

（3）弹出一个元素时，如果弹出的元素是当前最大值，那么把 maxStack 顶部的元素也弹出，然后把 maxVal 设置成 maxStack 顶部的元素。

6.2.3　代码实现

根据算法描述的步骤，我们将其用代码实现如下：

```
import sys
class MaxStack:
    def __init__(self):
        self.stack = []
        self.maxStack = []
        self.maxVal = -sys.maxsize - 1
    def push(self, val):
        if val > self.maxVal:
            self.maxVal = val
            self.maxStack.append(val)

        self.stack.append(val)

    def peek(self):
        #返回堆栈最顶部的元素但不弹出
        return self.stack[len(self.stack) - 1]
            self.stack.append(val)
    def pop(self):
        #如果弹出的元素是当前堆栈最大值，那么也要将 maxStack 顶部的元素
弹出
        if self.peek() == self.maxVal:
            self.maxStack.pop()
        self.maxVal = self.maxStack[len(self.maxStack) - 1]

        return self.stack.pop()
    def max(self):
        return self.maxStack[len(self.maxStack) - 1]
```

　　利用上述代码实现算法描述后，反复压入和弹出各种元素，看看在不同情况下，max 调用是否能正确返回堆栈当前最大值。

```
ms = MaxStack()
ms.push(5)
ms.push(4)
ms.push(2)
ms.push(3)

print("max val in stack is {0}".format(ms.max()))

ms.push(6)
ms.push(1)
ms.push(10)
ms.push(8)

print("max val in stack is {0}".format(ms.max()))

ms.pop()
ms.pop()
print("max val in stack is {0}".format(ms.max()))
```

　　我们先给堆栈压入 5、3、2、3，此时堆栈元素的最大值是 5；接着继续压入 6、1、10、8，此时堆栈元素的最大值是 10；然后再将堆栈顶部两个元素弹出，此时堆栈元素最大值是 6。运行上述代码，结果如图 6-2 所示。

```
ms = MaxStack()
ms.push(5)
ms.push(4)
ms.push(2)
ms.push(3)

print("max val in stack is {0}".format(ms.max()))

ms.push(6)
ms.push(1)
ms.push(10)
ms.push(8)

print("max val in stack is {0}".format(ms.max()))

ms.pop()
ms.pop()
print("max val in stack is {0}".format(ms.max()))

max val in stack is 5
max val in stack is 10
max val in stack is 6
```

图 6-2　代码运行结果

代码运行结果与前面的分析是一致的，这意味着我们的代码实现是正确的。

6.2.4 代码分析

代码在执行 max 操作时，只需返回 maxStack 最后一个元素。在执行 push、pop 操作时，除了把 stack 里面的元素弹出外，还需要检测弹出元素是否是当前堆栈元素最大值。如果是，那么就得把 maxStack 的顶部元素弹出。这些操作的时间复杂度都是 O(1)。

算法除了分配空间给压入元素外，还得分配空间给 maxStack 用于记录元素最大值，所以算法的空间复杂度是 O(n)。

6.3 使用堆栈判断括号匹配

在编写代码时，我们经常遇到一个很棘手的问题，就是当 if else 语句嵌套时，很容易出现括号不匹配。对此人眼很难通过观察判断到底是哪一处的括号缺失，但编译器对此却是明察秋毫。本节我们研究编译器是如何快速判断括号匹配问题的。

6.3.1 题目描述

给定一个括号字符串"((())(()))"，判断左右括号是否匹配。

6.3.2 算法描述

这道题通过使用堆栈可以有效解决。算法步骤如下：

（1）读取字符串每个字符，如果该字符是左括号"("，则把它压入堆栈。

（2）如果读取到右括号")"，则将堆栈中一个左括号弹出。如果此时堆栈为空，则表示括号不匹配。

（3）如果字符全部读取完毕，堆栈不为空，则左右括号不匹配；如果堆栈为空，则括号匹配。

6.3.3　代码实现

根据算法描述的步骤，我们用代码实现如下：

```python
class ParenMatch:
    def __init__(self, parens):
        self.parens = parens
        self.stack = []
    def isMatch(self):
        for c in self.parens:
            if c == '(':
                #读取到左括号，则压入堆栈
                self.stack.append(c)
            elif c == ')':
                #读取到右括号，则将堆栈中一个左括号弹出。如果堆栈为空，括号就不匹配
                if len(self.stack) == 0 :
                    return False
                self.stack.pop()
            else:
                raise RuntimeError("Illegal character")
        #所有字符读取完后，堆栈不为空，那么括号不匹配
        if len(self.stack) != 0:
            return False

        return True
```

完成上面代码后，我们构造一个含有左右括号的字符串，调用上面代码判断字符串是否匹配。实现如下：

```python
s = "((())(()))"
pm = ParenMatch(s)
print("the matching result is :{0}".format(pm.isMatch()))
```

运行上述代码，结果如图 6-3 所示。

```
s = "((())(()))"
pm = ParenMatch(s)
print("the matching result is :{0}".format(pm.isMatch()))

the matching result is :True
```

图 6-3　代码运行结果

字符串 s 包含的括号看得人眼花缭乱，但程序使用的匹配算法能有效地检测其是否匹配。

6.3.4 代码分析

算法在匹配括号字符串时，依次读取每个字符并进行相应的压栈出栈操作。如果字符串含有 n 个字符，那么算法的时间复杂度是 O(n)。

6.4 使用堆栈解决汉诺塔问题

在算法研究中，汉诺塔问题是非常经典的一道题。其求解过程展现的思维方式极具代表性：要解决一个大问题，首先把大问题化解成几个容易解决的小问题，小问题又继续分解成更小问题，如此分解至问题能被轻而易举就处理的程度，最后把最小问题的解决结果进行简单合并，就得到大问题的解。

6.4.1 题目描述

有 3 根杆子，其中一根上有 n 块铁饼，铁饼由小到大依次从上往下排列，如图 6-4 所示。

图 6-4　汉诺塔

要求把杆 1 上的铁饼挪到杆 2 上，杆 3 可以作为铁饼转移的中转站。当转移铁饼时，必须保证小铁饼只能放到大铁饼的上头。请给出移动步骤。

6.4.2 算法描述

要把 n 块铁饼从杆 1 挪到杆 2 上，可以通过问题分解来完成。我们可以先把 n–1 块铁饼从杆 1 挪到杆 3 上，然后把最后一块铁饼从杆 1 挪到杆 2 上，再把 n–1 块铁饼从杆 3 挪到杆 2，于是原来问题的规模从 n 减小到 n–1。

对于如何把 n–1 块铁饼从杆 1 挪到杆 3 上，问题又可以分解为先把前 n–2 块铁饼挪到杆 2 上，然后把第 n–1 块铁饼挪到杆 3 上，最后把 n–2 块铁饼从杆 2 挪到杆 3 上。问题就这么不断分解下去，最后归结为如何转移一块铁饼，而这不费吹灰之力就能解决。

6.4.3 代码实现

我们将算法描述中的步骤利用代码实现如下（注意结合注释来理解代码的设计逻辑）：

```
class HanoiMove:
    def __init__(self, stackNum, stackFrom, stackTo):
        ...
        stackNum 表示铁饼数量，stackFrom、stackTo 分别表示铁饼移动前
和移动后的位置
        ...
        if stackNum <= 0 or stackFrom == stackTo or stackFrom <
0 or stackTo < 0:
            raise RuntimeError("Invalid parameters")

        self.stackFrom = stackFrom
        self.stackTo = stackTo
        self.hanoiMove = []
        self.moveHanoiStack(self.stackFrom, self.stackTo, 1,
stackNum)
    def printMoveSteps(self):
        if len(self.hanoiMove) == 1:
            print(self.hanoiMove.pop())
            return
```

```
...
    在输出第 n 块铁饼的挪动路径前，先输出前 n-1 块铁饼的挪动路径，最后
再输出第 n 块铁饼的移动路径
    ...
    s = self.hanoiMove.pop()
    self.printMoveSteps()
    print(s)
def moveHanoiStack(self, stackFrom, stackTo, top, bottom):
    ...
    top 表示当前挪动铁饼的最高那块铁饼所在位置，bottom 表示挪动铁饼
的最低那块铁饼所在位置
    把杆 1 上 3 块铁饼挪到杆 2 上，对应的调用就是 moveHanoiStack(1, 2,
1, 3)
    ...
    s = "Moving ring " + str(bottom) + " from stack " +
str(stackFrom) + " to " + str(stackTo)
    if bottom - top == 0:
        #如果只挪动一块铁饼，那么直接挪到目的地
        self.hanoiMove.append(s)
        return

    other = stackFrom
    for i in range(1, 4):
        #i 表示杆的编号
        if i != stackFrom and i != stackTo:
            #找到用于中转的杆编号
            other = i
            break
    #先把 n-1 块铁饼挪到中转杆上
    self.moveHanoiStack(stackFrom, other, top, bottom - 1)
    #把最后一块铁饼挪到指定杆上
    self.hanoiMove.append(s)
    #把中转杆上的 n-1 块铁饼挪到目的杆上
    self.moveHanoiStack(other, stackTo, top, bottom - 1)
```

函数 moveHanoiStack 实现的就是前面算法描述中的步骤，要把 n 块铁
饼从杆 1 挪到杆 2 上，会先记录最后一步，就是把第 n 块铁饼挪到杆 2 上；
然后递归调用 moveHanoiStack(stackFrom, other, top, bottom–1)，先把前 n–1
块铁饼挪到杆 3 上。

接着的 self.hanoiMove.append(s)表示把第 n 块铁饼挪到杆 2 上，最后再
次递归调用 moveHanoiStack(other, stackTo, to, bottom–1)把 n–1 块铁饼从杆 3

挪到杆 2 上。

我们构造含有 3 块铁饼的汉诺塔，然后调用上面代码，把挪动的步骤
打印出来：

```
#把 3 块铁饼从杆 1 挪到杆 2 上
hm = HanoiMove(3, 1, 2)
hm.printMoveSteps()
```

运行上述代码，结果如图 6-5 所示。

```
#把3块铁饼从杆1挪到杆2
hm = HanoiMove(3, 1, 2)
hm.printMoveSteps()

Moving ring 1 from stack 1 to 2
Moving ring 2 from stack 1 to 3
Moving ring 1 from stack 2 to 3
Moving ring 3 from stack 1 to 2
Moving ring 1 from stack 3 to 1
Moving ring 2 from stack 3 to 2
Moving ring 1 from stack 1 to 2
```

图 6-5　代码运行结果

模仿上面步骤，看看步骤描述的方法是否正确。一开始时汉诺塔情况
如下：

```
1
2
3
==   ==   ==
```

执行第 1 步，把铁饼 1 从杆 1 挪到杆 2 上：

```
2
3    1
==   ==   ==
```

执行第 2 步，把铁饼 2 从杆 1 挪到杆 3 上：

```
3    1    2
==   ==   ==
```

执行第 3 步，把铁饼 1 从杆 2 挪到杆 3 上：

```
3         1
          2
==   ==   ==
```

执行第 4 步，把铁饼 3 从杆 1 挪到杆 2 上：

```
        1
    3       2
==  ==      ==
```

执行第 5 步，把铁饼 1 从杆 3 挪到杆 1 上：

```
1   3   2
==  ==  ==
```

执行第 6 步，把铁饼 2 从杆 3 挪到杆 2 上：

```
    2
1   3
==  ==  ==
```

执行第 7 步，把铁饼 1 从杆 1 挪到杆 2 上：

```
    1
    2
    3
==  ==  ==
```

最终结果表明，铁饼的挪动步骤是正确的。

6.4.4 代码分析

汉诺塔问题在计算机科学中被称为 NP 完全问题，也就是说它的算法是指数级的。假设挪动 n 块铁饼的时间记为 $T(n)$；我们先挪动 n–1 块铁饼，对应时间就是 $T(n-1)$；然后挪动一块铁饼，时间记为 $T(1)$；最后再挪动 n–1 块铁饼，时间记为 $T(n-1)$，于是有：

$$T(n) = 2 \times T(n-1) + O(1)$$

把公式中的 $T(n)$ 解出来的话，$T(n) = O(2^n)$。这意味着每增加一块铁饼，挪动所需要的时间就得增加一倍。《圣经》中有个故事，上帝让寺庙内的僧侣挪动 81 块铁饼的汉诺塔，当僧侣们完成任务后，宇宙就奔溃了！

6.5 堆栈元素的在线排序

给定一个存有整型数据的堆栈，能使用的堆栈操作有：peek，获得堆栈顶部元素但不弹出；pop，弹出堆栈顶部元素；push，压入一个元素；empty，判断堆栈是否为空。

6.5.1　题目描述

要求只能使用以上这几种堆栈操作，在不用 new 显式分配新内存的情况下，将堆栈元素从大到小排列。假如堆栈元素为 stack:3　2　5　6　1　4，排序后为 stack:6　5　4　3　2　1。

6.5.2　算法描述

问题的难点在于不能分配新内存。如果可以的话，我们构造一个新堆栈，把原堆栈所有元素压入新堆栈，并记录下最大值，然后把最大值压入原堆栈，接着把新堆栈中的元素，除去最大值外，全部压入原堆栈，这样最大运算就在原堆栈的最底层，反复进行该流程就能实现排序。

但题目不允许显式分配内存，所以不能借助新堆栈。我们试想一种情况，假设有一个已经按照规定排好序的堆栈 stack:1　2　4　5，如果此时遇到新元素 3，如何将其压入堆栈并保持排序？这里采用一种技巧，通过递归调用的方式，把弹出的元素暂时存储在调用堆栈上。我们看一段代码：

```python
def insert(self, stack, val):
    if (len(stack) == 0 or val <= stack[len(stack) - 1]):
        #如果插入的值比栈顶元素小，那么将该元素压入栈顶
        stack.append(val)
        return stack
    #把小于 val 的元素暂存在调用堆栈上
    t = stack.pop()
    #递归性地将元素插入余下的堆栈元素
    self.insert(stack, val)
    #再把暂存的元素插回到堆栈
    stack.append(t)
    return stack
```

insert 的作用是把数值 val 插入到已经排好序的堆栈中，如果堆栈是空的，或者说要插入的数值比栈顶元素小，那么直接将该数值压入栈顶；如果数值大于栈顶元素，那么先把栈顶元素弹出，存储在局部变量 t 中，再递归地调用 insert 把数值 val 插入余下的元素。

因为堆栈元素在调用 insert 前已经排好序了，所以即使把顶部元素弹出后，剩下的元素还是排好序的，由此 insert 函数的逻辑可以递归调用下去，元素小于顶部元素或堆栈中所有元素都暂存在调用堆栈上后，元素就可以直接插入堆栈。

insert 调用返回后，再把原来存储的元素压回堆栈，这样堆栈中的元素就能保持原来的排序不变。函数 insert 调用时，有个前提就是传入的堆栈包含的元素已经排好序，而要对堆栈排序，我们又可以借助 insert 函数来实现。

6.5.3　代码实现

根据算法描述中的步骤，我们用代码实现如下：

```
class StackSorter:
    def __init(self):
        pass
    def sortByRecursion(self, stack):
        if (len(stack) == 0):
            return stack
        #先把弹出的元素寄存在调用堆栈上
        v = stack.pop()
        #递归地对余下的元素进行排序
        stack = self.sortByRecursion(stack)
        #递归地把元素按顺序插入堆栈
        stack = self.insert(stack, v)

        return stack
    def insert(self, stack, val):
        if (len(stack) == 0 or val <= stack[len(stack) - 1]):
            #如果插入的值比栈顶元素小，那么只将该元素压入栈顶
            stack.append(val)
            return stack
        #把小于 val 的元素暂存在调用堆栈上
        t = stack.pop()
        #递归性地将元素插入余下的堆栈元素
        self.insert(stack, val)
        #再把暂存的元素压回到堆栈
        stack.append(t)
        return stack
```

　　函数 sortByRecursion 通过自我递归调用的方式对堆栈中元素进行排序。它先把堆栈顶部元素弹出，存储在局部变量，然后递归地调用子集对堆栈剩下的元素进行排序，最后调用 insert 函数将原来弹出的元素插入到已经排好序的堆栈中。

　　接着，我们构造一个包含若干个元素的堆栈，并调用上面代码对堆栈元素进行排序：

```
stack = [3, 2, 5, 6, 1, 4]
st = StackSorter()
s = st.sortByRecursion(stack)
print(s)
```

运行上述代码，结果如图6-6所示。

```
stack = [3, 2, 5, 6, 1, 4]
st = StackSorter()
s = st.sortByRecursion(stack)
print(s)
```
```
[6, 5, 4, 3, 2, 1]
```

图6-6　代码运行结果

6.5.4　代码分析

　　在调用 sortByRecursion 进行排序时，它会递归调用它自身。在该函数中，它停止递归调用的判断条件是输入的堆栈里，元素个数为 0。如果一个堆栈含有 n 个元素，那么它会递归调用 n 次。

　　insert 函数递归调用的逻辑与 sortByRecursiony 一样，因此对于一个含有 n 个元素的堆栈，它最多会递归 n 次，而它的调用是嵌套在 sortByRecursion 函数中，由此算法的总时间复杂度是 $O(n^2)$。

6.6　计算滑动窗口内的最大网络流量

　　在网络流量的控制过程中，有时候需要找到从给定的某个时间点开始，往前倒退若干时段内的最大流量，记作 m(t,w)。其中 t 表示给定的某个时间点，w 就是滑动窗口的大小，于是 m 表示时间段[t-w,t]内的最大网络流量。

举个例子，假设滑动窗口大小为6，某个具体时刻的流量用(t,v)表示，t 表示时间点，v 表示当时的网络流量，于是(3,5)就表示在时间点 3，网络流量有 5 个单位。如果有下面一系列的流量记录：

$$(1,10),(3,1),(5,4),(7,8),(9,3),(12,9)$$

那么 m(12,6)就等于 9，m(9,6)就等于 8。因为在时刻 12，窗口大小为 6 时，落入这个时段的流量点有(7,8),(9,3),(12,9)，这 3 个流量点中流量最大的是时刻 12，流量为 9，所以 m(12,6)等于 9。

如果时间点是 9，那么落入窗口大小为 6 的流量点有(3,1),(5,4),(7,8),(9,3)，其中流量最大的时刻是 7，流量大小为 8，于是 m(9,6)就等于 8。我们注意到，流量记录中的时间点总是递增排列的。

6.6.1 题目描述

给定一个数组 A，里面有 n 个流量点记录。同时给定滑动窗口大小 w，A[i]格式就是上面所说的流量记录点(t,v)，其中时间 t 升序排列，也就是 A[i+1].t > A[i].t。要求设计一个算法，计算 A 中每个时间点在滑动窗口内的最大网络流量。

6.6.2 算法描述

解决问题的关键有两点：一是给定具体时间点窗口大小后，我们要快速查找落入窗口范围内的所有时间点；二是在所有记录的时间点中，快速找到流量最大的时间点。

我们先看看最简单的做法。例如，给定时间点(12,9)，窗口大小是 6，根据第一点找到落入窗口的所有时间点是(7,8),(9,3),(12,9)，在时间窗口内，含有最大流量的时间点是(12,9)，最大流量为 9。这种方法效率比较低，因为需要把窗口内的时间点都遍历一遍。

如果给定的记录点是数组 A 中第 n 个元素，那么回退遍历窗口期内记录点时，需要遍历 n 个元素。如果给定记录点是数组中第 n-1 个元素，那么需要往回遍历 n-1 个元素。于是，当前解法要查找所有时间点在内的最大流量时时间复杂度就是 $n+(n-1)+\cdots+1 = O(n^2)$。

为了获得更高效的算法，我们执行以下步骤：

（1）准备两个队列，一个命名为 maxQueue，另一个命名为 working-Queue。两个队列用于存储窗口期内时间点。两个指针 end 和 start 都指向数组最后一个时间点。

（2）start 节点从当前位置向左边移动，直到它指向的节点不在 end 指向的节点窗口范围内为止，此时 start 向右移动，指向上一个还处在 end 节点窗口范围内的节点。

（3）从当前 start 指向的节点开始，依次遍历 count 个节点。如果遍历到的节点，其流量比 workingQueue 队列头节点流量大，那就将其插入workingQueue 队列头。如果 workingQueue 为空，那就将节点直接插入队列头。

（4）执行步骤 3 时，如果某个节点的流量比 maxQueue 队列中头节点的流量大，则将 maxQueue 清空。如果当前 maxQueue 是空的，则将workingQueue 整体切换为 maxQueue。当遍历完从 start 开始的 count 个元素后，maxQueue 头节点的流量就是 end 节点在窗口内的最大流量。

（5）如果 maxQueue 的头节点与 end 节点相同，则去掉 maxQueue 头节点，并将 end 向前挪动一个节点。

（6）当 start 越过数组头节点后，算法结束。

举例说明，初始化时，start 和 end 同时指向最后一个节点，maxQueue 和 workingQueue 为空，如图 6-7 所示。

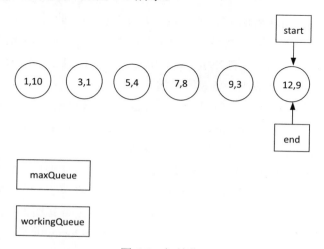

图 6-7　初始化

如果 start 前面的节点处于 end 指向节点的时间窗口内，start 则向前移动。如果滑动窗口为 6，那么 start 将向前移动一直到节点(7,8)。由于 start 移动时经过了 3 个节点，所以变量 count 的值为 3。

从当前 start 节点开始往后遍历 count 个节点，如果节点流量大于 workingQueue 队列头节点流量，或是 workingQueue 队列为空，则将节点插入 workingQueue 队列头。经过该步骤后，情况如图 6-8 所示。

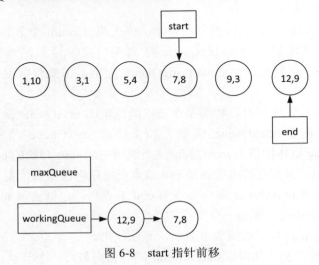

图 6-8　start 指针前移

如图 6-8 所示，start 指针向前移到节点(7,8)。此时 count 的值为 3，于是从当前节点开始往后遍历 3 个节点。首先是(7,8)，此时 workingQueue 为空，因此将其加入队列。然后遍历(9.3)，因为流量小于 workingQueue 头节点，所以忽略。然后遍历(12,9)，由于其流量大于 workingQueue 头节点，因此插入队列头，于是成为图 6-8 所示情况。

此时 maxQueue 为空，所以把 workingQueue 直接切换为 maxQueue。切换后，end 指向的节点与 maxQueue 的头节点相同，因此 end 节点向前移一位，并且去掉 maxQueue 的头节点，如图 6-9 所示。

只要 start 前面节点都在 end 指针指向节点的滑动窗口内，start 指针就可以往前移动。移动后其指向节点(3,1)，count 的值为 3。然后从 start 指向节点开始往后遍历 3 个节点。遍历节点(3,1)时，直接将其加入 workingQueue 队列；遍历到节点(5,4)时，由于其流量比 workingQueue 头节点大，因此将其加入 workingQueue；遍历到节点(7,8)时，根据规则也将其插入

workingQueue 队列，如图 6-10 所示。

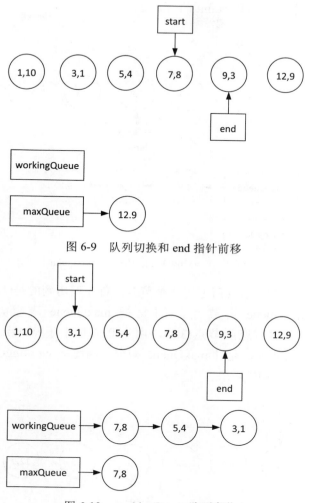

图 6-9 队列切换和 end 指针前移

图 6-10 workingQueue 队列变化

此时 maxQueue 头节点为(7,8)，所以从节点(9,3)开始在滑动窗口内的最大流量是 8。将 end 指针向前移动，指向节点(7,8)。由于 end 指向节点与 maxQueue 头节点相同，于是去掉 maxQueue 头节点。此时 maxQueue 为空，于是把 workingQueue 切换成 maxQueue，如图 6-11 所示。

end 指针向前挪动一位指向(7,8)，由于该节点与 maxQueue 头节点相同，所以去掉 maxQueue 头节点，于是 maxQueue 为空，算法把

workingQueue 切换成 maxQueue。start 指针向前移动，指向节点(1,10)，由于它经过 2 个节点，所以 count 的值是 2。

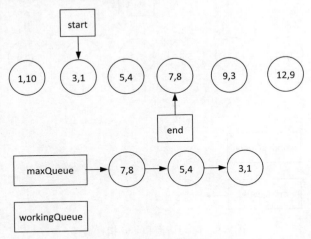

图 6-11   workingQueue 切换成 maxQueue

从 start 指向的节点向后遍历 2 个节点，首先遍历到的是(1,10)，由于其流量大于 maxQueue 头节点，因此把 maxQueue 清空，将其加入 workingQueue；然后遍历节点(3,1)，由于其流量小于 workingQueue 头节点，因此不加入队列。此时 maxQueue 为空，因此将 workingQueue 切换成 maxQueue，如图 6-12 所示。

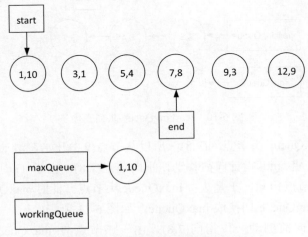

图 6-12   workingQueue 切换成 maxQueue

此时 start 指向最后一个节点，而 maxQueue 的头节点是(1,10)，所以从节点(7,8)开始，它们在滑动窗口内的最大流量都是 10。

6.6.3　代码实现

我们把上面描述的算法实现如下（代码实现比较长，可以结合注释以便更好地理解代码逻辑设计）：

```python
class Window:
    def __init__(self, time, volumn):
        self.time = time
        self.volumn = volumn
    def getTime(self):
        return self.time
    def getVolumn(self):
        return self.volumn

class SlidingWindow:
    def __init__(self, winList, size):
        #传入时间节点队列和窗口大小
        self.windowList = winList
        self.workingQueue = []
        self.maxQueue = []
        self.count = 0
        #start 和 end 指针同时指向最后一个节点
        self.start = self.end = len(winList) - 1
        self.windowSize = size

        if (len(winList) == 0 or size <= 0):
            raise RuntimeError("Invalid parameters")
    def printMaxVolumnForTimePoints(self):
        #输出每个节点在滑动窗口内的最大流量
        while self.end >= 0:
            #查找 end 指向节点的滑动窗口内所有节点，并将节点加入两个队列
            self.findSlidingWindow()
            #maxQueue 头节点就是滑动窗口内的最大流量
            m = self.maxQueue[0]
            w = self.windowList[self.end]
            print("Max volunm from time: {0} in sliding window size is: {1}".format(w.getTime(), m.getVolumn()))
```

```
            if w == m:
                #如果 end 指向的节点与 maxQueue 头节点相同, 则去除
maxQueue 头节点
                self.maxQueue = self.maxQueue[1:]
            self.end -= 1
    def findSlidingWindow(self):
        self.count = 1
        #把 start 指针前移, 查找在 end 指向节点的窗口期内的最前节点
        while self.start >= 0 and self.windowList[self.end].
getTime() - self.windowList[self.start].getTime() <= self.
windowSize:
            #如果 start 指向节点流量大于 maxQueue 头节点, 则将 maxQueue
清空
            if len(self.maxQueue) > 0 and self.windowList
[self.start].getVolumn() > self.maxQueue[0].getVolumn():
                self.maxQueue = []

            self.start -= 1
            self.count += 1
        #如果 start 指向节点超出了 end 指向节点的窗口范围, 要把 start 回退
        if self.start >= 0 and self.windowList[self.end].
getTime() - self.windowList[self.start].getTime() > self.
windowSize:
            self.start += 1
            self.count -= 1
        #从 start 开始往后遍历 count 个元素, 将它们加入相应队列
        if self.count > 0:
            self.buildMaxQueue()
        if len(self.maxQueue) == 0:
            #如果 maxQueue 为空, 则将 workingQueue 切换成 maxQueue
            self.maxQueue = self.workingQueue
            self.workingQueue = []
    def buildMaxQueue(self):
        s = 0
        if self.start > 0:
            s = self.start
        #从 start 开始往后遍历 count 个元素, 并根据条件将它们加入队列
        while self.count > 0 and s <= self.end:
            if len(self.workingQueue) == 0 or self.windowList[s].
getVolumn() > self.workingQueue[0].getVolumn():
                #如果 workingQueue 为空或当前节点的流量大于 workingQueue 头节
点流量, 则将其加入 workingQueue
```

```
        self.workingQueue.insert(0, self.windowList[s])
        s += 1
        self.count -= 1

    self.start -= 1
```

我们依据算法描述中的步骤完成了上述代码。接下来，创建一系列窗口节点，并给定滑动窗口大小，然后调用上面代码计算每个节点在滑动窗口内的最大流量。

```
windowList = []

windowList.append(Window(1,10))
windowList.append(Window(3,1))
windowList.append(Window(5,4))
windowList.append(Window(7,8))
windowList.append(Window(9,3))
windowList.append(Window(12,9))
windowList.append(Window(19,4))

sw = SlidingWindow(windowList, 6)
sw.printMaxVolumnForTimePoints()
```

运行上述代码，结果如图 6-13 所示。

```
windowList = []

windowList.append(Window(1,10))
windowList.append(Window(3,1))
windowList.append(Window(5,4))
windowList.append(Window(7,8))
windowList.append(Window(9,3))
windowList.append(Window(12,9))
windowList.append(Window(19,4))

sw = SlidingWindow(windowList, 6)
sw.printMaxVolumnForTimePoints()

Max volunm from time: 19 in sliding window size is: 4
Max volunm from time: 12 in sliding window size is: 9
Max volunm from time: 9 in sliding window size is: 8
Max volunm from time: 7 in sliding window size is: 10
Max volunm from time: 5 in sliding window size is: 10
Max volunm from time: 3 in sliding window size is: 10
Max volunm from time: 1 in sliding window size is: 10
```

图 6-13　代码运行结果

根据运行结果，再结合我们对节点的观察可以确定，算法对每个时间点以及相应时间窗口内的最大网络流量的查找是正确的。

6.6.4　代码分析

　　我们需要证明算法的正确性。在 start 指针往前移动时，代码会确保 start 最后指向的节点处于 end 指向节点的滑动窗口内，当 start 停止移动后，start 和 end 之间的节点就是窗口期内的所有节点。

　　假设 start 在向前移动前，start 和 end 距离 x 个节点：start|←x→|end，在一开始时 x 等于 0。start 向前移动 count 个节点：start|←count→|←x→|end，算法会从 start 开始，遍历后面 count 个节点，按照规则将节点加入 workingQueue，加入后 workingQueue 起始节点一定是 count 个节点中，流量最大的。

　　在第一次遍历时，x 等于 0，maxQueue 是空，代码会把 workingQueue 切换成 maxQueue，于是在 start 第一次向前移动后，maxQueue 首节点就是 end 节点在窗口期内的最大流量。

　　如果 x 不等于 0，maxQueue 头节点流量是从 end 节点开始，往前 x 个节点形成的集合中，流量值最大的节点。start 向前移动 count 个元素后，算法会从 start 开始往回遍历 count 个节点，然后把遍历的节点按照规则加入 workingQueue 队列，队列的头节点就是 count 个节点中，流量最大的。

　　由于 start 和 end 之间的节点形成一个窗口期内的所有节点，于是窗口期最大流量节点要不在 x 那部分，要不在 count 那部分。如果在 x 部分，那么 maxQueue 的头节点就是流量最大的节点；如果在 count 部分，workingQueue 头节点就是流量最大节点。

　　如果流量最大节点在 count 部分，根据算法描述，我们会把 maxQueue 清空，把 workingQueue 切换成 maxQueue，于是 maxQueue 的头节点就是所有节点中流量最大的。因此无论何种清空，maxQueue 头节点的流量都是 end 指向节点在窗口期内的最大流量。

　　我们看看算法效率，指针 end 会遍历数组中每个节点，指针 start 也会遍历每个节点，同时从 start 往后的 count 个节点也会被遍历，于是数组中每个节点最多会被遍历 3 次，由此算法的复杂度为 O(n)。

6.7　使用堆栈模拟队列

　　队列的插入和删除遵循先入先出原则，而堆栈遵循后进先出原则。在很多应用场景下，我们需要使用堆栈来模拟队列，或者是使用队列模拟堆栈。数学上已经能严格证明，我们不能使用一个堆栈来模拟队列，但是用两个堆栈模拟队列却是可能的。

6.7.1 题目描述

用两个堆栈模拟队列时，必须要支持两种操作：enqueue 和 dequeue。前者在队列末尾加入一个元素，后者把队列头部的元素取出。要求实现时不能分配超过 O(1) 的内存，并且进行 m 次 enqueue 和 dequeue 操作时，时间复杂度必须是 O(m)。

6.7.2 算法描述

我们的做法是这样，两个堆栈分别为 A 和 B，当使用 enqueue 将元素加入队列时，就直接把元素压入堆栈 A；当使用 dequeue 将队列头元素取出时，由于堆栈后进先出原则，最早进来的元素会在堆栈底部，此时需要堆栈 B 把堆栈 A 底部元素取出来。

把 A 中元素依次弹出，然后压入堆栈 B，这样元素在 B 中的次序与在 A 中就完全相反，A 底部的元素会在 B 的顶部。于是执行 dequeue 时，把堆栈 B 顶部元素弹出就可以了。以后执行 dequeue 时我们都从堆栈 B 顶部弹出元素。如果堆栈 B 为空，我们再把 A 中元素弹出，然后逐个压入堆栈 B。

举例说明，假设通过 enqueue 连续将 "1,2,3,4,5" 插入队列，这 5 个数值在堆栈 A 中排列为 1,2,3,4,5，就是数值 5 在顶部，1 在底部，其他元素夹在中间。如果此时调用 dequeue 操作将 1 取出，我们就把 A 中元素依次弹出，压入堆栈 B，于是元素在堆栈 B 中排列为 5,4,3,2,1，也就是 5 在底部，1 在顶部，于是直接把 B 的顶部元素弹出即可。

6.7.3 代码实现

根据算法描述中的步骤，我们用代码实现如下：

```python
class StackQueue:
    def __init__(self):
```

```
        self.stackA = []
        self.stackB = []
    def enqueue(self, v):
        self.stackA.append(v)
    def dequeue(self):
        if len(self.stackB) == 0:
            while len(self.stackA) > 0:
                self.stackB.append(self.stackA.pop())
        return self.stackB.pop()
```

我们分别调用 enqueue 和 dequeue 加入和取出元素，看看元素的取出是否符合队列先进先出的原则：

```
sq = StackQueue()
print("enqueue:")
for i in range(6):
    sq.enqueue(i)
    print("{0} ".format(i), end="")
print("\ndequeue:")
for i in range(6):
    print("{0} ".format(sq.dequeue()), end="")
```

运行上述代码，结果如图 6-14 所示。

```
sq = StackQueue()
print("enqueue:")
for i in range(6):
    sq.enqueue(i)
    print("{0} ".format(i), end="")
print("\ndequeue:")
for i in range(6):
    print("{0} ".format(sq.dequeue()), end="")
```

```
enqueue:
0 1 2 3 4 5
dequeue:
0 1 2 3 4 5
```

图 6-14　代码运行结果

从运行结果看，dequeue 取得元素的顺序跟 enqueue 加入元素的顺序是一致的，也就是说元素的取出确实跟队列一样，遵守先进先出的特点。

6.7.4　代码分析

算法不难实现，问题在于如何确定时间复杂度是 O(n)。执行 enqueue 操作时，我们只需要把元素压入堆栈 A，时间复杂度是 O(1)，但一次

dequeue 就有可能需要把元素全部从 A 中弹出，然后再压入 B，这个过程时间复杂度是 O(n)。

　　事实上，任何一个元素最多被操作3次，一次是压入堆栈 A，一次是从堆栈 A 中弹出，并压入 B，再有就是从堆栈 B 中弹出，所以 m 次 enqueue 和 dequeue 操作，其时间复杂度就是 3m，由此算法的时间复杂度是线性的。同时算法中没有分配新内存，因此空间复杂度是 O(1)。

第7章　二叉树

二叉树的优点很多，如与其相关的操作有着很好的时间复杂度。例如，对于一个含有n个节点的二叉树，插入和删除某个节点所需的时间复杂度是 O(lg(n))。另外，二叉树自身形成一种递归性结构，十分清晰。例如，一个二叉树节点，处于它左边的节点和处于其右边的节点又自动构成一棵二叉树。

由于二叉树结构清晰，操作遍历，在开发和工程实践中有着极为广泛的应用，因此有关二叉树的算法面试题自然是层出不穷。本章我们就集中精力研究二叉树。

7.1　二叉树的平衡性检测

二叉树本身存在一种递归性结构，一个节点除了含有数值外，它还有两个指针，分别指向两棵二叉树。二叉树中有个概念——二叉树的高，指的是从根节点抵达最底部叶子节点所经历的节点数，如图 7-1 所示。

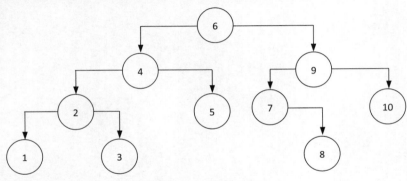

图 7-1　二叉树示例

如果从根节点 6 算起，抵达最底层叶子节点 3，需要经历的节点有 6,4,2,3，总共有 4 个节点，因此整个二叉树的高就是 4。同理可得根节点的左子树，也就是左边以节点 4 开始的二叉树，其高度是 3。

7.1.1　题目描述

如果一个二叉树是平衡的，它必须满足每个节点的左子树和右子树高度之差不超过 1。给定一个二叉树的根节点，请你给出算法，判断该二叉树是否是平衡二叉树。

7.1.2　算法描述

如果一棵二叉树是空的，我们认为它的高度是 0。对于只有一个节点的二叉树，也就是该节点的左右子树都为空，那么它的高度就是 1。对于非叶子节点，其高度的计算方法是，先找出左右子树的高度，它本身的高度就是两者最大值加 1。

于是问题的思路是，计算每个节点左右子树的高度，如果两者高度相差只有 1，那么以它为根节点的二叉树就是平衡的；如果每个节点的左右子树高度差都不超过 1，那么整个二叉树就是平衡的。

二叉树的高度可以递归来计算：

（1）如果输入的是空节点，那么返回高度 0。

（2）如果输入的是一个叶子节点，也就是叶子的左右子树都是空，那么返回高度 1。

（3）如果输入的是非叶子节点，那么分别计算左右子树的高度，选取其中最大者加 1 作为本节点的高度。

7.1.3　代码实现

根据上面思路，我们实现的算法如下（注意在阅读代码时，将其与算法描述中的步骤结合起来理解）：

```python
class TreeNode:
    def __init__(self, v):
```

```
        self.value = v
        self.left = self.right = None
class TreeUtil:
    def __init__(self):
        self.root = None

    def addTreeNode(self, node):
        ifself.root is None:
            self.root = node
            return


        currentNode = self.root
        prevNode = self.root
        #如果节点值比当前节点小，那么就进入当前节点左子树；如果比当前节
点值大，就进入它的右子树
        while currentNode is not None:
            prevNode = currentNode
            if currentNode.value>node.value:
                currentNode = currentNode.left
            else:
                currentNode = currentNode.right
        if prevNode.value>node.value:
            prevNode.left = node
        else:
            prevNode.right = node
    def getTreeRoot(self):
        return self.root
```

在上面代码中，我们先定义了二叉树节点的数据结构，然后创建了一个 TreeUtil 类，用于构造二叉树。它构造的是一棵排序二叉树，当加入的节点值比当前节点小，则进入左子树；若比当前节点大，则进入右子树。

接着递归查询二叉树中每一个节点左右子树的高度，如果高度差超过 1，那么二叉树就不是平衡的：

```
class BalancedTree:
    def __init__(self):
        self.balanced = True
    def isTreeBalanced(self, node):
        self.computeTreeHeight(node)
        returnself.balanced
    def computeTreeHeight(self, node):
        #如果根节点为空，那么高度是0
        if node is None:
```

```
        return 0

    #计算当前节点的高，则先计算它左右子树的高，两者较大的加 1
    leftHeight = self.computeTreeHeight(node.left)
    rightHeight = self.computeTreeHeight(node.right)
    if abs(rightHeight - leftHeight) > 1:
        self.balanced = False

    height = 0
    if node.value == 4:
        height = 0

    if leftHeight>rightHeight:
        height = leftHeight
    else:
        height = rightHeight

    print("node value:{0}, left height {1}, right height {2},
height {3}".format(node.value, leftHeight, rightHeight,
height+1))
    return height + 1
```

computeTreeHeight 递归地计算节点的左右子树高度。当传入节点是 None 时，它返回高度 0，要不然它递归调用自己去计算节点的左右子树高度。接着我们构造一棵二叉树，然后调用上面代码判断该树的平衡性：

```
array = [6,4,9,2,5,7,10,1,3,8]
util = TreeUtil()
for node in array:
    n = TreeNode(node)
    util.addTreeNode(n)

root = util.getTreeRoot()
bt = BalancedTree()

isBalanced = bt.isTreeBalanced(root)
if isBalanced is True:
    print("the binary tree is balanced")
else:
    print("the binary tree is not balanced")
```

上面代码构造的就是本节开始所描述的二叉树，运行上述代码，结果如图 7-2 所示。

```
node value:1, left height 0, right height 0, height 1
node value:3, left height 0, right height 0, height 1
node value:2, left height 1, right height 1, height 2
node value:5, left height 2, right height 0, height 3
node value:4, left height 2, right height 1, height 3
node value:8, left height 0, right height 0, height 1
node value:7, left height 0, right height 1, height 2
node value:10, left height 0, right height 0, height 1
node value:9, left height 0, right height 1, height 3
node value:6, left height 3, right height 3, height 4
the binary tree is balanced
```

图 7-2　代码运行结果

从图 7-2 可以看出，代码运行后打印出每个节点左右子树的高，两边子树的高度之差都不超过 1，所以给定二叉树是平衡的。

7.1.4　代码分析

computeTreeHeight 在计算左右子树高度时，从根节点开始，它会递归地遍历每个节点，所以当二叉树含有 n 个节点时，算法的时间复杂度是 O(n)。

7.2　镜像二叉树的检测

有一种特殊二叉树具备镜像特征，如果从中间切一刀，然后把左边翻转到右边，你会发现左右是能够重合的。例如下面的二叉树就具备镜像特征，如图 7-3 所示。

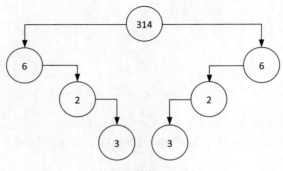

图 7-3　镜像二叉树

而下面给定的二叉树就不具备镜像特征，如图 7-4 所示。

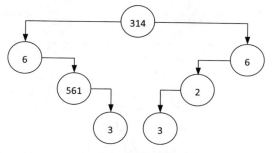

图 7-4　非镜像二叉树

7.2.1　题目描述

要求给定一棵二叉树的根节点，判断该二叉树是否具备镜像特征。

7.2.2　算法描述

在前面章节，我们曾研究过如何递归性地遍历一棵二叉树。遍历时将根节点加入队列，然后将其左右孩子节点加入队列，以此类推，得到一个由二叉树节点构造的队列。

要判断一棵二叉树是否具备镜像特性，我们需要进行两次二叉树的层次性遍历。第一次遍历时，根节点加入队列后，接着就把它的左孩子和右孩子依次加入队列。第二次遍历时，把根节点加入后，接着就将它的右孩子和左孩子加入队列。注意两次层次遍历时，孩子节点的加入次序是相反的，如图 7-5 所示。

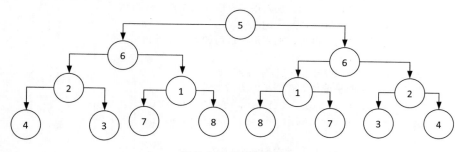

图 7-5　二叉树示例

我们把上面二叉树进行层次遍历，加入根节点后依次加入左孩子和右孩子，得到队列如图 7-6 所示。

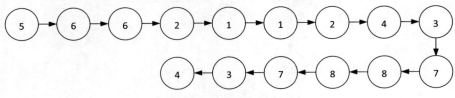

图 7-6 二叉树队列

第二次层次遍历时，加入根节点后，依次加入右孩子和左孩子，得到的队列与上面一样，由此可以判断该二叉树是镜像二叉树。

7.2.3 代码实现

首先在 TreeUtil 中增加代码，构造一棵简单的镜像二叉树：

```
def getSymmetricTree(self):
    n = TreeNode(314)
    n.left = TreeNode(6)
    n.left.right = TreeNode(2)
    n.left.right.right = TreeNode(3)

    n.right = TreeNode(6)
    n.right.left = TreeNode(2)
    n.right.left.left = TreeNode(3)
```

接着实现前面描述的算法，分别将树节点由左到右加入队列，再由右到左加入队列，然后比对两个队列是否相同。代码实现如下：

```
class SymmetricTree:
    def __init__(self, root):
        #第一次遍历队列，加入根节点后加入左孩子和右孩子
        self.treeList1 = []
        #第二次遍历队列，加入根节点后加入右孩子和左孩子
        self.treeList2 = []
        self.isSymmetric = False
        #按照两种遍历方式层级遍历二叉树
        self.treeToList(root, self.treeList1, True)
        self.treeToList(root, self.treeList2, False)

        #比较两个队列，看它们是否相同
```

```
        self.isSymmetric = self.compareList(self.treeList1,
self.treeList2)

    def isTreeSymmetric(self):
        returnself.isSymmetric

    def treeToList(self, root, list , isLeft):
        ...
```

对二叉树进行层次遍历，如果 isLeft 为真，那么先加入左孩子再加入右孩子；如果为假，先加入右孩子再加入左孩子

```
        ...
        list.append(root)
        pos = 0
        while pos<len(list):
            n = list[pos]
            if n is not None:
                n1 = n2 = None
                if isLeft is True:
                    #先加入左孩子再加入右孩子
                    n1 = n.left
                    n2 = n.right
                else:
                    #先加入右孩子再加入左孩子
                    n1 = n.right
                    n2 = n.left
                list.append(n1)
                list.append(n2)
            pos += 1

    def compareList(self, l1, l2):
        #比较两个队列，看它们是否相同
        if len(l1) != len(l2):
            return False
        pos = 0
        #逐个节点进行比对
        while pos<len(l1):
            n1 = l1[pos]
            n2 = l2[pos]

            if n1 is None and n2 is not  None:
                return False
            if n1 is not None and n2 is None:
                return False
```

```
        if n1 is None and n2 is None:
            pos += 1
            continue
        if n1.value != n2.value:
            return False
        pos += 1


    return True
```

接下来我们构造一棵二叉树，然后调用上面代码判断该二叉树是否是镜像二叉树：

```
util = TreeUtil()
r = util.getSymmetricTree()
sym = SymmetricTree(r)
t = sym.isTreeSymmetric()
if t is True:
    print("The given tree is symmetric")
else:
    print("The given tree is not symmetric")
```

运行上述代码，结果如图 7-7 所示。

```
util = TreeUtil()
r = util.getSymmetricTree()
sym = SymmetricTree(r)
t = sym.isTreeSymmetric()
if t is True:
    print("The given tree is symmetric")
else:
    print("The given tree is not symmetric")

The given tree is symmetric
```

图 7-7　代码运行结果

由于构造的是本节开始时示例的镜像二叉树，代码运行后也判断给定二叉树是镜像的，因此我们代码的实现是正确的。

7.2.4　代码分析

代码对二叉树进行层次遍历时，需要访问二叉树每个节点，如果二叉树有 n 个节点，那么算法的时间复杂度就是 O(n)。由于代码直接将二叉树节点加入队列，因此并没有显式分配新内存，因此算法的空间复杂度是 O(1)。

7.3 二叉树的 Morris 遍历法

二叉树的遍历方式有中序、前序和后序 3 种。如果二叉树的高度用 h 来表示，那么 3 种遍历方法所需的空间复杂度为 O(h)。例如，对于中序遍历来说，如果使用如下递归方式来实现：

```
inorderTraval(root) :
    if root is None:
        return;

    inorderTraval(root.left);
    print("{0} ".format(root.value));
    inorderTraval(root.right);
```

上面代码有递归调用，于是函数调用栈的深度等于二叉树的高度。因此即使代码没有显式分配新内存，但执行过程中损耗的内存同样是 O(h)。

7.3.1 题目描述

如果二叉树的高度很大，且系统分配给函数调用堆栈的内存有限，当递归调用层次太多时，就会影响程序的性能。请给出空间复杂度为 O(1)的二叉树遍历法。

7.3.2 算法描述

这道题难度较大，可以使用 Morris 遍历法来实现 O(1)空间复杂度的二叉树遍历。假定要遍历的二叉树结构如图 7-8 所示。

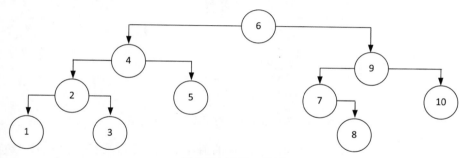

图 7-8 示例二叉树

如果使用中序遍历访问上面的二叉树，那么节点的访问顺序就是 1,2,3,4,5,6,7,8,9,10。给定某个节点，中序遍历时，排在它前面的节点称为该节点的前序节点，排在它后面的节点称之为后续节点。例如，节点 5 的前序节点是 4，后续节点是 6。

在二叉树中，要查找给定节点的前序节点时，如果该节点有左孩子，那么从左孩子开始沿着其右孩子指针一直走到底。例如，图 7-8 中节点 6 的左孩子是 4，沿着其右孩子指针走到底就是节点 5。如果左孩子的右孩子为空，那么左孩子就是前序节点。

如果节点没有左孩子，而且它是其父节点的右孩子，那么父节点就是它的前序节点。例如，8 的前序节点是 7，10 的前序节点是 9。如果当前节点没有左孩子，并且它是其父节点的左孩子，那么它没有前序节点。例如，图 7-8 中的节点 1。值得注意的是，前序节点右孩子一定是空的！

Morris 遍历法正是利用"前序节点右孩子为空"这一特性实现了空间复杂度为 O(1) 的二叉树遍历，其步骤如下：

（1）根据当前节点，找到其前序节点，把前序节点的右孩子指针指向当前节点，然后进入左孩子。

（2）如果当前节点左孩子为空，打印当前节点，然后进入右孩子。

（3）如果当前节点的前序节点的右孩子指针已经指向自己，那么把前序节点的右孩子指针设置为空，打印当前节点，然后进入右孩子。

以图 7-8 所示二叉树为例，把上面算法走一遍。首先访问根节点 6，它的前序节点是 5，此时节点 5 的右孩子为空，算法将其指针指向当前节点，如图 7-9 所示。

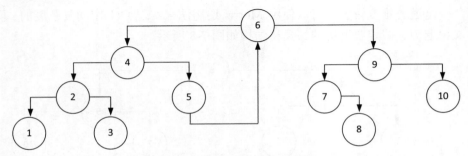

图 7-9　节点 5 的右孩子指针指向节点 6

进入左孩子也就是节点 4，节点 4 的前序节点是 3，其右孩子为空，所以将节点 3 的右孩子指针指向节点 4，如图 7-10 所示。

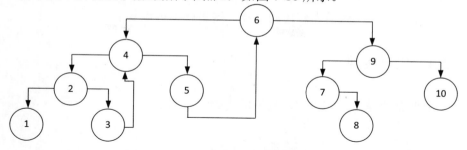

图 7-10　节点 3 的右孩子指针指向节点 4

进入节点 4 的左孩子也就是节点 2，它的前序节点是节点 1，后者右孩子为空，于是把节点 1 的右孩子指针指向节点 2，如图 7-11 所示。

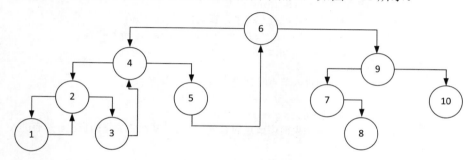

图 7-11　节点 1 的右孩子指针指向节点 2

进入节点 2 的左孩子也就是节点 1，此时节点 1 没有左孩子，因此打印它的值，然后进入右孩子，于是就回到节点 2。根据算法步骤（3），节点 2 发现其前序节点的右孩子指针指向自己，所以它打印自己的值，然后把前序节点的右孩子指针设置为空，于是又回到了图 7-10 所示的情形。接着进入右孩子，也就是节点 3。

节点 3 没有左孩子，于是打印自己，然后进入右孩子，由此就进入节点 4。根据算法步骤（3），节点 4 再次获得它的前序节点也就是节点 3，发现其右孩子指针已经指向自己，于是打印自己，然后把节点 3 的右孩子指针设置为空，由此我们回到图 7-9 所示情形。

由节点 4 进入右孩子也就是节点 5，此时节点 5 没有左孩子，所以直接打印自己，然后进入右孩子，于是走到节点 6。根据步骤（3），节点 6 再次找到其前序节点也就是节点 5，发现其右孩子指针指向自己，于是它把自已打印出来，然后把节点 5 的右孩子指针设置为空。

接下来的流程跟前面叙述的一样，这里就不再重复了。

7.3.3 代码实现

根据算法描述中的步骤，我们用代码实现如下：

```python
class MorrisTraval:
    def __init__(self, root):
        self.root = root
    def traval(self):
        n = self.root
        while n is not None:
            if n.left is None:
                #如果节点没有左孩子，那就打印自己的值
                print("{0} ".format(n.value), end="")
                n = n.right
            else:
                #每次进入节点时都先查找其前序节点
                pre = self.getPredecessor(n)
                if pre.right is None:
                    #如果前序节点的右孩子为空，那么将其指向自己，然后进入
左孩子
                    pre.right = n
                    n = n.left
                elif pre.right is n:
                    #如果前序节点右孩子指针指向自己，则打印自己的值，将前
序节点的右孩子指针恢复为空，并进入右孩子
                    pre.right = None
                    print("{0} ".format(n.value), end="")
                    n = n.right

    def getPredecessor(self, n):
        pre = n
        if n.left is not None:
            #进入左孩子，然后沿着其右孩子指针走到底
            pre = pre.left
            #如果左孩子的右孩子为空，那么左孩子就是前序节点
            while pre.right is not None and pre.right is not n:
                pre = pre.right
        return pre
```

　　getPredecessor 获取节点的前序节点时忽略了一种节点，那就是类似节点 10 这样的节点，因为这种性质的节点在访问它前，其前序节点已经被打印了，所以无需让它的右孩子指针去指向前序节点。

　　Traval 函数则实现了前面所述的 Morris 遍历法，每进入一个节点时，都会去获取前序节点，然后看前序节点的右孩子指针是否指向自己。如果没有则表明当前节点的前序节点尚未被访问，所以进入左子树。如果指向自己则表明左子树节点已经全部被访问，于是就打印自己，然后进入右子树。

　　我们用代码构建示例中的二叉树，然后调用上面实现的代码来进行遍历：

```
nodes = [6,4,9,2,5,7,10,1,3,8]
util = TreeUtil()
for n in nodes:
    node = TreeNode(n)
    util.addTreeNode(node)
root = util.getTreeRoot()
mt = MorrisTraval(root)
mt.traval()
```

运行上述代码，结果如图 7-12 所示。

```
nodes = [6,4,9,2,5,7,10,1,3,8]
util = TreeUtil()
for n in nodes:
    node = TreeNode(n)
    util.addTreeNode(node)
root = util.getTreeRoot()
mt = MorrisTraval(root)
mt.traval()

1 2 3 4 5 6 7 8 9 10
```

图 7-12　代码运行结果

　　从运行结果看，代码没有使用递归调用的方式就能正确地对二叉树进行中序遍历。

7.3.4　代码分析

　　Morris 遍历会短暂地改变二叉树结构，因为它要把前序节点的右孩子指针指向当前节点。但算法从前序节点的右孩子指针返回当前节点后，前序节点的右孩子指针会重新设置为空，所以二叉树的结构会重新复原。

在遍历过程中，每个节点最多被访问两次，一次是从父节点到当前节点，一次是从前序节点的右孩子指针返回当前节点，所以 Morris 算法的时间复杂度是 O(n)。在遍历过程中不存在递归调用，所以算法的空间复杂度是 O(1)。

7.4   使用前序遍历和中序遍历重构二叉树

对不同的二叉树结构进行前序、中序和后序遍历后，所得的结果可能是一样的，如图 7-13 所示。

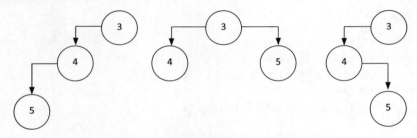

图 7-13   结构不同的二叉树

图 7-13 所示 3 种结构的二叉树在进行前序遍历时，得到的结果都是3,4,5。但如果改变遍历次序，例如给定中序遍历结果 4,3,5，那么同时能满足两种结果的只能是中间形态的二叉树。这意味着当给定两种节点遍历结果后，我们就能确定二叉树的形态。

7.4.1   题目描述

给定一棵二叉树的两种遍历次序，一种是中序遍历，另一种是前序遍历。要求你根据两种遍历序列，还原出二叉树的结构。假定有两个二叉树的遍历序列，中序遍历的节点序列是 1,2,3,4,5,6,7,8,9,10，前序遍历的节点序列是 6,4,2,1,3,5,9,7,8,10。要求给出算法，构造出如图 7-14 所示的二叉树。

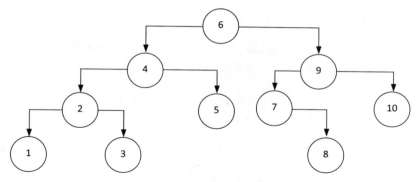

图 7-14　示例二叉树

7.4.2　算法描述

　　给定前序遍历，我们能确定哪些节点是祖先节点，哪些是后代节点。例如题目给定的前序遍历序列中，我们确定节点 6 是所有节点的祖先节点，节点 4、2 是节点 6 的后代。然而我们无法确定的是，节点 4、2 在节点 6 的右子树还是左子树，亦或一个在左子树一个在右子树。这个问题的确定就需要参考中序遍历。

　　在中序遍历序列中，节点 4 出现在节点 6 之前，于是我们能确定节点 4 在节点 6 的左子树。如果节点 4 出现在节点 6 后面，那么节点 4 就在节点 6 的右子树。由此推出算法步骤如下：

　　（1）从前序遍历序列中逐个取出节点，如果当前二叉树为空，那么拿当前节点值构造二叉树的根节点。

　　（2）如果二叉树不为空，那么从根节点开始，在中序遍历中查看当前节点处于根节点的左边还是右边，处于左边意味着当前节点属于根节点的左子树。如果根的左孩子为空，就把当前节点当作根节点的左孩子。

　　如果当前节点在根节点的右边，当前节点就处于根节点的右子树。如果根节点右孩子为空，则把当前节点作为根节点的右孩子。

　　（3）从步骤（2）进入到下一个节点后，当前节点与当前访问节点的交互与步骤（2）一致，也就是把当前访问的节点当作步骤（2）中的根节点来看待，根据步骤（2）中描述的条件采取相同的步骤。

　　当前序遍历中每个节点都按照上面所述的步骤执行后，所构成的二叉树就是我们需要的二叉树。

7.4.3　代码实现

根据算法描述中的步骤，我们用代码实现如下：

```
class BTreeBuilder:
    def __init__(self, inorder, preorder):
        self.nodeMap = {}
        self.root = None
        #把节点值和它在中序遍历中的位置对应起来
        for i in range(len(inorder)):
            self.nodeMap[inorder[i]] = i
        self.buildTree(preorder)

    def buildTree(self, preorder):
        if self.root is None:
            self.root = TreeNode(preorder[0])

        for i in range(1, len(preorder)):
            val = preorder[i]
            current = self.root
            while True:
                #从中序遍历序列中判断,当前从前序遍历序列中拿出的节点在当
前访问节点的左边还是右边
                if self.nodeMap[val] <self.nodeMap[current.value]:
                    #节点在当前中序遍历中处于访问节点的左边,如果当前访
问节点左子树不为空，则进入左子树
                    if current.left is not None:
                        current = current.left
                    else:
                        #如果访问节点左子树为空,则把从前序遍历中取得的节点作
为当前节点的左孩子
                        current.left = TreeNode(val)
                        break
                else:
                    #节点在中序遍历中处于当前节点的右边
                    if current.right is not None:
                        #如果被访问节点右子树不为空，则进入右子树
                        current = current.right
                    else:
                        #访问节点右孩子为空,于是把取出的节点作为被访问节
点的右孩子
                        current.right = TreeNode(val)
```

```
            break
def getTreeRoot(self):
    return self.root
```

　　BTreeBuilder 接收两个遍历序列，然后按照算法步骤从遍历序列中构建二叉树。接下来，我们创建两个遍历序列，调用上面代码构建二叉树，然后将二叉树层级打印出来，看看二叉树构建的结果是否与预想的一致。

```
def printTree(head):
    if head is None:
        return
    treeNodeList = []
    treeNodeList.append(head)

    while len(treeNodeList) > 0:
        t = treeNodeList[0]
        del(treeNodeList[0])

        print("{0} ".format(t.value), end="")
        if t.left is not None:
            treeNodeList.append(t.left)
        if t.right is not None:
            treeNodeList.append(t.right)

inorder = [1,2,3,4,5,6,7,8,9,10]
preorder = [6,4,2,1,3,5,9,7,8,10]
tb = BTreeBuilder(inorder, preorder)
root = tb.getTreeRoot()
printTree(root)
```

　　printTree 函数用于层级打印二叉树。上面代码中构建了两个节点遍历序列，然后将其传入 **BTreeBuilder** 构建二叉树，拿到二叉树根节点后将其层级打印出来。运行上述代码，结果如图 7-15 所示。

```
inorder = [1,2,3,4,5,6,7,8,9,10]
preorder = [6,4,2,1,3,5,9,7,8,10]
tb = BTreeBuilder(inorder, preorder)
root = tb.getTreeRoot()
printTree(root)

6 4 9 2 5 7 10 1 3 8
```

图 7-15　代码运行结果

　　从二叉树节点的层级打印结果看，其结构确实跟图 7-14 是一致的，由此可见我们的算法逻辑和代码实现是正确的。

7.4.4 代码分析

算法需要遍历前序队列中每个节点，这一步的时间复杂度是 O(n)；然后要访问二叉树，看前序队列中取得的节点是所访问的二叉树节点的左孩子还是右孩子，这个过程的时间复杂度是二叉树的高 h，对于有 n 个节点的二叉树，其高为 lg(n)，因此算法的时间复杂度为 O(nlg(n))。

算法实现中需要使用一个 map 来存储节点及其对应位置，因此算法空间复杂度为 O(n)。

7.5 逆时针打印二叉树外围边缘

二叉树相关算法题有很多形式，最常见的莫过于如何遍历二叉树的节点。例如给定一棵二叉树，如图 7-16 所示。

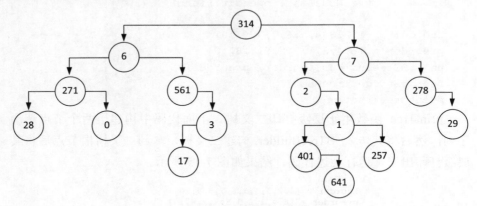

图 7-16 示例二叉树

7.5.1 题目描述

要求把二叉树外边缘节点按照逆时针打印出来。对于图 7-16 所示二叉树，我们要打印的节点是 314,6,271,28,0,17,641,257,29,278,7。

7.5.2　算法描述

二叉树的外边缘分为 3 部分：一部分是最左边缘，314,6,271,28；第二部分是底边缘，0,17,641,257,29；第三部分是最右边缘，278,7。左边缘的节点从根节点开始一直访问左孩子，直到左孩子为空；底部边缘实际上是二叉树所有叶子节点；右边缘是从根节点开始，一直访问右节点，直到右孩子为空。

根据以上 3 种情况，通过遍历二叉树，获得 3 种性质的节点，把它们组合起来就是二叉树逆时针的外边缘。

7.5.3　代码实现

我们用代码把算法描述中的步骤加以实现，其过程如下：

```python
class AntiClockWiseTraval:
    def __init__(self, root):
        self.root = root
        self.nodeList = []
        #获取左边缘节点
        self.getLeftSizeNodes()
        #获取底部叶子节点
        self.getBottomSizeNodes()
        #获取右边缘节点
        self.getRightSizeNodes()
    def getLeftSizeNodes(self):
        #从根节点开始遍历左孩子，获得左边缘节点
        node = self.root
        while node is not None:
            self.nodeList.append(node)
            node = node.left
    def inorder(self, node):
        #通过中序遍历找到叶子节点，也就是二叉树底部边缘节点
        if node is None:
            return
        self.inorder(node.left)
        if node.left is None and node.right is None and self.nodeList[-1] is not node:
            self.nodeList.append(node)
            return
```

```
        self.inorder(node.right)
    def getBottomSizeNodes(self):
        self.inorder(self.root)
    def getRightSizeNodes(self):
        #从根节点开始，通过右孩子指针获得二叉树右边缘节点
        stack = []
        #由于需要逆时针访问，所以要把右边缘节点压入堆栈后再弹出来
        node = self.root.right
        while node is not None:
            stack.append(node)
            node = node.right

        #把节点从堆栈弹出加入队列，这样右边缘节点在队列里才形成逆时针顺序
        while len(stack) != 0:
            n = stack.pop()
            if self.nodeList[-1] is not n:
                self.nodeList.append(n)
    def getAntiClockWiseNodes(self):
        return self.nodeList
```

代码中的 nodeList 队列用于存储逆时针外边缘节点。getLeftSizeNodes 从根节点开始依次通过左孩子指针获得左边缘节点。

getBottomSizeNodes 通过中序遍历访问每个节点，一旦访问到叶子节点就将其加入队列。要注意底部节点和左边缘节点有交汇，例如示例二叉树中节点 28 就是交汇节点，因此要防止该节点加入队列两次。

getRightSizeNodes 从根节点开始，依据右孩子指针获得右边缘节点。要注意的是，节点顺序是顺时针的。为了获得逆时针顺序，需把节点压入堆栈，然后再依次弹出，这样节点的顺序就会倒转成逆时针。

最后我们构造如图 7-15 所示的示例二叉树，然后调用上面代码获得逆时针边缘节点：

```
inorder = [28, 271, 0, 6, 561, 17, 3, 314, 2, 401, 641, 1, 257,
7, 278, 29]
preorder = [314, 6, 271, 28, 0, 561, 3, 17, 7, 2, 1, 401, 641,
257, 278, 29]
#构造示例二叉树
treeBuilder = BTreeBuilder(inorder, preorder)
root = treeBuilder.getTreeRoot()

at = AntiClockWiseTraval(root)
nodes = at.getAntiClockWiseNodes()
```

```
for n in nodes:
    print("{0} ".format(n.value), end="")
```

我们构造节点的中序遍历和前序遍历序列，然后使用上节方法构造出示例二叉树，接着调用前面完成的代码获得二叉树的逆时针边缘节点。运行上述代码，结果如图 7-17 所示。

```
inorder = [28, 271, 0, 6, 561, 17, 3, 314, 2, 401, 641, 1, 257, 7, 278, 29]
preorder = [314, 6, 271, 28, 0, 561, 3, 17, 7, 2, 1, 401, 641, 257, 278, 29]
#构造示例二叉树
treeBuilder = BTreeBuilder(inorder, preorder)
root = treeBuilder.getTreeRoot()

at = AntiClockWiseTraval(root)
nodes = at.getAntiClockWiseNodes()
for n in nodes:
    print("{0} ".format(n.value), end="")
```

```
314 6 271 28 0 17 641 257 29 278 7
```

图 7-17　代码运行结果

从打印结果看，代码正确获取了二叉树的逆时针外围边缘节点。

7.5.4　代码分析

获取左边缘和右边缘节点时，代码依靠节点的左孩子或右孩子指针进行遍历，因此时间复杂度是 $O(n)$。获取底部边缘节点时，代码通过中序遍历访问每个节点，因此时间复杂度也是 $O(n)$。由此算法的总时间复杂度是 $O(n)$。代码用一个列表来存储所有边缘节点，因此空间复杂度是 $O(n)$。

7.6　寻找两个二叉树节点的最近共同祖先

给定一棵二叉树，并指定其中两个节点，要求找出两个节点在二叉树中的最近祖先。假定二叉树中每个节点都会有一个指针指向其父节点，如图 7-18 所示。

假定指定的两个节点是 401 和 29，那么它们的最近共同祖先就是 7。

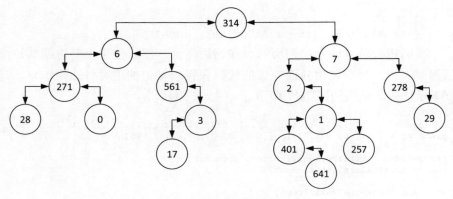

图 7-18　二叉树示例

7.6.1　题目描述

　　请设计算法，对给定的两个节点，寻找它们的最近共同祖先。要求算法的空间复杂度为 O(1)，时间复杂度为 O(h)，h 为二叉树的高。

7.6.2　算法描述

　　我们设计的算法步骤如下：

　　（1）从给定节点开始往上走，一直走到根节点，先确定两个节点的高度。例如节点 401 的高度是 4，节点 29 的高度是 3。

　　（2）从高度大的节点往上走，一直走到与另一个高度较小的节点等高为止。例如从节点 401 开始，先回到其父节点 1，此时节点 1 与节点 29 拥有相同高度，都是 3。

　　（3）两个节点分别往上每走一步就判断是否重合，如果重合那么当前节点就是两者的最近共同祖先。例如从节点 1 和节点 29 开始，它们分别往上走两步后重合，在节点 7 相遇，所以节点 7 就是 401 与 29 的最近共同祖先。

7.6.3　代码实现

　　我们先改动 TreeNode 的定义，为它增加一个指针 parent 用于指向父节点，同时修改 BTTreeBuilder 类，在构造二叉树时，让节点的 parent 指向父节点。

```
class TreeNode:
    def __init__(self, v):
        self.value = v
        self.left = self.right = None
        self.parent = None
class BTreeBuilder:
    def __init__(self, inorder, preorder):
        self.nodeMap = {}
        self.root = None
        #初始化两个指定节点
        self.node1 = self.node2 = None
        #把节点值和它在中序遍历中的位置对应起来
        for i in range(len(inorder)):
            self.nodeMap[inorder[i]] = i
        self.buildTree(preorder)

    def buildTree(self, preorder):
        if self.root is None:
            self.root = TreeNode(preorder[0])

        for i in range(1, len(preorder)):
            val = preorder[i]
            current = self.root
            while True:
                #从中序遍历序列中判断,当前从前序遍历序列中拿出的节点在当
前访问节点的左边还是右边
                if self.nodeMap[val] < self.nodeMap[current.value]:
                    #节点在当前中序遍历中处于访问节点的左边,如果当前访
问节点左子树不为空,则进入左子树
                    if current.left is not None:
                        current = current.left
                    else:
                        #如果访问节点左子树为空,则把从前序遍历中取得的节
点作为当前节点的左孩子
                        current.left = TreeNode(val)
                        #设置父节点
                        current.left.parent = current
                        #标记两个给定节点
                        if val == 401:
                            self.node1 = current.left
                        elif val == 29:
```

```
                    self.node2 = current.left
                break
            else:
                #节点在中序遍历中处于当前节点的右边
                if current.right is not None:
                    #如果被访问节点右子树不为空，则进入右子树
                    current = current.right
                else:
                    #访问节点右孩子为空，于是把取出的节点作为被访问节
点的右孩子

                    current.right = TreeNode(val)
                    #设置父节点
                    current.right.parent = current
                    #标记两个给定节点
                    if val == 401:
                        self.node1 = current.right
                    elif val == 29:
                        self.node2 = current.right
                break
    def getTreeRoot(self):
        return self.root
```

接下来，把前面描述的算法步骤实现如下：

```
class LowestCommonAncestor:
    def __init__(self, n1, n2):
        self.node1 = n1
        self.node2 = n2
    def findNodeHeight(self, n):
        #根据节点父指针回溯到根节点，进而找到当前节点的高
        h = 0
        while n.parent is not None:
            h += 1
            n = n.parent
        return h
    def retrackByHeight(self, n, h):
        #根据给定节点往上走给定高度
        while n.parent is not None and h > 0:
            h -= 1
            n = n.parent
        return n
    def traceBack(self, n1, n2):
        #两个节点依次往上走一步，然后判断是否重合
        while n1 is not n2:
            if n1 is not None:
```

```
            n1 = n1.parent
        if n2 is not None:
            n2 = n2.parent
    return n1
def getLCA(self):
    #先找到两个节点各自的高度，高度大的先往上走，直到两节点一样高
    h1 = self.findNodeHeight(self.node1)
    h2 = self.findNodeHeight(self.node2)
    if h1 > h2:
        self.node1 = self.retrackByHeight(self.node1, h1-h2)
    elif h1 < h2:
        self.node2 = self.retrackByHeight(self.node2, h2-h1)

    return self.traceBack(self.node1, self.node2)
```

我们用代码构造本节示例二叉树，并调用上面代码查找节点 401 和 29 的最近共同祖先：

```
inorder = [28, 271, 0, 6, 561, 17, 3, 314, 2, 401, 641, 1, 257,
7, 278, 29]
preorder = [314, 6, 271, 28, 0, 561, 3, 17, 7, 2, 1, 401, 641,
257, 278, 29]
#构造示例二叉树
treeBuilder = BTreeBuilder(inorder, preorder)
root = treeBuilder.getTreeRoot()

lca = LowestCommonAncestor(treeBuilder.node1,
treeBuilder.node2)
print("The nearest common ancestor is :
{0}".format(lca.getLCA().value))
```

运行上述代码，结果如图 7-19 所示。

```
inorder = [28, 271, 0, 6, 561, 17, 3, 314, 2, 401, 641, 1, 257, 7, 278, 29]
preorder = [314, 6, 271, 28, 0, 561, 3, 17, 7, 2, 1, 401, 641, 257, 278, 29]
#构造示例二叉树
treeBuilder = BTreeBuilder(inorder, preorder)
root = treeBuilder.getTreeRoot()

lca = LowestCommonAncestor(treeBuilder.node1, treeBuilder.node2)
print("The nearest common ancestor is : {0}".format(lca.getLCA().value))

The nearest common ancestor is : 7
```

图 7-19 代码运行结果

从结果输出来看，代码确实正确找到了节点 401 与 29 的最近共同祖先。

7.6.4　代码分析

代码在运行中没有分配内存，因此算法的空间复杂度是 O(1)。由于算法操作节点时，都是沿着节点 parent 指针往上走，因此算法的时间复杂度是 O(h)，h 为二叉树的高度。

7.7　设计搜索输入框的输入提示功能

我们在使用搜索引擎时，需要输入关键字进行检索。当你在搜索框中输入几个字符后，会出现一个下拉列表框，里面包含以当前字符为前缀的字符串，如图 7-20 所示。如果里面包含你想要的输入内容，直接单击即可，再也不用辛苦地把所有关键字字符依次输入，极大地提升了搜索体验。

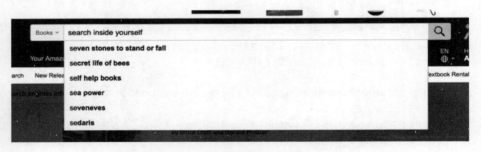

图 7-20　搜索下拉列表框

7.7.1　题目描述

给定一组关键词：to,tea,ted,in,inn，要求实现类似功能，当输入字符"t"时，把所有以"t"开头的关键字返回给用户。

7.7.2　算法描述

这道算法题涉及一种由二叉树变种而来的数据结构——字典树，具体形式如图 7-21 所示。

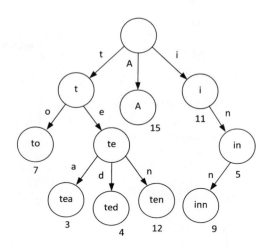

图 7-21　字典树

　　字典树的结构与二叉树一样，唯一的不同在于，二叉树中父节点只有两个孩子节点，而字典树中父节点可以有 26 个子节点（其中 26 对应的是英文字符的个数）。

　　实现搜索框的提示功能时，用户在搜索框中输入字符"t"，那么程序就从根节点开始，沿着对应字符为"t"的边进入第二层字符为"t"的节点，然后把该节点所有子节点内容显示在下拉列表框中。

　　例如，进入到第二层字符"t"后，程序就在下拉列表框中显示"to""te"。如果此时用户选择"te"，那么程序就从节点"t"进入第三层节点"te"，并将其所有子节点的内容显示出来，于是下拉列表框中就有了"tea""ted""ten"，以此类推。

7.7.3　代码实现

　　我们先用代码构造字典树的节点：

```
class TreeNode:
    def __init__(self):
        #当前节点对应的字符串
        self.s = ""
        #用一个哈希表对应节点的 26 个子节点
        self.map = {}

    def setString(self, str):
```

```
        #设置节点对应字符串
        self.s = str
    def getString(self):
        returnself.s
    def nextNode(self, b):
        #根据字符构造当前节点的子节点
        if self.map.get(b, None) is  None:
            n = TrieNode()
            self.map[b] = n
        return self.map[b]
    def getNode(self,b):
        #根据字符返回当前节点对应的子节点
        return self.map[b]
    def getAllNextNodes(self):
        #获得当前节点的所有子节点
        arr = []
        begin = ord('a')
        end = ord('z') + 1
        for i in range(begin, end):
            n = self.map.get(chr(i), None)
            if n is not None:
                arr.append(n)

        return arr
```

接着实现代码，读入一个字符串，然后根据字符串的每个字符构造对应的字典树：

```
class TrieBuilder:
    def __init__(self):
        self.root = TrieNode()
        self.stack = []
    def addWord(self, s):
        ...
        给定字符串，例如"tea"，代码先读入字符 t，然后在根节点根据一个对
应字符"t"的子节点，然后进入子节点，读取第二个字符"e"
        为子节点构造一个对应字符"e"的子节点，然后再进入该子节点，读取第
三个字符"a"，为当前节点再构造一个对应"a"的子节点
        ...
        node = self.root
        for i in range(len(s)):
            node = node.nextNode(s[i])

        node.setString(s)
```

```
def addNodeListToStack(self, nodes):
    for node in nodes:
        self.stack.append(node)

def getAllWordsByPrefix(self, prefix):
    ...
    根据前缀字符串每个字符从字典树中找到对应节点，然后找到该节点下所
有子节点，子节点以及子节点的子节点所对应的字符
    都是以给定字符串为前缀的字符串
    ...
    node = self.root
    #现根据前缀字符串中每个字符在字典树中找到节点
    for i in range(len(prefix)):
        node = node.getNode(prefix[i])
        if node is None:
            return None

    #获取当前节点所有子节点并加入堆栈
    self.addNodeListToStack(node.getAllNextNodes())
    allWords = []
    #子节点和子节点的子节点对应的字符串都是以当前字符为前缀
    while len(self.stack) > 0:
        n = self.stack.pop()
        allWords.append(n.getString())
        #把当前节点的所有子节点加入堆栈
        self.addNodeListToStack(n.getAllNextNodes())

    return allWords
```

调用 addWord，根据字符串构造字典树的流程如下：假设字符串为"tea"，一开始 TrieBuilder 先构造根节点，然后读取字符"t"，于是从根节点引出一条对应字符"t"的边指向一个新节点，该节点对应的字符串就是"t"，如图 7-22 所示。

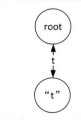

图 7-22 添加对应字符"t"的子节点

然后进入下面的"t"节点，读入字符"e"，从该节点引出一条对应字符"e"的边，指向新节点"te"，如图 7-23 所示。

然后进入节点"te"，读取字符"a"，然后从节点"te"引出一条对应字符"a"的边，指向一个字符串为"tea"的新节点，如图 7-24 所示。

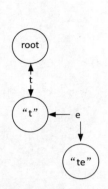

图 7-23 增加新节点 "te"

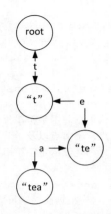

图 7-24 增加新节点 "tea"

当构建好字典树后，对于输入的字符串，我们可以调用 **getAllWordsByPrefix** 获取相应节点，进而获得节点对应的字符串。假定已有如图 7-20 所示的字典树，当用户输入字符 "t"，那么函数先进入第一层的节点 "t"，然后将其所有子节点加入堆栈，也就是把第二层的节点 "to" 和 "te" 加入堆栈。

然后弹出堆栈节点，将其对应的字符串加入队列，并且把弹出节点的所有子节点再次加入堆栈。例如弹出节点 "te" 时，会将其所有子节点 "tea" "ted" "ten" 都加入堆栈，后续又会把这些节点从堆栈弹出，并把对应字符串加入队列，于是队列就存储了所有字符串 "te" "to" "tea" "ted" "ten"，也就是所有以字符 "t" 为前缀的字符串就都找到了。

接下来我们根据给定字符串构建字典树，然后根据给定字符获得以它为前缀的所有字符串：

```python
dictionary = ["tea", "to", "ted", "ten", "A", "in", "inn"]
tb = TrieBuilder()
for word in dictionary:
    tb.addWord(word)
prefixWords = tb.getAllWordsByPrefix("t")
print("words with prifix of t are: ")
for word in prefixWords:
    print("{0} ".format(word), end="")
```

运行上述代码，结果如图 7-25 所示。

从运行结果看，当输入字符 "t" 时，程序能返回所有以 "t" 为前缀的字符串。

```
dictionary = ["tea", "to", "ted", "ten", "A", "in", "inn"]
tb = TrieBuilder()
for word in dictionary:
    tb.addWord(word)
prefixWords = tb.getAllWordsByPrefix("t")
print("words with prifix of t are: ")
for word in prefixWords:
    print("{0} ".format(word), end="")
```

```
words with prifix of t are:
to   ten ted tea
```

图 7-25　代码运行结果

7.7.4　代码分析

算法运行效率与用于构造字典树的字符串相关。当字符串含有 n 个字符时，我们要在字典树中构造 n 个节点，所以算法时间复杂度为 O(n)。当给定长度为n的前缀字符串时，算法会读取n个字符进行查找，因此时间复杂度为 O(n)。

由于算法会为字符串的每个字符构造一个节点，因此当字符串长度为 n 时，算法的空间复杂度就是 O(n)。

第 8 章　堆

在数据结构中，有一种与二叉树结构很像的数据结构——堆（heap，也称为优先级队列）。它的特点是所有元素的最小值或最大值总处于根节点。对于含有 n 个节点的堆，在加入或删除节点时，只需要复杂度为 O(lg(n)) 的操作便能保持堆的原有性质。正因为堆能快速在一堆元素中找到最大值或最小值，因此被广泛地应用于各种场景。

8.1　使用堆排序实现系统 Timer 机制

做过系统编程的人都知道，任何操作系统都会提供一种时钟机制。例如 SetTimer 调用，你给系统一个回调函数，并指定超时时间，一旦时间过去，系统就会回调你提供的函数。此外，在搜索引擎的网页排名也随时在变，当有一个新网页诞生时，如果它的重要性比老网页重要，那么它必须迅速插入到老网页的前头。

8.1.1　题目描述

假设你是系统内核设计师或搜索引擎架构师，在设计系统时，你如何开发出 Timer 时钟机制，或是编写搜索引擎时，如何设置合适的机制，使得网页的排位能迅速按照重要性的变化即时做出调整？

8.1.2　算法描述

实现 Timer 机制的办法是使用堆排序。所谓堆是一种特殊二叉树，其最大特性就是根节点一定是所有元素的极值。如果是最大值，我们称之为大堆；如果是最小值，我们称之为小堆。假定给定一个数组：16,14,10,8,7,9,3,2,4,1，把它们构建成大堆后如图 8-1 所示。

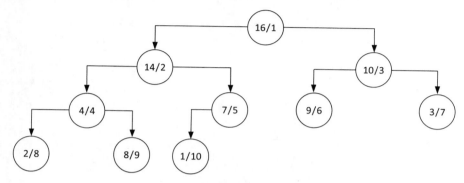

图 8-1　堆示例

图 8-1 所示堆节点中有两个数值，斜杠左边是节点的值，右边是节点在数组中的位置。例如，节点 16 排在原数组第一位，节点 10 排在原数组第三位。注意到每个节点将它所在位置除以 2 就得到其父节点在数组中的位置。

例如，节点 8 的位置是 9，9 除以 2 得 4，因此其父节点 4 在数组中排在第 4 位。于是我们就找到数值 8，其在堆中节点确实是节点 4 的父节点。于是给定一个节点，如果下标为 i，那么其左孩子在数组中的下标为 $2i$，右孩子在数组中的下标为 $2i+1$，同时其父节点在数组中的下标为 $i/2$。

从结构上看，堆虽然与二叉树一样，但节点的性质无需像排序二叉树那样左子节点小于父节点，父节点小于右子节点。但它必须维持一个特性，那就是头节点必须是极值。如果是大堆，那么头节点就是最大值；如果是小堆，头节点是最小值。

头节点是极值这一特性在堆中是具有递归性的。例如对于整个二叉树而言，节点 16 是根节点，它是所有节点的最大值。节点 16 的左子树是以节点 14 为根的二叉树，它同样满足根节点是所有节点最大值这一特性，即节点 14 就是以它为根的二叉树中的最大值。

同理，节点 16 的右子树是以节点 10 为根的二叉树，节点 10 是以它为根的二叉树节点中的最大值。

由于堆的结构与二叉树一样，因此它的高同样是 lg(n)。一个重要的问题是，如果在堆中加入或删除一个元素，以及某个元素的值被修改了，我们如何保证根节点是所有元素中的最大值或最小值这一特性呢？

如图 8-2 所示，它不是满足堆性质的二叉树，因为节点 4 作为根节点，不是以它为根的二叉树节点中的最大值。

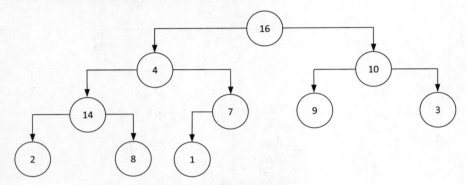

图 8-2　不满足堆性质的二叉树

为了满足堆的特性，我们把节点 4 与它的左右子节点比较，找到最大的，然后两者交换。这个动作一直进行，直到走到堆的底部为止。注意这里有个逻辑假设，那就是节点 4 的左右子树是满足堆性质的！

以图 8-2 为例，看看调整的过程。节点 4 左右孩子中值最大的是左孩子，而且节点 4 的左右子树满足堆性质，于是我们把节点 4 和 14 交换后，结果如图 8-3 所示。

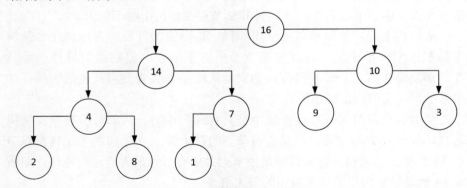

图 8-3　节点交换

节点 4 下降一层，然后再和左右子节点中最大的那个互换，也就是根节点 8 互换后得到如图 8-4 所示的满足堆性质的二叉树。

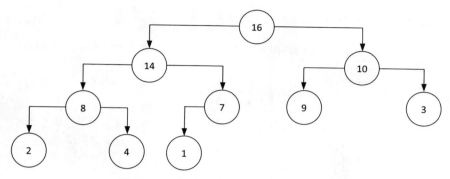

图 8-4　调整后满足堆性质的二叉树

由于堆的高度是 lg(n)，因此上面调整步骤的时间复杂度是 O(lg(n))。

我们可以利用上面的步骤去构建一个大堆。当只有一个节点时，它满足大堆性质。此时如果加入一个新节点，我们把新节点作为原节点的左子节点，然后利用前面讲述的调整步骤将其转换为满足性质的大堆。以后每次加入新节点时都可以做类似调整。

8.1.3　代码实现

我们根据算法描述的步骤，用代码实现如下（注意结合注释阅读代码，以便加深对代码逻辑的理解）：

```python
class HeapSort:
    def __init__(self, array):
        self.heapSize = len(array)
        self.heapArray = array

    def parent(self, i):
        #获得父节点在数组中的下标
        return int(i/2)
    def left(self, i):
        #获得左孩子在数组中的下标
        return 2*i
    def right(self, i):
        #获得右孩子在数组中的下标
        return 2*i+1
    def maxHeapify(self, i):
        ...
```

把下标为 i 的节点与孩子节点进行置换，先找出左右孩子节点中最大值，然后将当前节点与之互换；接着进入置换后的节点，继续执行置换流程，直到底部，

从而维持二叉树符合堆的性质

```
    ...
    #先把坐标 i 加 1，因为数组下标从 0 开始，但是算法中元素的下标从 1
开始
    i += 1
    l = self.left(i)
    r = self.right(i)
    #把下标都减 1，因为数组下标从 0 开始，算法中元素的下标从 1 开始
    i -= 1
    l -= 1
    r -= 1

    #从左右孩子节点中找出最大那个
    largest = -1
    if l <self.heapSize and self.heapArray[l] >self.
heapArray[i]:
        largest = l
    else:
        largest = i
    if r <self.heapSize and self.heapArray[r] >self.
heapArray[largest]:
        largest = r

    #如果左右孩子节点比父节点大，那么将父节点与对应的孩子节点置换
    if largest != i:
        temp = self.heapArray[i]
        self.heapArray[i] = self.heapArray[largest]
        self.heapArray[largest] = temp
        #置换后进入下一层，继续执行置换流程
        self.maxHeapify(largest)
def buildMaxHeap(self):
    #构建大堆
    ...
    如果元素在数组中的下标是 i，那么左孩子下标为 2i，右孩子为 2i+1，
于是所有处于后半部的元素只能是叶子节点。注意到单个节点本身就能构成大堆，
所以叶子节点本身就满足大堆的性质
    ...
    i = int(self.heapSize / 2)
    while i >= 0:
        self.maxHeapify(i)
        i -= 1
    return self.heapArray
```

代码中 maxHeapify 用来将指定下标的节点与子节点互换以保持二叉树
满足大堆性质。要对任意数组构造大堆时，我们可以调用 buildMaxHeap。

将给定数组构建成大堆时，我们要从数组的中点开始，因为中点后面的元素都是叶子节点，而叶子节点本身已经满足最大堆性质。

举个具体实例，假设有数组如图 8-5 所示。

图 8-5　示例数组元素

数组长度是 5，**buildMaxHeap** 在将上面元素构建成大堆时，从中点开始，也就是节点 5 开始循环。节点 5 下标是 2，于是左孩子的下标是 4，所以节点 4 是节点 5 的左孩子；同理最后的节点 2 是节点 5 的右孩子，于是第一次循环构成如图 8-6 所示的结构。

接着循环往前走到节点 1，节点 1 的左孩子就是节点 5，右孩子就是节点 3，于是构成如图 8-7 所示的结构。

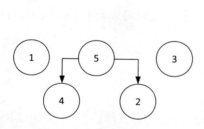

图 8-6　大堆构建第一步

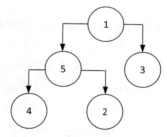

图 8-7　大堆构建第二步

此时根节点 1 比左孩子节点 5 小，所以 maxHeapify 函数会把它和节点 5 互换，得到如图 8-8 所示的结构。

节点 1 置换后，其值仍然比它的左孩子 4 要小，于是代码 maxHeapify 再次将它进行置换，得到如图 8-9 所示的结构。于是，符合大堆性质的二叉树就形成了。

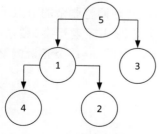

图 8-8　大堆构建第三步

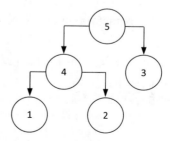

图 8-9　符合大堆性质的二叉树

当大堆形成后，数组中元素的排序也跟着进行了相应的变换。接下来，我们创建一个数组，然后调用上面代码构建一个大堆：

```
A = [1,2,3,4,7,8,9,10,14,16]
hs = HeapSort(A)
heap = hs.buildMaxHeap()
for i in heap:
    print("{0} ".format(i), end="")
```

运行上述代码，结果如图 8-10 所示。

```
A = [1,2,3,4,7,8,9,10,14,16]
hs = HeapSort(A)
heap = hs.buildMaxHeap()
for i in heap:
    print("{0} ".format(i), end="")

16 14 9 10 7 8 3 1 4 2
```

图 8-10　代码运行结果

可以看到，数组中最大值排在了最前面。我们可以自行检测输出的数组元素排列对应图 8-4 所示的大堆结构。

接下来我们要给上面的堆结构增加几个操作，它们分别是：

（1）insert(x)，将一个新元素插入堆，并保持大堆性质不变。

（2）maximun()，返回堆元素中的最大值。

（3）extractMaximun()，将大堆中的最大值元素去除，并让剩下元素保持大堆性质。

（4）increaseKey(i,k)，将下标为 i 的元素的值增加为 k，并让大堆性质保持不变。

这几个操作中，maximun()实现最简单，因为大堆的根节点就是元素中的最大值，所以我们把数组构建成大堆后，直接返回头元素即可：

```
def maximun(self):
return self.heapArray[0]
```

调用 extractMaximun()将最大元素拿掉后，必须调整剩余的节点结构以便满足大堆性质。它的做法是，把最后一个元素跟头元素互换，然后把堆的元素个数设置为 n–1，接着调用 maxHeapify()将前 n–1 个元素调整成大堆。代码如下：

```
def extractMaximun(self):
        if self.heapSize< 1:
            return None
```

```
max = self.heapArray[0]
#将最后一个元素的值设置成根节点的值
self.heapArray[0] = self.heapArray[self.heapSize - 1]
self.heapSize -= 1
self.heapArray.pop()
#调用 maxHeapify 将前 n-1 个元素调整成大堆结构
self.maxHeapify(0)

return max
```

如果上面代码正确的话，我们调用它取得最大值元素 16 后，再次调用 maximun()就应该得到第二大的元素 14。相应代码如下：

```
print("max value is {0}".format(hs.extractMaximun()))
print("max value after calling extractMaximun is :{0}".format
(hs.maximun()))
```

运行上述代码，结果如图 8-11 所示。

```
print("max value is {0}".format(hs.extractMaximun()))
print("max value after calling extractMaximun is :{0}".format(hs.maximun()))
```

```
max value is 16
max value after calling extractMaximun is :14
```

图 8-11 代码运行结果

从图 8-11 所示运行结果来看，extracMaximun()实现的逻辑是正确的。我们再看看 increaseKey(i,k)的实现，其实现代码如下：

```
def increaseKey(self, i, k):
        #改变下标为 i 的节点值
        if self.heapArray[i] == k:
        return
        self.heapArray[i] = k
        #元素值增大后，它要与父节点置换以便满足大堆性质
        while i > 0 and self.heapArray[self.parent(i)] <self.
heapArray[i]:
            temp = self.heapArray[self.parent(i)]
            self.heapArray[self.parent(i)] = self.heapArray[i]
            self.heapArray[i] = temp
            i = self.parent(i)
```

为了验证上面代码的正确性，我们把某个节点值增加得比最大值大，然后调用 maximun()查看返回结果是否正确：

```
hs.increaseKey(8, 17)
print("Maximun element after calling increaseKey is {0}".format
(hs.maximun()))
```

上面代码把第九个元素值增加到 17，超过了最大节点值，然后调用 maximun 检测最大值是否做了相应更改。运行上述代码，结果如图 8-12 所示。

```
hs.increaseKey(8, 17)
print("Maximun element after calling increaseKey is {0}".format(hs.maximun()))

Maximun element after calling increaseKey is 17
```

图 8-12　代码运行结果

从结果看，increaseKey 实现是正确的。

在大堆的几种操作中有插入元素，却没有删除指定元素，其实通过上面几种调用就可以实现删除功能。我们只要调用 increaseKey 把要删除的元素增加到比头节点值还大，然后调用 extracMaximun() 就可以实现删除功能。

最后我们看看 insert(x) 的实现：

```
def insert(self, val):
    #在数组末尾添加一个最小值
    self.heapArray.append(-sys.maxsize)
    #然后调用 increaseKey 将它增加到 val
    self.heapSize += 1
    self.increaseKey(self.heapSize - 1, val)
    return self.heapArray
```

在插入一个元素时，我们在数组末尾增加一个最小值元素，然后调用 increaseKey 将最小值增加到指定值。我们调用上面代码插入一个元素看看结果：

```
hs.insert(20)
print("Maximun element after calling insert is {0}".format
(hs.maximun()))
```

运行上述代码，结果如图 8-13 所示。

```
hs.insert(20)
print("Maximun element after calling insert is {0}".format(hs.maximun()))

Maximun element after calling insert is 20
```

图 8-13　代码运行结果

从图 8-13 所示运行结果来看，我们实现的插入功能是正确的。至此，堆的数据结构和相关算法原理及其实现就介绍完了。要实现系统的 Timer 机制，只需实现一个最小堆即可，实现的逻辑与在此描述的过程是一模一样的。

8.1.4 代码分析

代码实现中的 maxHeapify()函数用于将给定节点与子节点置换，置换的次数等于堆的高，所以该函数的时间复杂度为 O(lg(n))。buildMaxHeap 遍历数组每个元素，然后调用 maxHeapify 函数，因此它的时间复杂度是 O(nlg(n))。大堆的相关操作，例如 insert、extractMaximun 等，都间接调用 maxHeapify，所以它们的时间复杂度都是 O(lg(n))。

8.2 波浪形数组的快速排序法

波浪形数组具备这样的特性，其元素先是递增，然后递减，达到某个点时又开始递增和递减。如图 8-14 所示就是一个波浪形数组的示例。

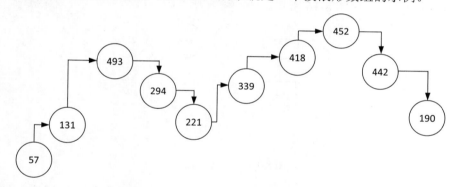

图 8-14 波浪形数组

在图 8-14 中，节点 57~节点 221 形成一个波浪，因为它经历了递增然后递减的历程；同理节点 221~节点 190 也是一个波浪，由此上面节点构成两个波浪。

8.2.1 题目描述

假定一个含有 k 个波浪的数组，要求设计一个高效算法对其进行排序。你可以申请一个同等大小的空数组，并且允许另外申请 O(k)大小的额外空间。

8.2.2 算法描述

首先对每个波浪进行排序。对于例子中给定的第一个波浪，它具备先增后减的性质，于是在波浪开头和末尾各放置一个指针，然后比对两个指针指向元素的大小，把两者中较小的那个放到另一个数组相应位置。例如，对第一个波浪这样处理，如图 8-15 所示。

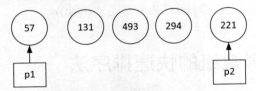

图 8-15　头尾指针指向第一个波浪

此时 p1 指向的元素小于 p2，所以把 57 挪到另一个数组，然后 p1 指针向后移动一位，如图 8-16 所示。

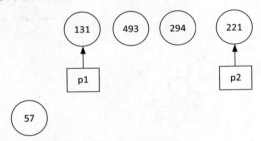

图 8-16　p1 指针后移

以此类推，当指针 p1 和 p2 相遇后，波浪中的元素就会排好序，如图 8-17 所示。

图 8-17　排好序的波浪

接着从每个排好序的波浪中取出最大值，k 个波浪就取出 k 个值。然后构造一个大堆，并利用 extractMaximun 获取大堆最大值，并把这个值放到数组的末尾。假设这个最大值来自第 t 个波浪，那么把第 t 个波浪中倒数第二大的值插入大堆，然后继续调用 extractMaximun，此时获得的值是整个数组中第二大的元素。以此类推，就可以把整个波浪数组都排序。

8.2.3 代码实现

我们先定义一个数据结构，将每一个元素与它所在的波浪关联起来：

```python
#该类把元素与其所在的波浪关联起来
class Pair:
    def __init__(self, v, b, e):
        self.val = v
        self.begin = b
        self.end = e
    def exchange(self, pair):
        #交换两个 Pair 对象
        v = self.val
        b = self.begin
        e = self.end

        self.val = pair.val
        self.begin = pair.begin
        self.end = pair.end

        pair.val = v
        pair.begin = b
        pair.end = e
```

Pair 类把元素的值与它所在波浪的起始和终止位置关联起来，这样能为我们后面从排好序的波浪中抽取元素提供方便。接下来，添加对每个波浪进行排序的代码：

```python
class WaveArraySorter:
    def __init__(self, array):
        #额外用于排序数组的空间
        self.waveArray = []
        self.originalArray = array
        self.waveBegin = 0
        self.waveEnd = 0
        self.pairArray = []

        self.findWaveAndSort()

    def findWaveAndSort(self):
        #找到每一个波浪并对其进行排序
        i = self.waveBegin
        waveDown = False
        while i <len(self.originalArray) - 1:
```

```
        if self.originalArray[i] >self.originalArray[i+1]:
            #当元素递减时抵达波峰
            waveDown = True

        risingAgain = self.originalArray[i] <self. original-
Array[i+1]
            #数组的最后一部分元素有可能不是一个完整波浪，而是只有半个波
浪，也就是只有递增的那一边
            reachingEnd = (i+1 == len(self.originalArray) - 1)
        if(waveDown is True and risingAgain) or reachingEnd:
            #此时抵达波浪的最后一个元素
            if reachingEnd is True:
                #i+1 是数值最后一个元素的下标
                self.waveEnd = i + 1
            else:
                self.waveEnd = i
            #waveBegin 和 waveEnd 分别指向波浪的起始和结束
            self.sortWave()

            #将排好序后的波浪最后一个元素以及该元素所在波浪的起始和
结束位置信息存储在 Pair 对象中
            p = Pair(self.waveArray[self.waveEnd], self.
waveBegin, self.waveEnd)
            self.pairArray.append(p)

            self.waveBegin = i + 1
            waveDown = False
        i += 1

def sortWave(self):
    begin = self.waveBegin
    end = self.waveEnd

    while begin <= end:
        #把两个指针中较小的元素放置到新数组
        if self.originalArray[begin] <self.originalArray[end]:
            self.waveArray.append(self.originalArray[begin])
            begin += 1
        else:
            self.waveArray.append(self.originalArray[end])
            end -= 1
```

```
    def getWaveSortedArray(self):
        return self.waveArray
```

函数 findWaveAndSort 在数组中确定波浪的起始位置和结束位置，然后根据前面描述的算法，用两个指针指向波浪的起始元素和末尾元素后进行排序。

我们构造一个波浪形数组，然后调用上面代码进行排序，看看结果是否正确：

```
wave = [57, 131, 221, 294, 493, 190 , 339, 418, 442, 452]
ws = WaveArraySorter(wave)
print(ws.getWaveSortedArray())
```

运行上述代码，结果如图 8-18 所示。

```
wave = [57, 131, 221, 294, 493, 190 , 339, 418, 442, 452]
ws = WaveArraySorter(wave)
print(ws.getWaveSortedArray())

[57, 131, 190, 221, 294, 493, 339, 418, 442, 452]
```

图 8-18　代码运行结果

从运行结果看，代码对波浪形数组中的每个波浪进行了正确的排序。

接下来，修改 8.1.3 节的 HeapSort 代码，让它对 Pair 类进行排序：

```
classHeapPairSort:
    def __init__(self, array):
        self.heapSize = len(array)
        self.heapArray = array

    def parent(self, i):
        #获得父节点在数组中的下标
        return int(i/2)
    def left(self, i):
        #获得左孩子在数组中的下标
        return 2*i
    def right(self, i):
        #获得右孩子在数组中的下标
        return 2*i+1
    def maxHeapify(self, i):
        ...
        把下标为 i 的节点与孩子节点进行置换，先找出左右孩子节点中最大值，然后将当前节点与之互换
        接着进入置换后的节点，继续执行置换流程，直到底部，从而维持二叉树符合堆的性质
        ...
```

```
    #先把坐标 i 加 1，因为数组下标从 0 开始，但是算法中元素的下标从 1
开始
    i += 1
    l = self.left(i)
    r = self.right(i)
    #把下标都减 1，因为数组下标从 0 开始，算法中元素的下标从 1 开始
    i -= 1
    l -= 1
    r -= 1

    #从左右孩子节点中找出最大那个
    largest = -1
    if l <self.heapSize and self.heapArray[l].val>self.
heapArray[i].val:
        largest = l
    else:
        largest = i
    if r <self.heapSize and self.heapArray[r].val>self.
heapArray[largest].val:
        largest = r

    #如果左右孩子节点比父节点大，那么将父节点与对应的孩子节点置换
    if largest != i:
        self.heapArray[largest].exchange(self.heapArray[i])
        #置换后进入下一层，继续执行置换流程
        self.maxHeapify(largest)

def buildMaxHeap(self):
    #构建大堆
    …
    如果元素在数组中的下标是 i，那么左孩子下标为 2i，右孩子为 2i+1
    于是所有处于后半部的元素只能是叶子节点。注意到单个节点本身就能构
成大堆，所以叶子节点本身就满足大堆的性质
    …
    i = int(self.heapSize / 2)
    while i >= 0:
        self.maxHeapify(i)
        i -= 1
    return self.heapArray

def maxmun(self):
    return self.heapArray[0]

def extractMaximun(self):
```

```
            if self.heapSize< 1:
                return None

            max = self.heapArray[0]
            #将最后一个元素的值设置成根节点的值
            self.heapArray[0] = self.heapArray[self.heapSize - 1]
            self.heapSize -= 1
            self.heapArray.pop()
            #调用 maxHeapify 将前 n-1 个元素调整成大堆结构
            self.maxHeapify(0)

            return max
    def increaseKey(self, i, k):
            #改变下标为 i 的节点值
            if self.heapArray[i].val>= k:
                return
            self.heapArray[i].val = k
            #元素值增大后，它要与父节点置换以便满足大堆性质
            while i > 0 and self.heapArray[self.parent(i)].val<self.
heapArray[i].val:
                self.heapArray[self.parent(i)].exchange(self.
heapArray[i])
                i = self.parent(i)
    def insert(self, pair):
            #在数组末尾添加一个最小值
            p = Pair(-sys.maxsize, pair.begin, pair.end)
            self.heapArray.append(p)
            #然后调用 increaseKey 将它增加到 val
            self.heapSize += 1
            self.increaseKey(self.heapSize - 1, pair.val)
            return self.heapArray
```

类 HeapPairSort 实现逻辑与 8.1.3 节的 HeapSort 是一样的，只是把对数值元素的比较转换成了对 Pair 类的比较。接下来，把排好序的波浪形数组中每个波浪的最大值加入上面构造的大堆，然后每次从大堆中取出最大值，放入到数组的相关位置：

```
wave = [57, 131, 493, 294, 221,  339,  418, 452,  442, 190, 230,
               310, 510, 432, 271,
               280, 350, 631, 450, 332]
ws = WaveArraySorter(wave)
#取出每个波浪的最大值构建大堆
hps = HeapPairSort(ws.pairArray)
hps.buildMaxHeap()
```

```
count = len(wave) - 1
wave = []
waveSortedArray = ws.getWaveSortedArray()

while count >= 0:
    max = hps.extractMaximun()
    wave.insert(0, max.val)

    #将当前元素的前一个元素加入大堆
    if max.end>max.begin:
        max.end -= 1
        max.val = waveSortedArray[max.end]
        hps.insert(max)

    count -= 1

print(wave)
```

上面代码先是构造一个波浪数组，然后将数组中每个波浪进行排序。把排序后每个波浪的最大值加入大堆，并从大堆中抽取出最大值插入到空数组中，其逻辑与前面描述的算法步骤是一致的。运行上述代码，结果如图 8-19 所示。

```
wave = [57, 131, 493, 294, 221,  339,  418, 452,  442, 190, 230, 310, 510, 432, 271,
                280, 350, 631, 450, 332]
ws = WaveArraySorter(wave)
#取出每个波浪的最大值构建大堆
hps = HeapPairSort(ws.pairArray)
hps.buildMaxHeap()

count = len(wave) - 1
wave = []
waveSortedArray = ws.getWaveSortedArray()

while count >= 0:
    max = hps.extractMaximun()
    wave.insert(0, max.val)

    #将当前元素的前一个元素加入大堆
    if max.end > max.begin:
        max.end -= 1
        max.val = waveSortedArray[max.end]
        hps.insert(max)

    count -= 1

print(wave)


[57, 131, 190, 221, 230, 271, 280, 294, 310, 332, 339, 350, 418, 432, 442, 450, 452, 493, 51
0, 631]
```

图 8-19　代码运行结果

从运行结果看，原来的波浪形数组得到了正确的排序。

8.2.4　代码分析

代码先对波浪形数组进行排序，排序时只需对一个波浪中的首尾元素进行比较，因此排序的时间复杂度是 O(n)。排好序后，对于含有 k 个波浪的数组，我们把每个数组中的最大值取出，构成一个含有 k 个元素的大堆，时间复杂度为 O(klg(k))。

接着从大堆中取出最大值，加入另一个空数组。每从大堆中取出一个值，我们就把该数值所在波浪中排在它前面的元素加入大堆。将元素插入大堆的复杂度是 O(lgk)。由于最多将 n–k 个元素插入大堆，因此算法复杂度是 O((n–k)lg(k))，我们可以把它简化为 O(nlg(k))。

8.3　快速获取数组中点的相邻区域点

给定一个数组，我们需要找到数组中点，并且将离中点最近的 k 个数组成员抽取出来。例如，给定数组 7,14,10,12,2,11,29,3,4，该数组的中点是 10，如果令 k=5，那么离中点最近的 5 个数就是 7,14,10,12,11。

8.3.1　题目描述

假定给你一个含有 n 个元素的数组，要求你设计一个复杂度为 O(n)的算法，找出距离数组中点最近的 k 个元素。

8.3.2　算法描述

这道题难度较大，因为算法涉及到两个难点：一是如何在一个未排序的数组中以 O(n)的时间复杂度找到中点；二是得到中点后，如何获取离中点最近的 k 个元素。如果你能在 1 小时内完成这道题，那么在 BAT 中获得某个技术经理的职位应该没有太大问题。

解决该问题需要分两步走：

（1）找到一个算法，能在 O(n)时间内查找到数组中点。

（2）假设得到了中点（用变量 m 来表示），我们就计算数组前 k 个元素与中点的距离。这个距离就是元素与中点数值之差的绝对值。例如，数组第 i 个元素与中点的距离为 D(i) = |A[i]–m|，其中 A 对应的就是数组。

我们把 k 个元素与中点的距离构造一个大堆，然后计算余下 n–k–1 个元素与中点的距离，并与大堆中的最大值进行比较。如果其距离大过大堆的最大值，那么忽略该元素；如果小于大堆最大值，那么去掉大堆最大值，将当前元素加入大堆。

当完成上面步骤后，大堆中的 k 个元素就是距离中点最近的 k 个元素。

我们先看第一步如何实现。找到数组的中点，一个自然的想法是排序，然后直接定位中间那个元素即可。但排序需要的时间复杂度是 O(nlg(n))，因此无法满足题目要求。

我们可以这么做，随机地在数组中选取一个元素，然后将所有元素跟它进行比较。把所有比它小的元素排在它前面，所有比它大的元素排在它后面。如果排在它前后的元素个数正好相等，那么该元素就是中点。

如果排在该元素前面的元素个数不足数组的一半，假设数组 11 个元素中排在选定元素前面的元素有 2 个，排在后面的有 7 个，那么我们就在后面 7 个元素中查找排位第 3 的元素。如果排在选定元素前面的元素个数有 7 个，那么我们就在前半部分，以相同的办法查找排位第 6 的元素。

举个具体例子，假设数组有如下元素，如图 8-20 所示。

图 8-20　数组元素示例

我们从数组中任意选择一个元素，假设选择 –5，那么元素比较排列后如图 8-21 所示。

图 8-21　元素排列后情形

排在 –5 前面的元素有 1 个，排在它后面的有 4 个，由此在后半部查找排名第二位的元素便能满足要求。因为在后半部分排第二位的元素，它前面有 1 个元素，再加上 –10、–5 两个元素，那么排在其前面的总共有 3 个元素，因此它就是整个数组的中点。

假设在后半部元素中，随机选取到元素 2，排列后如图 8-22 所示。

图 8-22　元素排列后情形

此时节点 2 前面有 3 个元素，后面也有 3 个元素，所以 2 就是数组的中点。我们后面会证明，这种方法能在 O(n)时间内查找到中点。

8.3.3　代码实现

我们先根据前面所述的算法逻辑，实现查找中位数的代码：

```
import random;

def findElementWithPos(array, pos):
    if len(array) < 1 or pos>= len(array):
        return None

    #随机在数组中抽取一个元素
    p = random.randint(0, len(array) - 1)
    pivot = array[p]

    #遍历数组，把比 pivot 小的值放到前面，比它大的值放到后面
    ...
```

用两个指针，begin 指向数组起始处，end 指向数组末尾。如果 begin 比 pivot 小，则 begin 加 1；如果比 pivot 大，则将 begin 与 end 指向的值互换，然后 end 减 1

当 begin 和 end 重合时，比对结束

```
    ...
    begin = 0
    end = len(array) - 1
    while begin != end:
      if array[begin] >= pivot:
          temp = array[end]
          array[end] = array[begin]
          array[begin] = temp
          end -= 1
```

```
    else:
        begin += 1

    ...
```

在 while 循环中，只有 array[begin] < pivot 时 begin 才会前进一位，问题在于在最后一次循环，我们把 end 指向的元素和 begin 指向的元素交换后循环就结束了，这时无法确保此时 begin 指向的元素是否大于 pivot，所以循环出来后还要再判断一次

```
    ...
    if array[begin] < pivot:
        begin += 1


    ...
```

元素排列后，begin 前面元素都小于 pivot，从 begin 开始的元素都大于等于 pivot

```
    if begin == pos:
        return pivot
    if begin >pos:
        return findElementWithPos(array[:begin], pos)
    else:
        return findElementWithPos(array[begin:], pos - begin)
```

接着创建一个数组，然后调用上面代码查找中点：

```
array = [1,-5,3,7,1000,2,-10]
element = findElementWithPos(array, 3)
print(element)
```

运行上述代码，结果如图 8-23 所示。

```
array = [1,-5,3,7,1000,2,-10]
element = findElementWithPos(array, 3)
print(element)

2
```

图 8-23　代码运行结果

上面代码调用 findElementWithPos 查找数组排序后下标为 3 的元素，它返回了元素 2，结果跟我们前面的分析是一致的。

接下来，创建一个任意数组，调用上面代码查找到中点；然后借助上节定义的 Pair 类，把数组中每个元素到中点的距离作为 Pair 对象的 val，把元素在数组中的位置设置为 Pair 对象的 begin 和 end 两个域；最后用上一节

完成的 HeapPairSort 来执行算法步骤 2。代码如下：

```
array = [7, 14, 10, 12, 2, 11, 29, 3, 4]
mid = findElementWithPos(array, 4)
print("mid point of array is :",mid)

pairArray = []
for i in range(len(array)):
    p = Pair(abs(array[i] - mid), i, i)
    pairArray.append(p)

k = 5
hps = HeapPairSort(pairArray[0:k])
for i in range(k+1, len(pairArray)):
    if pairArray[i].val<hps.maxmun().val:
        hps.extractMaximun()
        hps.insert(pairArray[i])

print("{0} elements that are closet to mid pointare:".format(k))
for i in range(hps.heapSize):
    pos = hps.heapArray[i].begin
    print("{0} ".format(array[pos]), end="")
```

运行上述代码，结果如图 8-24 所示。

```
pairArray = []
for i in range(len(array)):
    p = Pair(abs(array[i] - mid), i, i)
    pairArray.append(p)

k = 5
hps = HeapPairSort(pairArray[0:k])
for i in range(k+1, len(pairArray)):
    if pairArray[i].val < hps.maxmun().val:
        hps.extractMaximun()
        hps.insert(pairArray[i])

print("{0} elements that are closet to mid point are:".format(k))
for i in range(hps.heapSize):
    pos = hps.heapArray[i].begin
    print("{0} ".format(array[pos]), end="")
```

```
mid point of array is : 10
5 elements that are closet to mid point are:
14 7 11 10 12
```

图 8-24　代码运行结果

从输出结果可以看到，程序准确地找到了离中点 10 最近的 5 个元素。

8.3.4　代码分析

　　算法步骤（2）中，遍历数组元素，然后将元素插入大堆。由于堆的插入操作所需时间复杂度是 O(lg(k))，所以算法步骤（2）的时间复杂度是 O(nlg(k))。由于 k 是常数，因此步骤（2）的时间复杂度等价于 O(n)。

　　我们需要确定的是，执行 findElementWithPos 的时间复杂度是 O(n)。该函数的基本逻辑是，随机在数组中选取一个元素，然后将所有元素跟它进行比较；接着把数组分成两部分，前一部分小于选定元素，后一部分大于等于选定元素。

　　假设两部分的比例是 1:9，我们再假设每次查找都遇到最坏情况，要找的元素都在后一部分，那么代码对元素的比较次数可以用下面公式进行计算：

$$n \times (1 + 9/10 + 9/10^2 + \cdots + 9/10^t)$$

　　乘号右边是一个等比数列，其值是 10，也就是说 findElementWithPos 最多进行 10n 次比较后就可以找到指定元素。因此，该函数的时间复杂度仍然是 O(n)。由此算法的总时间复杂度是 O(n)。

第9章 二分查找法

在面试算法题中，排序和查找无处不在。此类问题及相关变种被问到的概率高达 90%。计算机程序要解决的问题，绝大多数都涉及对大量数据的排列和查找。当面试官给出的题目出现数组或数据集合时，你的第一反应就要想到排序和查找。

从本章开始，我们将聚焦查找技术。给定含有 n 条记录的集合，确定某条记录是否包含其中，唯一的办法就是逐条查看，时间复杂度是 O(n)。如果记录是排序的，那么查找能大大加快。

在所有查找技术中，我们要掌握的是二分查找。它的基本思路是，给定一个排好序的数组，要确定是否含有给定元素，那就先看中间元素是否等于给定元素。如果不等，根据排序特性，如果数组包含给定元素的话，那么它肯定处于上半部或者下半部，如此查找的范围一下子缩小一半。几个流程下来，我们很快能确认数组是否含有给定元素。

9.1 隐藏在《编程珠玑》中 20 年的 bug

《编程珠玑》一书作者 Jon Bentley 在该书中做过统计，让专业人员开发二分查找法程序，在充足时间下，有 90%以上的人无法编写出完全准确的代码。搞笑的是，《编程珠玑》中有一章讲的就是"如何编写正确的代码"，作者专门以二分查找法为例，教授读者如何把代码写好。正是这份实现二分查找的示例代码含有一个 bug，却在该书出版后的 20 年内都没有被发现。书中描绘的这段代码如下：

```
l = 0; u = n-1
loop
    {mustbe(l, u)}
```

```
If l > u
  p = -1; break
  m = (l + u) / 2
case
  x[m] < t: l = m+1
  x[m] == t; p = m; break
  x[m] > t; u = m - 1;
```

上述代码用于二分查找功能。其中问题出现在"$m=(l+u)/2$"上，这句代码会导致计算溢出。假设代码跑在 32 位机器上，那么整型最大只能用 32 位表示。如果 l 和 u 足够大，两者之和超过 32 位，那么就会造成计算溢出。合理的做法应该改成"$m=l+(u-l)/2$"。接下来我们看一道有关二分查找法的算法题。

9.1.1 题目描述

所谓排序数组，就是数组中的元素是根据它们的绝对值来排序的。也就是说，给定下标 i、j，那么有|A[i]| < |A[j]|。例如，下面给定的数组就是按照绝对值排序的：

–49,75,103,–147,164,–197,–238,314,384,–422

给定一个绝对值排序数组 A，并给定一个数组 K，要求判断数组中是否包含两个元素，它们加起来的和等于数值 K。例如，给定上面数组，并给定 K=167，那么 A[3] + A[7] = K，于是算法返回两下标（3,7）；如果不存在这样的两个数，数组返回-1。

9.1.2 算法描述

先来看看，如果数组中全是正整数，当给定一个值时，如何判断数组中是否含有两个元素，并且它们加起来的和等于给定值。例如数组 1,2,3,4,5,6,7,8,9，并给定数值 14，如何找出其中两个元素，它们之和等于 14？

做法如下，先拿出第一个元素 1，用 14 减去 1 得 13，然后用二分查找法在剩下的元素中查找 13；如果没有，继续拿出元素 2，14 减去 2 得 12，接着在剩下的元素中使用二分查找法查询 12，以此类推。

如果所有元素遍历完毕后没有结果，那么数组中不包含符合条件的元素。使用这个办法，我们可以从数组中找到 5 和 9 两个元素是满足条件的。

由于题目给定数组含有负数，因此我们不能直接使用该办法。不过，只要把数组转变为只包含正数即可。根据绝对值排序数组的特点，最后一个元素的绝对值一定是最大的，我们把数组每个元素都加上最后一个元素的绝对值，于是数组便转换为只包含正数。

假定最后一个元素绝对值为 M，变换后每个元素都增加了 M，那么任意两个元素之和就比原来大 2M，于是给定数值 K 也要转变为 K+2M。问题稍微转换一下，我们就可以使用上面所述的查找办法。

9.1.3　代码实现

我们先看看二分查找法的代码实现，通过对代码的解读，我们能对算法逻辑有更深入的理解。

```
def binarySearch(A, B, E, t):
    ...
    A 为要查找的数组，B 为查找的起点，E 为查找范围的终点，t 为要查找的值
    ...
    L = B
    U = E
    while L <= U:
        ...
        在名著《编程珠玑》中，获取中点下标时使用的是 M = (L + U)/2，如
果 U 和 L 的值足够大，L + U 就会导致计算溢出，超出 32 位或 64 位以上的比特
位会被丢弃，于是 L + U 会得到比预期结果要小的值
        虽然 M = L + (U - L)/2 在某些情况下也会导致溢出，但由于使其出
错的情况非常罕见，所以我们暂时使用该办法
        ...
        #先取中点元素下标
        M = L + int( (U - L)/2)
        if A[M] < t:
            #如果中点值小于要查找数值，那么就在后半部查找
            L = M + 1
        elif A[M] == t:
            #如果中点值等于要查找数值，直接返回
            return M
        else:
            #如果中点值大于要查找数值，那么到前半部分查找
```

```
        U = M - 1

    return None
```

我们构建一个排序数组，调用上面代码查找数组中给定元素：

```
A = [1,2,3,4,5,6,7,8,9]
v = 6
p = binarySearch(A, 0, 8, v)
print("the position of value {0} is {1}".format(v, p))
```

运行上述代码，结果如图 9-1 所示。

```
A = [1,2,3,4,5,6,7,8,9]
v = 6
p = binarySearch(A, 0, 8, v)
print("the position of value {0} is {1}".format(v, p))

the position of value 6 is 5
```

图 9-1　代码运行结果

从运行结果看，binarySearch 返回了给定值在数组中的下标。

在给定一个绝对值排序数组后，我们把其中每个元素都加上最后一个元素的绝对值，于是所有元素变成正数。这样，我们就可以通过二分查找来判断是否存在两个元素之和等于给定值。代码如下：

```
A = [-49, 75, 103, -147, 164, -197, -238, 314, 348, -422]
K = 167
#假设最后元素的绝对值是 M，当每个元素都加上 M 后，两元素之和就得增加 2*M，
因此 K 的值也要相应地转换为 K + 2*M
M = abs(A[len(A) - 1])
K += 2*M
#对每个元素都加上 M
for i in range(len(A)):
    A[i] += M

#循环数组每个元素 A[i]，用 K - A[i]所得结果在数组中进行二分查找
elementPos = -1
for i in range(len(A)):
    v = K - A[i]
    pos = binarySearch(A, i+1, len(A) - 1, v)
    if pos is not None:
        elementPos = pos
        break
if elementPos != -1:
    print("Sum of A[{0}] and A[{1}] is {2}".format(i, elementPos,
K - 2*M))
```

上面代码先给绝对值排序数组中的每个元素加上最后元素的绝对值，转换为正数数组后，再运用二分查找法查找是否存在元素，使得它的值等于 K–A[i]，假设下标为 j 的元素满足条件，那么 A[i]+A[j]=K。

9.1.4　代码分析

实现二分查找的函数 binarySearch，在运行时，每次循环都会把寻找的范围缩半。一个长度为 n 的数组，最多能被缩减 lg(n)次，因此其算法复杂度为 O(lg(n))。

在接下来的代码中，我们遍历数组每个元素，然后用二分查找法查找是否含有满足条件的元素。遍历的次数是 n，二分查找的时间复杂度是 O(lg(n))，因此最后部分查询元素的时间复杂度是 O(nlg(n))。

9.2　在 lg(k)时间内查找两个排序数组合并后第 k 小元素

对一个排好序的数组 A，如果要查找第 k 小元素，只需要直接定位 A[k–1]。

9.2.1　题目描述

假设给你两个已经排好序的数组 A 和 B，它们的长度分别是 m 和 n，把 A 和 B 合并成一个排好序的数组 C，其长度为 m+n。要求设计一个算法，在 lg(k)时间内找出数组 C 中第 k 小的元素。例如给定数组 A={1,3,5,7,9},B={2,4,6,8,10}，合并后 C={1,2,3,4,5,6,7,8,9,10}，如果 k=7，那么算法返回 A[6]。

9.2.2　算法描述

通常做法是，依次遍历 A 和 B，然后将它们合并成 C，但这个过程时间复杂度是 O(m+n)。如果优化一下，合并时只要元素个数达到 k 个即可，但复杂度是 O(k)，不能满足题目要求。

要获得合并后第 k 小的元素，我们只要找到合并后数组前 k 个元素，然后获取其中最大一个即可。这些元素要不全部来自 A，要不全部来自 B，要不一部分来自 A，另一部分来自 B，当第 k 小的值比某个数组所有元素都要大时，那么前 k 个元素必然包含该数组所有元素。

假如前 k 个元素包含数组 A 全部元素，数组 A 含有 m 个元素，于是要找到 C[k–1]，我们只要找到 A[m–1] 和 B[k–1–m] 两者中最大一个即可。如果前 k 个元素包含数组 B 所有元素，那么也同理可得。

难点在于前 k 个元素中，一部分来自数组 A，一部分来自数组 B。假定其中有 I 个元素来自数组 A，有 U 个元素来自数组 B，I+U=k。于是前 k 个元素的成分有 A[0],…,A[I–1]，以及 B[0],…,B[U–1]。

首先有 A[I]>B[U–1]，要不然如果 A[I]<B[U–1]，我们可以拿掉 B[U–1]，然后用 A[I] 替换掉 B[U–1]，所得的 k 个元素依然满足条件，但这与假设 B[U–1] 属于前 k 个元素相矛盾。由于数组 A 是排序的，因此必有 A[x]>B[U–1]，如果 x>I–1。

其次有 A[I–1]<B[U]，要不然如果 A[I–1]>B[U]，那么我们把 A[I–1] 替换成 B[U] 所得的 k 个元素也能满足条件，但这与假设 A[I–1] 属于前 k 个元素矛盾。由于数组 A 是排序的，于是对 x<I–1，我们有 A[x]<B[U]。

于是只要找到 I，U=k–I，使得 A[I]>B[U–1] 且 A[I–1]<B[U]，那么数组 A 的前 I 个元素以及数组 B 的前 U 个元素就构成了数组 C 的前 k 个元素。根据数组 A 的排序性，我们可以通过折半查找来寻求 I 的值。

具体步骤如下：如果数组 A 的元素个数比 k 大，那么在数组 A 的前 k 个元素中折半查找；如果数组 A 的元素个数比 k 小，则在整个数组 A 中折半查找。

先在数组 A 中折半。假设获取的中间元素是 A[m/2]，如果 A[m/2]>B[k–(m/2+1)–1]（其中减 1 是因为数组下标从 0 开始，m/2+1 表示 A[m/2] 前面包括它自己总共有 m/2+1 个元素），这意味着满足条件的 I 一定落入区间 (0,m/2)；如果是 B[k–(m/2+1)–1]>A[m/2+1]，那么 I 肯定落入区间 (m/2,m) 内。

我们看个具体实例。例如，A={1,3,5,7,9}，B={2,4,6,8,10}，k=7。首先在数组 A 中折半查找，找到的元素是 A[2]=5，对应的 B[7–(2+1)–1]=B[3]=8，A[2] 前面有两个元素，包括它自己就有 3 个元素，如果 I=3，

U=4，那么 A[I]=A[3]=7，B[U–1]=B[3]=8，于是 A[I]<B[U–1]，不满足条件，满足条件的 I 一定落入区间(2,4)。

在区间(2,4)做折半查找得到下标 3，A[3]=7，B[7–(3+1)–1]=B[2]=6，A[3] 前面有 3 个元素，包括它自己就有 4 个元素，如果 I=4，那么 U=3，于是 A[I]=A[4]=9，B[U–1]=B[2]=8，于是满足条件 A[I]>B[U–1]。

同时 A[I–1]=A[3]=7，B[U]=B[3]=8，满足条件 A[I–1]<B[U]，于是数组 C 中的前 7 个元素由数组 A 的前 4 个元素，以及数组 B 的前 3 个元素构成。于是第 k 小的数只要选取 A[3] 和 B[2]两者中最大值，由于 A[3]>B[3]，因此第 k 小的数是 7。

9.2.3　代码实现

我们先实现上面描述的查找步骤。在阅读代码时，可结合注释以及前面讲解的算法步骤，这样更有利于代码逻辑的把握。

```
class KthElementSearch:
    def __init__(self, sortedA, sortedB, k):
        if k < 0 or sortedA is None or sortedB is None:
            raiseRuntimeError("Parameters error")

        self.sortedArrayA = sortedA
        self.sortedArrayB = sortedB

        #如果数组 A 的长度大于 k，则在前 k 个元素中查找
        if len(self.sortedArrayA) > k - 1:
            #k-1 是第 k 个元素的下标
            self.end = k - 1
        else:
            self.end = len(self.sortedArrayA)

        self.begin = 0
        self.requestElementCount = k

        self.findGivenElement()

    def findGivenElement(self):
        ...
        用二分查找法寻找下标 I, U = k - I, 使得 A[I] > B[U-1], A[I-1]
< B[U]
```

```
        ...
        while self.begin<= self.end:
            #折半查找时先获取中点元素
            l = int( (self.begin + self.end) / 2 )
            ...
            l 对应算法描述中的 I-1，因为 l 对应的是元素下标，下标计数从 0
开始，因此 I+1 对应的就是 I
            u 对应算法描述中的 U-1，因此 u+1 对应的就是 U
            ...
            u = self.requestElementCount - (l+1) - 1
            if u+1 <len(self.sortedArrayB) and self.sortedArrayA[l]
>self.sortedArrayB[u+1]:/
                #在前半部继续查找
                self.end = l - 1
            elif l+1 <len(self.sortedArrayA) and self.
sortedArrayB[u] >self.sortedArrayA[l+1]:
                #在后半部查找
                self.begin = l + 1
            else:
                break

        self.indexA = l
    def getIndexFromArrayA(self):
        return self.indexA
    def getIndexFromArrayB(self):
        return self.requestElementCount - (self.indexA + 1) - 1
```

接着构造两个排序数组 A、B，并将它们合并成排序数组 C，同时指定 k 的值，调用上面代码获得数组 C 中第 k 小的值：

```
import random
A = []
B = []

#构造数组 A 并排序
for i in range(10):
    A.append(random.randint(1,50))
A.sort()
print(A)

for i in range(10):
    B.append(random.randint(1,50))
B.sort()
print(B)
```

```
#合并两个数组并排序
C = A + B
C.sort()
print(C)

k = 7
print("The {0}th element of combined array is : {1}".format(k,
C[k-1]))

ke = KthElementSearch(A, B, k)
indexA = ke.getIndexFromArrayA()
indexB = ke.getIndexFromArrayB()

print("Index of A is {0}, value of element is {1}".format(indexA,
A[indexA]))
print("Index of B is {0}, value of element is {1}".format(indexB,
B[indexB]))
```

运行上述代码，结果如图 9-2 所示。

```
[4, 20, 21, 22, 29, 35, 41, 46, 49, 50]
[5, 9, 11, 16, 17, 29, 39, 44, 47, 48]
[4, 5, 9, 11, 16, 17, 20, 20, 21, 22, 29, 29, 35, 39, 41, 44, 46, 47, 48, 49, 50]
The 7th element of combined array is : 20
Index of A is 1, value of element is 20
Index of B is 4, value of element is 17
```

图 9-2　代码运行结果

　　从运行结果看，数组 C 中前 7 小的元素中，有两个元素来自数组 A，有 5 个元素来自数组 B，来自数组 A 的元素中最大值是 20，来自数组 B 的元素中最大值是 17，由此数组 C 中第 7 小的元素值是 20。通过观察发现合并后的数组 C，其第 7 个元素值确实是 20，由此我们算法的实现是正确的。

9.2.4　代码分析

　　实现查找逻辑的函数是 findGivenElement，它在数组前 k 个元素中左折半查找，由此算法的时间复杂度是 $O(\lg(k))$，因此我们设计的算法是符合题目要求的。

9.3　二分查找法寻求数组截断点

假设你是 BAT 的首席财务官，公司去年薪资成本是 S，由于竞争激烈，公司今年需要控制成本，CEO 要求你把总薪资控制为 T，T < S。同时 CEO 希望你对每位员工的收入设定一个截断值 P，每一个年收入高于 P 的员工，其年薪一律降到 P，对尚未达到 P 的则保持不变。

9.3.1　题目描述

假定 5 位员工的薪资分别为 90,30,100,40,20，T 设置为 210，那么截断值可以设定为 60，于是高于 60 的降为 60，低于 60 的保持不变，由此员工收入变为 60,30,60,40,20，加总正好 210。

请你按照首席财务官的要求，给出一个有效获得截断值的算法，以便帮助公司节省人力成本。

9.3.2　算法描述

我们将问题进行数学描述，那就是假设数组包含 n 个非负实数，同时给定一个值 T，有：

$$T < \sum_{i=0}^{n} A[i]$$

我们需要找到一个 P 值，使得：

$$\sum_{i=0}^{n} \min(A[i], P) = T$$

这道题难度不小，如果不是题目提示使用二分法，我们很难往这个方向思考。前面讲过，遇到数组时，第一反应是将其排序，于是先把员工的收入排序如下：20,30,40,90,100。给定总和是 210，截断值是 60，于是从元素 90 及其之后都得改成 60。

我们把元素 90 称为截断点，如何找到截断点并确定截断值呢？可以确定的是截断值一定不超过截断点的值，而且要大于截断点前面的元素值。例如 60 就小于截断点的值，并且比截断点前面的数值 40 大。

顺着条件思考很难找到线索，反过来，我们先随意找某个元素做截断点，设置一个截断值，于是得到一个新的总值 T。然后反过来思考，给定总值 T 后，我们如何找到截断点和截断值。假如把元素 40 当作截断点，35 为截断值，那么数组变为 20,30,35,35,35，同时 T=20+30+35+35+35=155。

于是问题反过来，当给定 T=155 时，如何确定截断点在元素 40，并且截断值应该为 35？我们把改变前后的两个数组并列在一起看看，如图 9-3 所示。

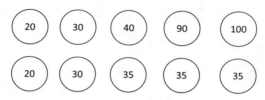

图 9-3　改变前后数组对比

如果截断点不在元素 40，而是在它后面的 90，那么第二个数组中的 35 必须变回 40，但要想保持 T 不变，那么后面两个 35 必须抽出一部分转给第一个 35。由于 90 是截断点，包含它及其之后的元素都要转变成截断值，也就是从元素 90 开始，后面元素的值必须保持一致。

于是第二个数组后面两个 35 必须各自拿出 2.5 添加到第一个 35 上，第二个数组变成如图 9-4 所示的数值。

图 9-4　截断点变更后的数组

我们不难发现，截断点变成 90 后，截断值居然比它前面元素还小，这与截断值的性质矛盾。由此确定 90 一定不是截断点。如果假设 40 前面的 30 是截断点呢？从截断点开始，元素都要变成同一个值，为了保持总量 T 不变，3 个 35 都必须抽出一部分补贴元素 30，于是每个各自拿出 1.25 添加到元素 30 上，数组变为如图 9-5 所示的数值。

图 9-5　截断点变更后数组

这就造成截断点的值比原来还要大，这又与截断值的性质矛盾。由此我们得到一个通过二分查找法查找截断点的算法。

假定一个含有 n 个元素的数组，以及一个总值 T，先假设中点是截断点，用公式 $(T - A[0] + A[1] + \cdots + A[n/2-1])/(n/2)$ 获得截断值。这么计算是因为从截断点开始，包括截断点的值都一样，于是用总值减去截断点前面元素之后再除以截断点之后元素的个数就能得到截断值。

如果截断值比截断点前面元素的值小，那么可以确定截断点一定在当前点的左边，于是对左半部分元素进行二分查找。如果截断值比截断点原来的值大，那么可以确定截断点一定在当前点的右边，于是对右半边数组进行二分查找。

9.3.3　代码实现

我们将上面描述的查找算法实现如下（注意结合注释以及前面的算法描述，以便加深对代码逻辑的掌握）：

```python
class SalaryCap:
    def __init__(self, salaries, capTotal):
        self.salaryArray = salaries
        self.salaryTotoalCap = capTotal
        #先对薪资数组进行排序
        self.salaryArray.sort()
        self.salarySum = []
        sum = 0
        #先把薪资依次加总以便后面判断
        for i in range(len(self.salaryArray)):
            sum += self.salaryArray[i]
            self.salarySum.append(sum)
        if capTotal>= sum:
            raise RuntimeError("capped Salary can not bigger than
original one")

    def getSalaryCap(self):
        begin = 0
        end = len(self.salaryArray) - 1
        m = -1
        cap = -1
        while begin <= end:
            #二分查找截断点
            m = int( (begin + end) / 2)
            #计算截断值
```

```
            amount = self.salaryTotoalCap - self.salarySum[m-1]
            possibleCap = amount / ( len(self.salaryArray) - m)

        if possibleCap<self.salaryArray[m-1]:
            #如果截断值比截断点前一个元素小，那么截断点应该在前半部
            end = m - 1
        if possibleCap>self.salaryArray[m]:
            #如果截断值比截断点原来的值大，那么截断点在后半部
            begin = m + 1
        if possibleCap>= self.salaryArray[m-1] and
possibleCap<= self.salaryArray[m]:
            cap = possibleCap
            break
    if cap != -1:
        print("the capping position is :", m)
    return cap
```

接着我们用代码构建一个数组，预先设定截断点和截断值，然后把数组和截断值设定后的总和传入上面代码，看看代码能否正确查找出截断点和对应的截断值。

```
import random

salaries = []
for i in range(0, 10):
        salaries.append(random.randint(100, 200))
salaries.sort()
print("The salary array are:", salaries)

#随机找一个元素作为截断点
cappingPosition = random.randint(0, len(salaries) - 1)
#设定截断值为截断点上一个元素的值和截断点值之和的一半
capValue = (salaries[cappingPosition - 1] +
salaries[cappingPosition]) / 2
print("preset capping position is {0}, capping value is
{1}".format(cappingPosition, capValue))

#计算设定截断值后的总和
capAmount = 0
for i in range(cappingPosition):
        capAmount += salaries[i]
count = len(salaries) - cappingPosition
capAmount += count * capValue

sc = SalaryCap(salaries, capAmount)
```

```
print("capping value is : ",sc.getSalaryCap())
```
运行上述代码，结果如图 9-6 所示。

```
The salary array are: [103, 133, 135, 142, 146, 150, 181, 184, 197, 199]
preset capping position is 5, capping value is 148.0
the capping position is : 5
capping value is :  148.0
```

图 9-6　代码运行结果

从运行结果看，代码先把截断点设置成数组下标为 5 的元素，也就是 150，并设置其截断值为 148，然后把数组和设定截断值后的总和传入类 SalaryCap，运行截断点查找算法后，得到的截断点下标是 5，截断值是 148。由此可见，我们的理论和实现都是正确的。

9.3.4　代码分析

实现查找算法的 getSalaryCap 函数在数组中做折半查找，因此它的时间复杂度是 O(lg(n))。但是算法的实现前提是对数组排序，而排序的时间复杂度是 O(nlg(n))，于是总的时间复杂度是 O(n)。同时，代码需要一个数组来存储输入数组的元素和，因此空间复杂度是 O(n)。

9.4　在双升序数组中快速查找给定值

给定一个二维数组，其行和列已经按升序排序。例如，如下数组 A 就是一个符合条件的数组：

$$
A = \{
$$
$$
\{2,4,6,8,10\},
$$
$$
\{12,14,16,18,20\},
$$
$$
\{22,24,26,28,30\},
$$
$$
\{32,34,36,38,40\},
$$
$$
\{42,44,46,48,50\}
$$
$$
\}
$$

9.4.1 题目描述

设计一个算法，对给定值 x，判断该值是否包含在数组中。给定如下一个二维数组，并给定一个值如 34，那么算法返回它所在的行和列，也就是 3 和 2；如果给定的值是 35，它不在数组中，那么算法返回–1。

9.4.2 算法描述

我们以前提到过，看到算法中有数组时，首先想到的就是要排序。如果数组已经排好序，那么就考虑二分查找。题目中的数组已经排好序，因此我们应尝试使用二分查找来判断给定元素是否在数组中。

先看看最简单的做法，那就是遍历整个数组，逐个排查，这样做的复杂度是 $O(n^2)$。如果改进一下，由于每一行元素都是升序排列，因此可以对行使用二分查找。这种做法比第一种效率高，其复杂度为 $O(nlg(n))$。

我们能否利用其行和列都是排序的这一性质找到更有效率的算法呢？第二种做法只用到行排序这一特性，对于列的排序尚未利用到。如果将这一特性囊括进思路，我们可以得到如下算法。假设数组长度为 n，算法先从第 0 行第 n 列开始判断：

（1）用 x 与 A[0][n–1]比较，如果 x<A[0][n–1]，根据数组每一列都是升序排序的特性，我们可以排除掉最后一列，判断的列数减 1。

（2）如果 x>A[0][n–1]，那么根据数组每一行按照升序排列的特性，我们可以排除掉数组第 0 行，判断的行数加 1。

（3）如果 x ==A[0][n–1]，算法直接返回。

（4）如果算法查询的行数超过 n，或者列数小于 0，则表明数组不包含给定元素。

9.4.3 代码实现

根据算法描述的步骤，我们用代码实现如下：

```python
import numpy as np
class TwoDArraySearch:
    def __init__(self, array, val):
        self.searchArray = array
```

```
        self.searchValue = val
        self.row = 0
        self.col = array.shape[1]-1
    def search(self):
        while self.row<self.searchArray.shape[0] and self.col>= 0:
            #如果当前行和列所对应的元素与要查找的值相同则立即返回
            if self.searchArray[self.row][self.col] == self.
searchValue:
                return True
            '''
            从第 0 行第 n 列开始判断，如果给定元素大于当前元素，那么排除当
前行，行数加 1
            '''
            if self.searchValue>self.searchArray[self.row]
[self.col]:
                self.row += 1
            #如果给定元素比当前元素小，那么排除当前列，列数减 1
            if self.searchValue<self.searchArray[self.row]
[self.col]:
                self.col -= 1
        return False
    def getRow(self):
        return self.row
    def getCol(self):
        return self.col
```

接着构造一个行和列都升序排列的二维数组，调用上面代码查看给定值是否在数组中：

```
array = np.array([
            [2,4,6,8,10],
            [12,14,16,18,20],
            [22,24,26,28,30],
            [32,34,36,38,40],
            [42,44,46,48,50]
            ])
x = 34
s = TwoDArraySearch(array, x)
if s.search() is True:
    print("Array contians the element in row {0} and in col
{1}".format(s.getRow(), s.getCol()))
else:
    print("Array does not contain the given element")
```

运行上述代码，结果如图 9-7 所示。

```
array = np.array([
                [2,4,6,8,10],
                [12,14,16,18,20],
                [22,24,26,28,30],
                [32,34,36,38,40],
                [42,44,46,48,50]
                ])
x = 34
s = TwoDArraySearch(array, x)
if s.search() is True:
    print("Array contians the element in row {0} and in col {1}".format(s.getRow(), s.getCol()))
else:
    print("Array does not contain the given element")
Array contians the element in row 3 and in col 1
```

图 9-7 代码运行结果

从运行结果上看，代码确实能正确地在数组中查找到给定值。

9.4.4 代码分析

算法在查找给定值时，每次会排除一行或者一列。对于一个 n 行 n 列的数组而言，算法最多排除 n 次，所以算法的时间复杂度是 O(n)。

第 10 章　图论

　　图论是计算机科学中的一大分支。它将现实世界中纷繁复杂的问题抽象成由点和线连接的一种拓扑结构。这种抽象去除了现实世界中产生的各种噪音，将问题中关键因素间的逻辑联系隔离出来，从而为问题的解决提供巨大的便利。

10.1　地图着色问题

　　有很多复杂问题一旦用图论的语言来描述时，它们会突然变得简单和间接。一个经典问题就是地图上色问题，给定一幅世界地图，给每个国家涂上不同颜色，要求相邻国家间的颜色不能相同，问最少用几种颜色能满足要求？

10.1.1　问题描述

　　地图着色问题是计算机科学中一个非常困难的难题，它的解决已经超出本书范畴。之所以提出地图着色问题，意在阐明图论在算法设计中的重要意义。接下来的内容我们将引入图论的定义，并且研究图论中的深度优先和广度优先两种遍历方法。

10.1.2　算法描述

　　首先我们在大脑中想象一下所在省的地图，这时我们的思维可能会受到很多无关信息的干扰，例如边界曲线、标语提示、公海、河流等。如果我们能通过某种抽象的数学结构来表示这个问题，去掉各种纷繁复杂的信息，思考起来就会容易很多。例如，我们可以把地图中的每个城市抽象成一个点，如果城市间互相接壤，那么两个点之间就有一条连线，这样我们想象中复杂的地图就会变成如图 10-1 所示的形式。在这种简洁的表达之下，思考起来就会省力很多。

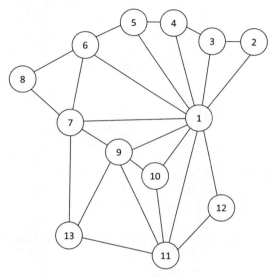

图 10-1　无向连接图

如果要给图一个严谨定义的话，图就是由一组点 V 和一组边 E 构成的集合。在图 10-1 中，V = {1,2,3,4,5,6,7,8,9,10,11,12}，边集合 E 为{1,2}{2,3}等。

图这种数据结构可以有多种表达方式，一种称为临接矩阵。对于含有 n 个节点的数组，我们就构造一个 n 行 n 列的二维数组 A。如果节点 i 和节点 j 之间有连线，那么 A[i][j] = 1。

第二种方式称为连接列表，类似前面章节的二叉树节点。二叉树节点只有两个指针，而用来表述图的节点可以有多个指针。当节点 i 和节点 j 相连时，节点 i 就有一个指针指向节点 j。

10.1.3　代码实现

我们看看如何用代码构建如图 10-2 所示的图。

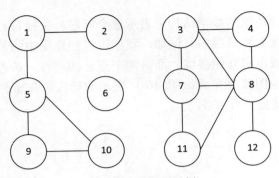

图 10-2　连接图示例

```
class Vertex:
    def __init__(self, v):
        self.value = v
        #标志位用于记录节点是否曾经被访问过
        self.visited = False
        #该队列用于存储与节点相邻的其他节点
        self.adjecentVertexs = []
    def addAdjecentVertext(self, vertex):
        ...
        将与当前节点有连接的节点加入队列，如果是无向图，那意味着节点相邻
是对称的，i 与 j 相邻，等价于 j 与 i 相邻
        ...
        self.adjecentVertexs.append(vertex)
```

上面代码用于定义一个节点，它有一个标记位，用来记录节点是否曾经被访问过；同时还有一个节点列表 adjecentVertex，用来存储与该节点相邻的其他节点。

```
def buildGraph(ve, isDirectional):
    vertexes = {}
    for pair in ve:
        v1 = vertexes.get(pair[0], None)
        v2 = vertexes.get(pair[1], None)
        #先判断节点是否已经构建，如果没有构建则创建一个节点对象
        if v1 is None:
            v1 = Vertex(pair[0])
            vertexes[pair[0]] = v1
        else:
            v1 = vertexes[pair[0]]

        if v2 is None:
```

```
        v2 = Vertex(pair[1])
        vertexes[pair[1]] = v2

    if pair[0] == pair[1]:
        continue

    ...
    如果是无向图，也就是节点的连线没有箭头，当 i 与 j 相邻意味着 j 与 i
也相邻

    如果是有向图，则 i 与 j 相邻并不等价于 j 与 i 相邻
    ...
    v1.addAdjecentVertext(v2)
    if isDirectional is True:
        v2.addAdjecentVertext(v1)
    return vertexes
```

上面代码根据输入的节点配对构建了连接图。接下来，我们把图 10-2
节点的连接信息输入到上面函数，从而构建出如图 10-2 所示的节点连接图：

```
VE=[[1,2],[1,5],[5,9],[9,10],[5,10],[6,6],[3,4],[3,7],[7,11],
[7,8],[3,8],[4,8],[11,8],[8,12]]
graph = buildGraph(VE, False)
```

构建完连接图后，我们可以通过深度优先和广度优先两种遍历方法来
遍历图中每个节点。

图节点的遍历有两种方法。一种是访问一个节点时，递归地访问与它
相邻的节点，例如，访问节点 1 后，接着访问节点 5，然后继续深入访问节
点 5 的相邻节点 9，以此类推，这种方法叫做深度优先遍历。

第二种方法是访问一个节点时，将其所有相邻节点全访问了。例如，
访问节点 3 时，同时访问其相邻节点 4、7、8，这种遍历方法叫做广度优先
遍历。

接下来，我们看看两种遍历法的实现。首先实现的是深度优先遍历：

```
def DepthFirstVisit(v):
    #如果节点已经遍历过，直接返回
    if v.visited is True:
        return
    for node in v.adjecentVertexs:
        print("{0}->{1}".format(v.value, node.value))
        #递归性地遍历下一个节点
        DepthFirstVisit(node)
    v.visited = True
```

```
for node in graph.values():
    DepthFirstVisit(node)
```

运行上述代码，结果如图 10-3 所示。

```
def DepthFirstVisit(v):
    #如果节点已经遍历过，直接返回
    if v.visited is True:
        return
    for node in v.adjecentVertexs:
        print("{0}->{1}".format(v.value, node.value))
        #递归性地遍历下一个节点
        DepthFirstVisit(node)
    v.visited = True

for node in graph.values():
    DepthFirstVisit(node)
```

```
1->2
1->5
5->9
9->10
5->10
3->4
4->8
8->12
3->7
7->11
11->8
7->8
3->8
```

图 10-3　代码运行结果

深度优先遍历，对节点的访问会构成所谓的"遍历森林"，如图 10-4 所示。

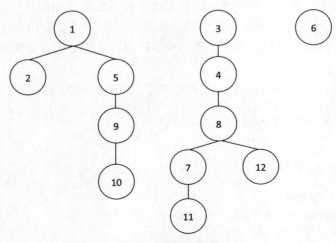

图 10-4　遍历森林

当深度优先遍历访问节点 1 时，其节点访问顺序如图 10-4 最左边图形所示；当访问到节点 3 时，其节点访问顺序如图 10-4 中间图形所示；由于节点 6 没有跟任何节点相邻，因此访问它时，形成了一个"孤岛"。

我们再看看广度优先遍历的实现：

```python
def breathFirstVisited(v):
    if v.visited is True:
        return
    for node in v.adjecentVertexs:
        print("{0}->{1}".format(v.value, node.value))
```

它的实现与深度优先不同在于，它不会递归地去访问相邻节点，而是一股脑把所有相邻节点遍历一次。调用上面代码访问图节点的代码如下：

```python
for node in graph.values():
    node.visited = False

for node in graph.values():
    breathFirstVisited(node)
```

运行上述代码，结果如图 10-5 所示。

```
for node in graph.values():
    node.visited = False

for node in graph.values():
    breathFirstVisited(node)
1->2
1->5
5->9
5->10
9->10
3->4
3->7
3->8
4->8
7->11
7->8
11->8
8->12
```

图 10-5 代码运行结果

10.1.4 代码分析

图的构建和遍历与图中边的数量有关。如果图中有 E 条边，那么图的构建时间复杂度就是 O(E)。在遍历节点时，我们需要获取每个节点，然后使用深度遍历或广度遍历来访问相邻节点。如果图含有 V 个节点，那么遍历的时间复杂度是(V+E)。

构建图时，我们需要把每个节点信息存储起来，因此对于含有 V 个节点的图，算法的空间复杂度是 O(V)。

10.2　迪杰斯特拉最短路径算法

图论的一大重要应用就在于查找图中两个节点的最短路径。当你使用百度地图或高德地图时，你输入起点和终点，很快地图应用会给你规划一条路程最短的路径。其实地图应用就是把复杂的路况抽象成一幅图，起点和终点就是两个节点。

10.2.1　题目描述

如果你是应用设计师，如何设计一种算法帮助用户找到两点间的最短路径呢？

10.2.2　算法描述

地图搜索的最短路径问题，我们可以转换成每条边附带距离的有向图来表示，如图 10-6 所示。

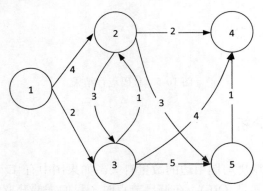

图 10-6　带距离的有向图

假设起点在 1，我们需要快速找到从节点 1 到节点 5 的最短路径。注意，两个相邻点之间的路径并不是最短的。例如，节点 1 到节点 2 的长度是 4，但从节点 1 到节点 3，然后再到节点 2，其路径长度是 3，显然小于直接从节点 1 到节点 2 的路径长度。

在图论中，寻找两点间最短路径常用的算法是迪杰斯特拉最短路径算法。该算法并不是直接找到起点与终点的最短距离，而是查找起点与其他所有节点的最短距离。其步骤如下：

（1）如果给定的两个节点间没有直接相连，那么设定它们之间的距离为无穷大。例如，节点 1 与节点 4 之间没有相连，所以它们的距离是无穷大。

（2）用起始节点到其他节点的边构建一个小堆。

（3）每次从小堆中取出最小值，假定该最小值对应的边是(u,v)，如果起点 s 到点 u 的距离加上点 u 到点 v 的距离小于 s 到 v 的距离，那么把 s 到 v 的距离修改为 s 到 u 的距离和 u 到 v 的距离之和，同时根据变换后的值调整小堆。

（4）如果小堆为空，算法结束，当前起点到各个点的距离为两者间最小距离；如果小堆不为空，跳转到步骤 3。

我们以图 10-6 为例，把算法流程走一遍，起点设置为节点 1。如图 10-7 所示，我们将节点 1 到其他节点的距离构造成一个小堆。

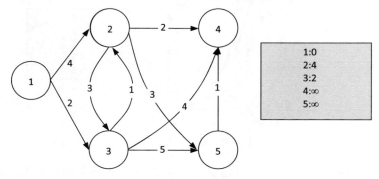

图 10-7　算法步骤第一步

如图 10-7 所示，右边方框中显示了起始点 1 到其他各个点的距离，这些距离用于构建一个小堆，然后从小堆中选取最小值对应的边，再更新节点 1 到其他各个节点的距离，如图 10-8 所示。

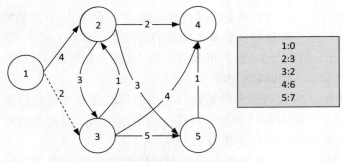

图 10-8 算法步骤第二步

如图 10-8 所示,我们从小堆中选取最小值,对应的就是虚线边(1,2)。通过这条边,算法发现节点 1 到节点 2 的距离可以变小,也就是从节点 1 经过节点 3,再到节点 2 的距离是 3,比原来小。

节点 1 到节点 3 再到节点 5,此时距离是 7,比原来无穷大小;节点 1 到节点 3 再到节点 4 的距离是 6,比原来无穷大小。因此右边方框中,节点 1 到节点 2 的距离被改成了 3,节点 1 到节点 4 的值改成 6,节点 1 到节点 5 的值改成 7,然后把改变从小堆中去除。

接着我们从小堆中取到的最小边是由节点 1 到节点 2,如图 10-9 所示。

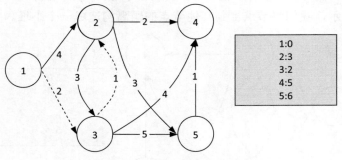

图 10-9 算法步骤第三步

如图 10-9 所示,从小堆中选取节点 1 到节点 2 的距离,如上图的虚线部分。此时我们发现,从节点 1 到节点 2 再到节点 4 的距离是 5,比原来小;从节点 1 到节点 2 再到节点 5 的距离是 6,比原来小,所以右边方框中节点 1 到其他节点的距离也做了相应更新,然后把节点 1 到节点 2 的边从小堆中去除。

我们继续从小堆中取出最小距离,那就是节点 1 到节点 4 的距离。由于节点 4 没有抵达其他节点的边，因此节点 1 到各个节点的距离无法进行任何更新，从小堆中去掉这段距离。

最后剩下的距离是节点 1 到节点 5，同理从节点 5 只能抵达节点 4，但从节点 1 到节点 5 再到节点 4 的距离是 8，比原来大，因此节点 1 到其他节点的距离不做任何更新。最后我们得到节点 1 到其他节点的最短距离如图 10-10 所示。

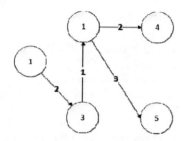

图 10-10　节点 1 到其他节点的最短路径

10.2.3　代码实现

在算法描述中，我们提到需要使用小堆来快速获取从起点到其他节点的最短距离，因此需要把前几节的堆排序算法移植过来：

```python
import sys

class Edge:
def __init__(self, b, e, v):
    self.val = v
        self.begin = b
        self.end = e
    def exchange(self, edge):
        #交换两个 Pair 对象
        v = self.val
        b = self.begin
        e = self.end

        self.val = edge.val
        self.begin = edge.begin
        self.end = edge.end

        edge.val = v
```

```
        edge.begin = b
        edge.end = e
    def getEdge(self):
        return (self.begin, self.end)
```

上面实现的 Edge 类与前几节实现的 Pair 类如出一辙，同理接下来要把前几节实现的 HeapPairSort 经过一些修改后移植过来：

```
class HeapEdgeSort:
    def __init__(self, array):
        self.heapSize = len(array)
        self.heapArray = array
        #增加一个 dict,用于记录边在数组中的下标
        self.edgePosDict = {}
        for i in range(len(array)):
            self.edgePosDict[array[i].getEdge()] = i

    def parent(self, i):
        #获得父节点在数组中的下标
        returnint(i/2)
    def left(self, i):
        #获得左孩子在数组中的下标
        return 2*i
    def right(self, i):
        #获得右孩子在数组中的下标
        return 2*i+1
    def maxHeapify(self, i):
        ...
```

把下标为 i 的节点与孩子节点进行置换，先找出左右孩子节点中最大值，然后将当前节点与之互换；接着进入置换后的节点，继续执行置换流程，直到底部，从而维持二叉树符合堆的性质

```
        ...
        #先把坐标 i 加 1，因为数组下标从 0 开始，但是算法中元素的下标从 1
开始
        i += 1
        l = self.left(i)
        r = self.right(i)
        #把下标都减 1，因为数组下标从 0 开始，算法中元素的下标从 1 开始
        i -= 1
        l -= 1
        r -= 1

        #从左右孩子节点中找出最大那个
        largest = -1
        if l <self.heapSize and self.heapArray[l].val>self.
```

```
heapArray[i].val:
        largest = l
    else:
        largest = i
    if r <self.heapSize and self.heapArray[r].val>self.
heapArray[largest].val:
        largest = r

    #如果左右孩子节点比父节点大，那么将父节点与对应的孩子节点置换
    if largest != i:
        self.heapArray[largest].exchange(self.heapArray[i])
        #在 dict 中记录 edge 在数组中的位置
        self.edgePosDict[self.heapArray[largest].getEdge()]
= largest
        self.edgePosDict[self.heapArray[i].getEdge()] = i

        #置换后进入下一层继续执行置换流程
        self.maxHeapify(largest)

def buildMaxHeap(self):
    #构建大堆
    ...
```

如果元素在数组中的下标是 i，那么左孩子下标为 2i，右孩子为 2i+1。于是所有处于后半部的元素只能是叶子节点。注意到单个节点本身就能构成大堆，所以叶子节点本身就满足大堆的性质

```
    ...
    i = int(self.heapSize / 2)
    while i >= 0:
        self.maxHeapify(i)
        i -= 1
    return self.heapArray

def maxmun(self):
    return self.heapArray[0]

def extractMaximun(self):
    if self.heapSize< 1:
        return None

    max = self.heapArray[0]
    #将最后一个元素的值设置成根节点的值
    self.heapArray[0] = self.heapArray[self.heapSize - 1]
    self.edgePosDict[self.heapArray[0].getEdge()] = 0
    self.heapSize -= 1
```

```
        self.heapArray.pop()
        #调用 maxHeapify 将前 n-1 个元素调整成大堆结构
        self.maxHeapify(0)

        return max
    def increaseKey(self, i, k):
        #改变下标为 i 的节点值
        if self.heapArray[i].val>= k:
            return
        self.heapArray[i].val = k
        #元素值增大后，它要与父节点置换以便满足大堆性质
        while i > 0 and self.heapArray[self.parent(i)].val<self.
heapArray[i].val:
            self.heapArray[self.parent(i)].exchange(self.
heapArray[i])
                #记录下 edge 在数组中的位置
                self.edgePosDict[self.heapArray[self.parent(i)].
getEdge()] = self.parent(i)
                self.edgePosDict[self.heapArray[i].getEdge()] = i

                i = self.parent(i)
    def insert(self, edge):
        #在数组末尾添加一个最小值
        p = Edge(-sys.maxsize, edge.begin, edge.end)
        self.heapArray.append(p)
        #然后调用 increaseKey 将它增加到 val
        self.heapSize += 1
        self.increaseKey(self.heapSize - 1, edge.val)
        return self.heapArray
    def increaseEdge(self, edge, v):
        #改变指定边的值
        i = self.edgePosDict.get(edge.getEdge(), None)
        if i is not None:
        self.increaseKey(i, v)
    def getEdgeFromHeap(self, edge):
        pos =  self.edgePosDict[edge]
        return self.heapArray[pos]
    def isEmpty(self):
        return len(self.heapArray) == 0
```

　　类 HeapEdgeSort 用于对前面的 Edge 类进行堆排序，其实现逻辑与前面
实现的 HeapPairSort 一模一样。在上面的实现中，我们增加了一个字典类
edgePosDict，它用来记录 Edge 类对象在数组中的位置。

　　之所以记录 Edge 类对象在堆数组中的位置，是因为 increaseEdge 函数
实现的需要。前面在 HeapPairSort 类中实现 increaseKey 时，需要指定要改
变的元素在数组中的下标，代码用 edgePosDict 记录 Edge 类对象在数组中的
下标位置就是为了方便调用 increaseKey 函数。

　　有了上面的基础之后，我们就可以实现迪杰斯特拉最短路径算法了。

```
class DijkstraShortestPath:
    def __init__(self, vCount, start, edges):
        #图中的总节点数
        self.vCount = vCount
        #起始节点
        self.start = start
        self.edgeList = []
        self.startEdges = {}
        self.allShortestPath = []
        #初始化从起点到其他每一个节点的边,节点编号从 1 开始,所以遍历所有
节点时用 vCount+1
        for i in range(0, vCount+1):
            if i != start and i != 0:
                #这里的边要取负数,因为算法中用的是小堆,我们用的是大堆
                e = Edge(start, i, -sys.maxsize)
                self.startEdges[e.getEdge()] = e
            self.edgeList.append([])

        ...
        我们对图中的边是这么组织的,假设从节点 1 出发的边是((1,2), 4),
((1,4),6), ((1,7),9)
        也就是从节点 1 出发有 3 条边,分别是从节点 1 进入节点 2,距离是 4;
节点 1 进入节点 4,距离是 6;节点 1 进入节点 7,距离是 9
        那么在代码中的表示是:
        self.edgeList[1] = [((1,2),4), ((1,4),6), ((1,7),9)]
        如此,当我们想查找所有从节点 1 出发的边,只要访问 self.edgeList[1]
即可
        ...
        #每一条边的格式是[(begin,end), distance]
        for edge in edges:
            self.edgeList[edge[0][0]].append(edge)
            #如果当前边的起点是 start,那么修改 startEdge 中边的值
            if edge[0][0] == start:
                #我们用的是大堆,为了实现小堆的效果,需要把边的值变成负数
                self.startEdges[edge[0]].val = -edge[1]

        self.edgeHeap = HeapEdgeSort(list(self.startEdges.
```

```
values()))
      self.edgeHeap.buildMaxHeap()

      self.getAllShortestPath()

  def getAllShortestPath(self):
      shortestPath = self.edgeHeap.extractMaximun()
      while self.edgeHeap.isEmpty() is False:
          print("current shortest path is from {0} to {1} with
distance {2}".format(shortestPath.begin, shortestPath.end, abs
(shortestPath.val)))

          self.allShortestPath.append(shortestPath)
          …
```

从堆中取出由起始节点到其他节点距离最小那条边（start, u），然后遍历由节点 u 出发的所有边。例如，遍历到 (u, v) 时，判断从 start 到 u 再到 v 的距离是否比当前 start 到 v 的距离更近，如果是，那么更新 start 到 v 的距离

```
          …
          edgeFromStartToU = shortestPath
          if edgeFromStartToU.end == 5:
          debug = 1
          #记住我们存在堆栈中边的距离是负数
          distanceFromStartToU = abs(edgeFromStartToU.val)

          v = shortestPath.end
          #遍历所有从 v 出发的边
          for edge in self.edgeList[v]:
              #记住我们存在堆栈中边的距离是负数
              distanceFromUToV = edge[1]
              edgeFromStartTo= self.edgeHeap.getEdgeFromHeap
((self.start, edge[0][1]))
              #获得从起始节点到节点 v 的距离
              distanceFromStartToV = abs(edgeFromStartToV.val)
              if distanceFromStartToV>distanceFromStartToU +
distanceFromUToV:
                  print("distance from {0} to {1} is {2}".format
(edgeFromStartToV.begin,edgeFromStartToV.end,abs(edgeFromSta
rtToV.val)))

                  print("distance from {0} to {1} and then to {2}
is : {3}".format(self.start,edgeFromStartToU.end,
edgeFromStartToV. end,distanceFromStartToU + distanceFromUToV))
                  print("change distance of {0}->{1} to: {2}".
format(self.start,edgeFromStartToV.end,distanceFromStartToU+
distanceFromUToV))
```

```
                self.edgeHeap.increaseEdge(edgeFromStartToV,
        -(distanceFromStartToU + distanceFromUToV))

            shortestPath = self.edgeHeap.extractMaximun()

        self.allShortestPath.append(shortestPath)

    def showAllShortestPath(self):
        for edge in self.allShortestPath:
            print("The shortest distance from {0} to {1} is {2}".
    format(edge.begin, edge.end, abs(edge.val)))
```

我们借助图 10-11 所示的流程图来理解上面代码的实现逻辑。

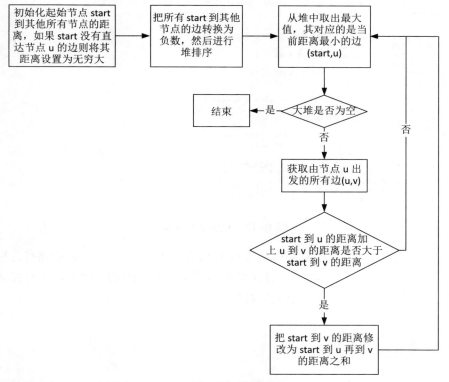

图 10-11　代码逻辑流程图

　　在算法描述中使用的是小堆对边进行排序，而为了利用前面实现的大堆排序，我们把所有的边转换成负数后再加入大堆，于是从大堆中取出最大值时，相当于获得所有边的最小值。

接下来，构造如图 10-7 所示有向图，然后调用上面代码获取节点 1 到其他节点的最短距离：

```
vCount = 5
start = 1
edges = [((1,2),4), ((1,3),2), ((2,3), 3), ((2,4),2), ((2,5),3),
((3,2),1),((3,4),4),((5,4),1)]
ds = DijkstraShortestPath(vCount, start, edges)
ds.showAllShortestPath()
```

运行上述代码，结果如图 10-12 所示。

```
vCount = 5
start = 1
edges = [((1,2),4), ((1,3),2), ((2,3), 3), ((2,4),2), ((2,5),3), ((3,2),1),((3,4),4),((5,4),1)]
ds = DijkstraShortestPath(vCount, start, edges)
ds.showAllShortestPat
h()

current shortest path is from 1 to 3 with distance 2
distance from 1 to 2 is 4
distance from 1 to 3 and then to 2 is : 3
change distance of 1->2 to: 3
distance from 1 to 4 is 9223372036854775807
distance from 1 to 3 and then to 4 is : 6
change distance of 1->4 to: 6
current shortest path is from 1 to 2 with distance 3
distance from 1 to 4 is 6
distance from 1 to 2 and then to 4 is : 5
change distance of 1->4 to: 5
distance from 1 to 5 is 9223372036854775807
distance from 1 to 2 and then to 5 is : 6
change distance of 1->5 to: 6
current shortest path is from 1 to 4 with distance 5
The shortest distance from 1 to 3 is 2
The shortest distance from 1 to 2 is 3
The shortest distance from 1 to 4 is 5
The shortest distance from 1 to 5 is 6
```

图 10-12   代码运行结果

从运行结果看，代码获得从节点 1 到节点 3、2、4、5 的最短路径分别是 2、3、5、6，这与我们在算法描述中的结果是一致的。注意，运行结果中显示的 "9233…" 这一串数字对应于无穷大。

10.2.4   代码分析

假设给定的有向图中有 V 个节点和 E 条边。一开始代码要把从起始节点到其他节点的边进行堆排序，此时算法复杂度为 O(VlgV)。接着算法从堆栈取出距离最短的边(start,u)，遍历从 u 出发的所有边(u,v)。当条件满足时改变(start,v)的值，并通过调用 increaseEdge 来修改堆结构。

由于遍历所有从 u 出发的边，其时间复杂度为 O(V)，而 increaseEdge

修改堆结构的时间复杂度是 lg(V)，因此该步骤的时间复杂度是 O(VlgV)。

　　由此可得迪杰斯特拉算法的总时间复杂度是 O(VlgV)。

　　我们在算法实现中只给出了起始节点到其他节点的最短距离，但没有给出具体路径，例如从节点 1 到节点 2 的最短路径是 1→3→2，读者可尝试在代码基础上实现最短路径的获取。

10.3　使用深度优先搜索解决容器倒水问题

　　在一些面试算法或智力题中，时不时会遇到容器倒水问题。例如有 3 个容器，分别是 10L、7L、4L。其中 7L 和 4L 的容器装满了水，如果将容器 a 中水倒入容器 b 中，必须使得 a 中水全部倒完，或是 b 被倒满。

10.3.1　问题描述

　　请你给出一种倒水序列，按照序列中的方式不断地调整各容器的水量，最终使得 7L 容器或 4L 容器中只有 2L 水。

10.3.2　算法描述

　　倒水问题如何跟图论的深度优先遍历联系起来呢？如果把 3 个容器的容量和水量当作一个节点，例如初始时刻 10L 容器为空，7L 容器和 4L 容器装满水作为一个状态节点，把 4L 水倒入 10L 容器后的情况作为另一个状态节点，就得到如图 10-13 所示的节点图。

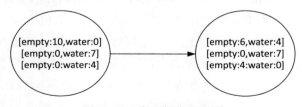

图 10-13　容器倒水节点图

　　由此，一次满足条件的倒水就对应一条边，倒水后容器的状态就对应一个节点，于是一连串的倒水就对应一条路径。这样问题就转换为从初始节点([empty:10],[empty:0,water:7],[empty:0,water:4])是否存在一条路径使得它能抵达节点([empty:8,water:2],[empty:0,water:7],[empty:2, water:2]），或者是其他满足条件的节点。

　　于是我们就可以使用深度优先搜索去遍历从起始节点出发的每一条可能路径，直到找到一条路径，抵达我们想要的节点。

　　从当前节点开始，每一种可以满足条件的倒水方式以及倒水后的结果都可以作为一条路径以及通过该路径所能达到的节点。例如，从初始节点开始，满足条件的倒水方式有：把 4L 容器中的水倒入 10L 容器、把 7L 容器中的水倒入 10L 容器。

　　于是从初始节点开始就能引出两条路径，到达两个节点，如图 10-14 所示。

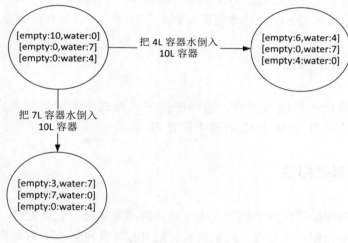

图 10-14　由倒水方式引发的路径和节点

　　由图可知，当抵达节点([empty:3,water:7],[empty:7,water:0],[empty:0,water:4])后，通过所有可能的倒水方式，又可以构造出由该点引出的边，并抵达其他状态节点。要注意边的构造可以产生回路，例如在刚才所说的节点中，把 10L 容器中的水倒入 7L 容器，那么所得结果又回到初始节点状态，这意味着图 10-14 中最下方的节点有一条边会指到起始节点。

　　根据上面的描述，由初始节点出发的有向图在逻辑上已经成立，我们无须在内存里把整个有向图构建出来。接下来我们就编写代码，查找是否存在一条从初始节点到满足条件节点的路程。

10.3.3 代码实现

我们先实现一个用于装水的容器类：

```
class Container:
    #模拟一个容器状态,water 表示当前容器的水量，empty 表示容器的容量
    def __init__(self, water, empty):
        self.water = water
        self.empty = empty

    def copy(self, other):
        self.water = other.water
        self.empty = other.empty

    def equals(self, other):
        if self.water == other.water and self.empty == other.
empty:
            return True
        return False
```

接着设计一个节点类，一个节点表示一次倒水后的容器状态：

```
class Vertice:
    #模拟一个节点，每个节点包含 3 个容器
    def __init__(self, containers):
        self.containers = []
        self.pollingInfo = ""
        for i in range(3):
            c = Container(0, 0)
            c.copy(containers[i])
            self.containers.append(c)

    def equals(self, other):
        for i in range(len(self.containers)):
            if self.containers[i].equals(other.containers[i])
is False:
                return False
        return True

    def getContainers(self):
        return self.containers
```

接下来实现算法描述中的步骤，通过深度优先搜索的方式查找一条能直达满足题目中容器状态的节点路径：

```python
class DSFPollWater:
    def __init__(self):
        self.containers = []
        self.containerStack = []
        self.stackPrinted = False
        self.initContainers()
        self.waterPollingInfo = ""
    def initContainers(self):
        for i in range(3):
            self.containers.append(Container(0,0))

        #初始化最初时各个容器的水量
        self.containers[0].empty = 10
        self.containers[0].water = 0

        self.containers[1].empty = 0
        self.containers[1].water = 7

        self.containers[2].empty = 0
        self.containers[2].water = 4


    def dsfPollingWater(self):
            #先判断当前容器的状态是否跟以前某个状态一样，如果一样，就意味
着产生了回路
            if self.containerStateExisted() is True:
                return
            for i in range(len(self.containers)):
                for j in range(len(self.containers)):
                    if j != i:
                        #先把当前容器状态对应的节点存储在堆栈中
                        self.saveContainerState()
                        #尝试把容器 i 中的水导入容器 j
                        pollResult = self.pollWater(self.
containers[i], self.containers[j])
                        #倒水后判断结果是否满足最终要求，也就是 7L 或 4L
容器只有 2L 水
                        if self.isSuccessed() is True and self.
stackPrinted is False:
                            print("------ok------")
                            #把路径上的每个节点打印出来
                            self.printStack()
                            return
```

```
                    if pollResult is True:
                        #如果倒水成功，那么在当前状态下模拟可能的倒水
状况
                        self.dsfPollingWater()
                    #恢复到倒水前的状态
                    self.restoreContainerState()
    def printStack(self):
        #打印路径上每一个节点信息
        for i in range(len(self.containerStack)):
            vertice = self.containerStack[i]
            containers = vertice.getContainers()
            print(vertice.pollingInfo)
            for j in range(len(containers)):
            print("[empty:{0},water:{1}]".format(containers[j].
empty, containers[j].water), end="")
                if j <len(containers) - 1:
                    print(",", end="")
            if i <len(self.containerStack) - 1:
                print("->")

        self.stackPrinted = True
    def saveContainerState(self):
        backupContainers = []
        for container in self.containers:
            c = Container(0,0)
            c.copy(container)
            backupContainers.append(c)

        vertice = Vertice(backupContainers)

        self.containerStack.append(vertice)

    def restoreContainerState(self):
        self.containers = self.containerStack.pop().
getContainers()

    def isSuccessed(self):
        #判断第二或第三个容器是否含有 2L 水
        for i in range(1,3):
            if self.containers[i].water == 2:
            self.saveContainerState()
            return True
```

```
        return False
    def pollWater(self, fromContainer , toContainer):
        #把水从第一个容器导入第二个容器
        if toContainer.empty == 0:
            return False


        volumn = 0
        if fromContainer.water>= toContainer.empty:
            volumn = toContainer.empty
        else:
            volumn = fromContainer.water

        fromContainer.water -= volumn
        fromContainer.empty += volumn
        toContainer.water += volumn
        toContainer.empty -= volumn

        if volumn == 0:
            return False

        return True

    def containerStateExisted(self):
        vertice = Vertice(self.containers)
        for v in self.containerStack:
            if v.equals(vertice):
                return True
        return False

dsfPollWater = DSFPollWater()
dsfPollWater.dsfPollingWater()
```

上面代码实现逻辑如同算法描述中说的那样，把倒水后的容器状态作为一个节点，当处于某个节点时，其对应的是容器相应的盛水状态，此时通过任何合理的倒水方式所产生的新的容器状态就可以作为当前节点的下一个节点。

因此上面代码就通过深度优先遍历的方式遍历每个节点，本质上就是尝试各种倒水方式，一旦找到满足条件的节点，那么从初始节点开始的路径上的每个节点就代表了倒水过程中的每一个步骤。运行上述代码，结果如图 10-15 所示。

```
------ok------

[empty:10,water:0],[empty:0,water:7],[empty:0,water:4]->

[empty:3,water:7],[empty:7,water:0],[empty:0,water:4]->

[empty:0,water:10],[empty:7,water:0],[empty:3,water:1]->

[empty:7,water:3],[empty:0,water:7],[empty:3,water:1]->

[empty:7,water:3],[empty:3,water:4],[empty:0,water:4]->

[empty:3,water:7],[empty:3,water:4],[empty:4,water:0]->

[empty:6,water:4],[empty:0,water:7],[empty:4,water:0]->

[empty:0,water:10],[empty:6,water:1],[empty:4,water:0]->

[empty:4,water:6],[empty:6,water:1],[empty:0,water:4]->

[empty:4,water:6],[empty:2,water:5],[empty:4,water:0]->

[empty:8,water:2],[empty:2,water:5],[empty:0,water:4]->

[empty:8,water:2],[empty:0,water:7],[empty:2,water:2]
```

图 10-15　代码运行结果

10.3.4　代码分析

图 10-15 所示运行结果可以根据图 10-16 进行解读。

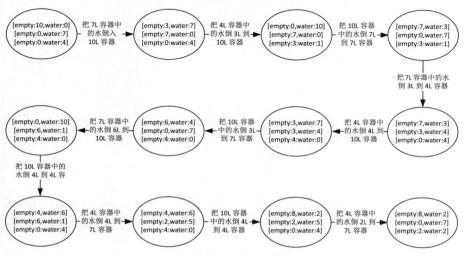

图 10-16　代码运行结果解读

算法本质上是枚举法，它通过遍历所有可能的倒水方式，从中查找到满足条件的一种，假设所有可能的倒水方式存在 n 种，那么算法的时间复杂度就是 O(n)。

算法的空间复杂度取决于从初始节点抵达目的节点的路径长度，如果需要经过 m 步才能实现题目要求的容器水量，那么算法的空间复杂度是 O(m)，这些空间主要用于存储倒水过程的中间步骤。

第 11 章　贪婪算法

　　一个优秀的棋手在落子时必须全盘思考，而经验不足的棋手往往会被眼前短暂的利益所诱惑，结果导致全局落败。然而在一些情况下，你每一次都做最贪婪的选择，最终反而会取得最优结果，例如跳棋。

　　持有一种目光短浅的态度，每一次都做最优选择而不考虑将来，在很多情况下是最优战略，而在算法上就有一种专门以此种思维方式为基础的设计，名为贪婪算法。贪婪算法解决问题的方式就是每一步都做最优选择，这种做法在某些情况下是灾难性的，但对于很多问题，却能得到最好结果。接下来，我们就看看贪婪算法能大显神威之处。

11.1　最小生成树

　　给定一个边带有权重的无向连通图，如图 11-1 所示。

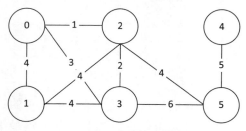

图 11-1　无向权重连通图

11.1.1　题目描述

　　请你设计一个算法，找到一条路径连通所有节点，同时使得路径的权重之和最小，如图 11-2 所示。

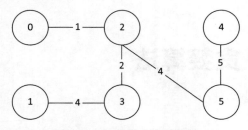

图 11-2 权重最小连通路径

11.1.2 算法描述

要找到一条连通所有节点的路径，该路径的一个特点是不会有环，因为一条连通的环路，去掉环中任意一条边，剩余边组成的路径仍然连通所有节点，而且边的权重之和变得更小。依照贪婪算法每次选取最优步骤的原则，我们在选取路径时，都选取当前权重最小而且和以前的边不形成环的边。

我们结合一个具体例子来看看，如何执行上面所述的原则，如图 11-3 所示。

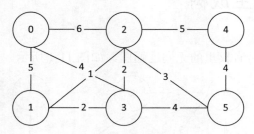

图 11-3 算法示例图

依照贪婪算法原则，我们每次选取一条权重最小的、不构成环的边。一开始边集为空，所以一开始可以任意选取一条权重最小边，于是首先选择的是边 1→2，然后是 2→3，1→3，但是添加第三条边时，形成了一个环，所以我们把第三条边 1→3 忽略掉。

接着继续添加权重最小边：2→5，3→5，4→5，0→3，0→1，此时添加的最后一条边 0→1 产生了一个环，所以忽略它；然后继续添加 2→5，但添加该边后又形成一个环，因此忽略掉它；最后选取的是 0→2，但是它也构成一个环，因此也忽略掉它。最后形成的权重之和最小连通路径如图 11-4 所示。

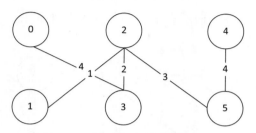

图 11-4　权重之和最小连通路径

下面证明一下上述做法的正确性。假设我们已经有了一个最小生成树 G=(V,E)，X 表示其中一部分边的集合。根据 X，我们把所有的点分割成两部分 S 和 V−S，X 中的边节点要么全部落在 S，要么全部落在 V−S，也就是说 X 中不存在任何一条边，它的一个节点落在 S，另一个节点落在 V。

如果此时能找到一条跨越 S 和 V−S 的权重最小的边 e，那么 X 加上 e，就可以成为最小生成树中路径的一部分。我们用 T 来表示连通所有点的权重和最小的路径中的所有边集合。如果 e 是 T 中的一条边，那么 X 加上 e 显然就是最小生成树中路径的一部分。

如果 e 不属于 T，由于 T 是一条连通所有节点的路径，当我们把 e 加到 T 就会构成一个环。这意味着，除了 e 之外，还有另一条边 e′ 跨越了集合 (S,V−S)。如果把 e′ 去掉，得到新的边集合如下：

$$T' = T \bigcup \{e\} - \{e'\}$$

当把构成环的另一条边 e′ 去掉后，形成的 T′ 就不会再有环，而且构成 T′ 的所有边的权重之和具有如下性质：

$$weight(T') = weight(T) + weight(e) - weight(e')$$

我们用 weight(T) 表示 T 所有边的权重和，w(e) 表示边 e 的权重。由于 e 和 e′ 都横跨了集合 S 和 V−S，e 是横跨 S 和 V−S 的所有边中权重最小的一条，所以有：

$$w(e) \leqslant w(e')$$

于是我们能推论出下面式子成立：

$$weight(T') \leqslant weight(T)$$

由于 T 是连接所有节点的权重和最小的路径，而 T' 也是连通所有节点的路径，于是只能有：

$$weight(T') = weight(T)$$

也就是说 T' 也是连通所有节点的权重和最小路径。我们看个具体例子，如图 11-5 所示。

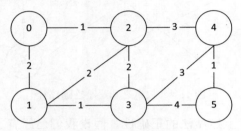

图 11-5　示例图

我们看看对应的边集合 X，如图 11-6 所示。

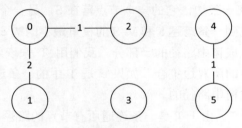

图 11-6　X 边集合

对应集合 S 的节点是 0,1,2,3，对应 V–S 的节点集合是 4,5，包含边集合 X 的 T 如图 11-7 所示。

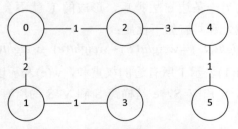

图 11-7　包含 X 的权重和最小连通路径 T

跨越集合 S 和 V–S，且不属于集合 X 的边 e 如图 11-8 所示。

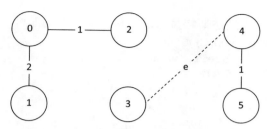

图 11-8　跨越 S 和 V–S 的边 e

我们得到的包含 X 和 e 的权重和最小的连通所有节点的路径 T'如图 11-9
所示。

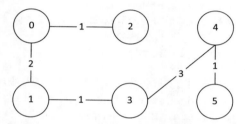

图 11-9　包含 X 和 e 的权重和最小的连通所有节点的路径 T'

不难发现图 11-9 中的边集合 T' 和图 11-7 中的边集合 T，两者权重之
和是一样的。我们每次都选取权重最小的不形成环的边，而这条边就满足
e 的性质，因此选取的边把所有节点都连接后，所形成的路径就是最小生
成树。

11.1.3　代码实现

从上面描述的算法步骤看，如果已经有了点集 S，接下来要做的是找
到一条边，其中一个节点在 S 中，另一个节点不在 S 中，并且是权重最小
的边。假设该边中属于 S 的节点用 u 表示，不属于 S 的节点用 v 表示，于
是有：

$$weight(u,v) = \min_{u \subset s}(weight(u,v))$$

这是否让你想起前面实现过的迪杰斯特拉最短路径算法？我们实现的
最小生成树算法步骤与迪杰斯特拉步骤很像，唯一不同在于，如何选取最
小值边，我们现在要找的最小值边是横跨两个点集合权重最小的一条，而
迪杰斯特拉算法选取的边是从起点开始到该边某个节点距离最短的一条，

由此我们把前面实现迪杰斯特拉算法的代码稍微改动即可。

```python
class MinimunSpanningTree:
    def __init__(self, vCount, start, edges):
        #图中的总节点数
        self.vCount = vCount
        #起始节点
        self.start = start
        self.edgeList = []
        self.startEdges = {}
        self.allShortestPath = {}
        self.edgesVisited = {}
        self.edgeAndWeightMap = {}
        #初始化从起点到其他每一个节点的边,节点编号从 1 开始,所以遍历所有
        节点时用 vCount+1
        for i in range(0, vCount+1):
            if i != start and i != 0:
                #这里的边要取负数,因为算法中用的是小堆,我们用的是大堆
                e = Edge(start, i, -sys.maxsize)
                self.startEdges[e.getEdge()] = e
            self.edgeList.append([])
```

...

我们对图中的边是这么组织的, 假设由节点 1 出发的边是 ((1,2), 4),
((1,4),6), ((1,7),9)

也就是从节点 1 出发有 3 条边, 分别是从节点 1 进入节点 2, 距离是 4;
节点 1 进入节点 4, 距离是 6; 节点 1 进入节点 7, 距离是 9

那么在代码中的表示是:
`self.edgeList[1] = [((1,2),4), ((1,4),6), ((1,7),9)]`

如此,当我们想查找所有从节点 1 出发的边,只要访问 `self.edgeList[1]`
即可

...

```python
        #每一条边的格式是[(begin,end), distance]
        for edge in edges:
            #把每条边和它的权重对应起来
            self.edgeAndWeightMap[edge[0]] = edge[1]

            self.edgeList[edge[0][0]].append(edge)
            #如果当前边的起点是 start,那么修改 startEdge 中边的值
            if edge[0][0] == start:
                #我们用的是大堆,为了实现小堆的效果,需要把边的值变成负数
                self.startEdges[edge[0]].val = -edge[1]
```

```
        self.edgeHeap = HeapEdgeSort(list(self.startEdges.
values()))
        self.edgeHeap.buildMaxHeap()

        self.getAllShortestPath()

    def getAllShortestPath(self):
        shortestPath = self.edgeHeap.extractMaximun()
        edge = shortestPath.getEdge()
        self.allShortestPath[edge[1]] = edge[0]

        while self.edgeHeap.isEmpty() is False:
            ...
```

从堆中取出由起始节点到其他节点距离最小那条边（start，u），然后遍历由节点 u 出发的所有边。例如，遍历到 (u,v) 时判断从 start 到 u 再到 v 的距离是否比当前 start 到 v 的距离更近，如果是，那么更新 start 到 v 的距离

```
            ...
            edgeFromStartToU = shortestPath

            #记住我们存在堆栈中的边的距离是负数
            distanceFromStartToU = abs(edgeFromStartToU.val)

            v = shortestPath.end
            #遍历所有从 v 出发的边
            for edge in self.edgeList[v]:
                #记住我们存在堆栈中的边的距离是负数
                distanceFromUToV = edge[1]
```

#因为是无向图，要防止访问同一条边。例如边 (1,4)，得到节点 4，接着遍历从节点 4 出发的所有边，其中边 (4,1) 与边 (1,4) 是一样的，遍历时要忽略掉

```
                if self.start == edge[0][1]:
                    continue
                #判断当前边是否被访问过
                if self.edgesVisited.get(edge[0], None) is not
None:
                    continue
```

#把当前边标记为已经访问。注意，当访问了 (u,v)，则意味着 (v,u) 也已经被访问了，因为是无向图

```
                self.edgesVisited[(edge[0][0], edge[0][1])] = 1
                self.edgesVisited[(edge[0][1], edge[0][0])] = 1
```

```
                edgeFromStartToV = self.edgeHeap.getEdgeFromHeap
((self.start, edge[0][1]))
                #获得从起始节点到节点 v 的距离
                distanceFromStartToV = abs(edgeFromStartToV.val)
                #选取横跨两个点集的最小权重边
                if distanceFromStartToV>distanceFromUToV:
                    #记录每个点所对应的最短边，如果当前最短边是(u,v)，那
么以 v 为 k，u 为 value 存储在表中
                    self.allShortestPath[edge[0][1]] = edge[0][0]

                    self.edgeHeap.increaseEdge(edgeFromStartToV,
-distanceFromUToV)

            shortestPath = self.edgeHeap.extractMaximun()

    def showAllShortestPath(self):
        for v in self.allShortestPath.keys():
            u = self.allShortestPath[v]
            #将当前访问到的边记录下来
            print("add edge {0} - {1} with weight {2}".format(u,
v, self.edgeAndWeightMap[(u,v)]))
```

上面实现的代码与上一章实现的迪杰斯特拉最短路径算法如出一辙，只是在选取边的时候做了稍许改动。

在执行上面代码时，可以任意选取一点 s 作为起始节点，那么所有节点可以分成两部分，所有与 s 的距离不是无穷大的点属于集合 S，所有与 s 的距离是无穷大的点属于 V–S。一开始 S 集合只包含起始节点 s，然后 **getAllShortestPath** 在执行时，每次从堆中取出一条横跨两个集合权重最小的边。

我们构造一个如图 11-10 所示的无向连通图。

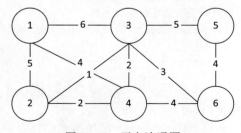

图 11-10　无向连通图

其对应的最小生成树如图 11-11 所示。

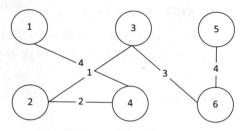

图 11-11 最小生成树

我们把图 11-10 中的节点和边信息输入到上面实现的代码，运行后看看最终得到的边是否与图 11-11 中最小生成树的边相一致。代码如下：

```
vCount = 6
start = 1
edges = [((1,2),5),((2,1),5), ((1,3),6),((3,1),6), ((1,4),4),
         ((4,1),4),
         ((2,3),1),((3,2),1), ((2,4),2),((4,2),2),
         ((3,4),2),((4,3),2), ((3,5),5),((5,3),5), ((3,6),3),
         ((6,3),3),
         ((5,6),4),((6,5),4), ((4,6),4),((6,4),4)]
ds = MinimunSpanningTree(vCount, start, edges)
ds.showAllShortestPath()
```

我们看看代码是如何选取每一条边的。把节点 1 作为起始节点时，那么一开始集合 S 只包含节点 1；然后代码从由节点 1 出发的所有边中选出最短一条，那就是(1,4)，于是节点 4 加入 S，此时 S={1,4}，V−S={2,3,5,6}。从节点 4 引出的边(4,2)横跨了集合 S 和 V−S，于是代码选择了边(4,2)，并把节点 2 加入 S，此时集合变为 S={1,4,2}和 V−S={3,5,6}。

接着代码继续读取由节点 4 出发的边(4,3)，它横跨了集合 S={1,4,2}和 V−S={3,5,6}，于是把它收集到边集合中；下一步代码从节点 2 出发，读取边(2,3)，此时它发现边(2,3)横跨集合 S={1,2,4}和 V−S={3,5,6}，并且权重比边(4,3)还低，于是摒弃边(4,3)而选择(2,3)，此时集合变为 S={1,4,2,4}和 V−S={5,6}。

代码在访问节点 4 时还会读取一条边(4,6)，它横跨了集合 S={1,4,2}和 V−S={3,5,6}，代码会将该边先收录起来。当节点 3 加入集合 S 后，代码会读取到边(3,6)，此时两条边(4,6)和(3,6)都横跨了集合 S={1,4,2,3}和 V−S={5,6}，但是(3,6)对应的权重更小，因此算法会选择(3,6)而摒弃(4,6)，并将节点 6 加入 S。

当代码访问节点 3 时，会读取到边 (3,5)，它是一条横跨集合 S ={1,4,2,3,6} 和 V–S={5} 的边，代码先将它收录起来。当代码继续访问节点 6，读取到边(6,5)时发现，它也横跨集合 S 和 V–S，而且权重小于边(3,5)，于是摒弃(3,5)而选取(6,5)，然后把节点 5 加入 S。至此所有节点都加入集合 S，算法运行结束。

运行上述代码，结果如图 11-12 所示。

```
vCount = 6
start = 1
edges = [((1,2),5),((2,1),5), ((1,3),6),((3,1),6), ((1,4),4),((4,1),4),
         ((2,3),1),((3,2),1), ((2,4),2),((4,2),2),
         ((3,4),2),((4,3),2), ((3,5),5),((5,3),5), ((3,6),3),((6,3),3),
         ((5,6),4),((6,5),4), ((4,6),4),((6,4),4)]
ds = MinimunSpanningTree(vCount, start, edges)
ds.showAllShortestPath()

add edge 1 - 4 with weight 4
add edge 4 - 2 with weight 2
add edge 2 - 3 with weight 1
add edge 3 - 6 with weight 3
add edge 6 - 5 with weight 4
```

图 11-12　代码运行结果

代码运行结果输出的边与图 11-11 中最小生成树的边是完全一致的。

11.1.4　代码分析

我们代码的实现完全照搬前面迪杰斯特拉最短路径算法，只是将边选取的判断条件稍做修改，所以本节实现的最小生成树代码，其时间复杂度为 O(ElgE)，空间复杂度为 O(E)。

11.2　霍夫曼编码

要实现文本压缩，我们需要对出现在文本中的字符进行编码。假设一个文本中只有 4 种字符，分别是 A、B、C、D。这样的话，我们可以使用两个比特位对其进行编码，00 代表 A，01 代表 B，10 代表 C，11 代表 D。假设该文本很长，含有 1.3 亿个字符，那么文本的总长度大概是 260M。

11.2.1 题目描述

有没有更好的编码方式使得文本得以压缩，用更少的内存就能存储文本的信息呢？

11.2.2 算法描述

为了压缩文本，我们可以进一步分析每个字符的出现频率，然后以此改变每个字符编码所需要的比特位。假设字符 A 出现了 7000 万次，字符 B 出现了 300 万次，字符 C 出现了 2000 万次，字符 D 出现了 3700 万次，根据频率不同，我们就可以采用变长编码。

例如 A 出现的频率最高，我们就可以用 1 个比特位来表示，而那些出现频率越少的字符，编码需要的比特位就越多，但不要紧，只要最终编码的比特位数减少即可。变长编码有一个问题，就是解码容易出现歧义。

对于编码{0,01,11,001}，当遇到编码 001 时，我们就不知道如何对其进行解码，是把它当作一个整体看待，还是当作两部分 0 和 01 来看待。为了避免出现这样的情况，我们使用的编码必须是前缀无关的，也就是任何一种编码都不能是另一种编码的前缀。

要实现前缀无关性，我们必须依赖全二叉树这种数据结构，也就是每个节点要不包含两个孩子节点，要不没有孩子节点。每个节点的左孩子对应比特 0，右孩子对应比特 1，而所有字符都位于叶子节点，那么从根节点到字符所在的叶子，路径上的 0 和 1 所组成的字符串就可以作为该字符的编码。

举个例子，如图 11-13 所示。

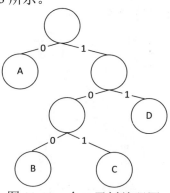

图 11-13　全二叉树编码图

根据图 11-13，字符 A 的编码是 0，字符 B 的编码是 100，字符 C 的编码是 101，字符 D 的编码是 11。解码时，我们只需要根据编码字符，从根节点开始，遇到 0 走左边，遇到 1 走右边，走到底时，对应的字符就是编码字符串对应的内容。

应用上面的编码方式，整个文本的存储空间可以降低到 213M，压缩比率达 17%。我们如何构造上面的编码二叉树呢？每个字符代表一个二叉树节点，我们每次选取出现频率最低的两个字符来构造一个二叉树的左右子节点，然后把这两个字符频率之和作为一个新节点加入到原来节点中，然后再次选出频率最低的两个节点构造二叉树。

还是以前面 4 个字符为例，每个字符及其出现的频率如图 11-14 所示。

图 11-14　字符频率节点

我们从中选取两个频率最小节点合二为一，图 11-14 中两个频率最小节点是 B 和 C，选取它们作为二叉树的两个叶子节点，由此得到图 11-15。

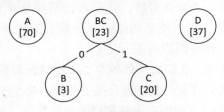

图 11-15　编码步骤 1

接着再从节点 A,BC 和 D 中选取两个频率最小节点合成二叉树，显然频率最小的是 BC 和 D,于是得到图 11-16。

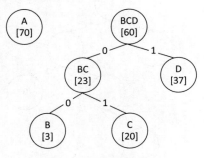

图 11-16　编码步骤 2

最后把剩下的两个节点 A 和 BCD 组成二叉树，如图 11-17 所示。

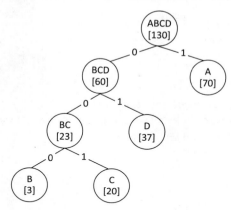

图 11-17 编码步骤 3

由此就得到 4 个字符的编码，每个字符的编码由根节点到叶子节点路径上的 0 或 1 组成。因此字符 A 的编码是 1，字符 B 的编码是 000，字符 C 的编码是 001，字符 D 的编码是 01。

这样我们就得到编码的贪婪算法，对于一系列字符及其出现频率，找到其中频率最低的两个，把它们合成一个二叉树的两个子节点，其父节点的频率为两个子节点频率之和。

假设字符频率对应的数组为 f(1),f(2),⋯,f(n)，如果 f(1)、f(2) 是其中最小的，将其合在一起后形成n-1 个元素的数组(f(1)+f(2)),f(3),⋯,f(n)，然后从其中选取频率最小的两个进行结合，该步骤执行到数组元素为空为止，这种编码方法称为霍夫曼编码。

11.2.3　代码实现

在算法步骤中，我们需要从数组中选取两个最小值，这一点可以使用堆排序实现。具体代码如下：

```python
class HoffManCoding:
    def __init__(self, f):
        if len(f) < 2:
            raise RuntimeError("frequency array should contain at least two elements")
```

```
        #我们原来实现的是大堆排序，为了能获得数组中的最小值，我们把数组元
素转变为负数
        self.frequency = []
        self.treeRoot = None
        self.encodeString= []
        for i in f:
            n = Pair(-i, None, None)
            self.frequency.append(n)
        self.heapSort = HeapPairSort(self.frequency)
        self.heapSort.buildMaxHeap()
        self.encode()

def encode(self):
        node = None
        while self.heapSort.heapSize> 1:
            #获取频率最小的两个节点用于构造二叉树
            left = self.heapSort.extractMaximun()
            right = self.heapSort.extractMaximun()

            node = Pair(left.val + right.val, left, right)
            self.heapSort.insert(node)

        self.treeRoot = node
    def printEncodings(self):
        self.printEncodingString(self.treeRoot)

    def printEncodingString(self, node):
        #中序遍历二叉树，遇到叶子节点时打印编码字符串
        if node is None:
            return
        if node.begin is None and node.end is None:
            print("symbol with frequency {0} has encoding string
{1}".format(abs(node.val), str(self.encodeString)))
            return
        if node.begin is not None:
            #进入左节点时，对应编码字符 0
            self.encodeString.append(0)
            self.printEncodingString(node.begin)
            self.encodeString.pop()
        if node.end is not None:
            #进入右节点时，对应编码字符 1
            self.encodeString.append(1)
```

```
            self.printEncodingString(node.end)
            self.encodeString.pop()

    return
```

在代码实现中，用到了前几章实现的堆排序，我们把 Pair 类当作一个节点，其中的 begin 对应左孩子，end 对应右孩子，并利用 HeapPairSort 获取数组中频率最小的两个节点，然后根据算法描述的步骤构建编码二叉树。

二叉树建立好后，使用中序遍历的方式访问每个叶子节点，并记录下从根节点到叶子节点路径上的编码字符。我们用上面代码把算法描述中的字符频率数组进行编码，看看结果如何：

```
f = [70, 3, 20, 37]
hc = HoffManCoding(f)
hc.printEncodings()
```

运行上述代码，结果如图 11-18 所示。

```
f = [70, 3, 20, 37]
hc = HoffManCoding(f)
hc.printEncodings()

symbol with frequency 3 has encoding string [0, 0, 0]
symbol with frequency 20 has encoding string [0, 0, 1]
symbol with frequency 37 has encoding string [0, 1]
symbol with frequency 70 has encoding string [1]
```

图 11-18　代码运行结果

从运行结果看，每个频率的编码结果与算法描述中的结果是一致的。

11.2.4　代码分析

在代码实现中，我们用到了堆排序，其时间复杂度是 $O(n\lg(n))$；在建立二叉树时，我们从堆中取出两个最小值，合成一个新节点，这个过程的时间复杂度是 $O(n\lg(n))$；最后我们通过中序遍历获得每个频率的编码，这个过程的时间复杂度也是 $O(n\lg(n))$，因此算法的总时间复杂度是 $O(n\lg(n))$。

霍夫曼编码的压缩效率是最优的，这一点利用信息论知识可以证明，在此忽略其证明。

11.3　离散点集的最大覆盖率问题

如图 11-19 所示，每一个点表示一座城镇。市政府计划在城镇中建立学校要求在 30km 内必须能找到一个学校。问题是你如何选址，使得学校的数量最小化。

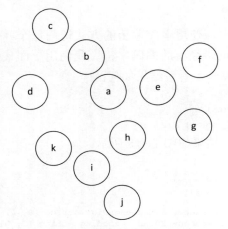

图 11-19　城镇分布图示例

这是一个典型的集合覆盖问题。对于城镇 x，Sx 表示包含城镇 x，而且相互间距离不超过 30km 的城镇集合。于是我们把学校建立在 x，那么就可以覆盖属于集合 Sx 的所有城镇。问题就是你如何选取这些集合，使得以最少的学校就能覆盖所有城镇。

11.3.1　题目描述

算法的输入是一系列城镇的集合：S1,S2,…,Sn，一个城镇可以被多个集合所覆盖，算法输出学校建立在哪几个集合的城镇里。

该问题本质上是集合覆盖问题。举个形象例子，所有元素的集合为 U={1,2,3,4,5}，有如下几个子集 S1={1,2,3},S2={2,4},S3={1,3,5},S4={4,5}要求 4 个子集中选出最少的几个，使得它们能够覆盖 U。显然，选择 S1 和 S4 就可以满足要求。

11.3.2　算法描述

面对该问题，一个自然而然的贪婪算法是，每次选出未被学校覆盖的城镇最多的集合，在该集合的城镇里面建学校（注意，一个城镇可以被多个集合覆盖）。假如城镇 x 属于集合 S1 和 S2，如果我们选择在 S1 中建学校，那么城镇 x 会被学校覆盖，于是集合 S2 中未被覆盖的城镇数要减 1。

以题目中提到的集合为例，根据算法，我们总是选取含有最多未被覆盖元素的最大集合，于是一开始先选择S1。此时 S2 中有一个元素被覆盖，也就是元素 2；S3 有两个元素被覆盖，也就是 1、3，于是 S2 变为{4}，S3 变为{5}。这样第二次选取时，选择 S4。

这种做法结果并不是最优的，但可以确定，它与最优结果很接近。我们可以证明如下结论：假设总共有 n 个城镇，如果算法选中的集合数是 m，而最优方案对应的集合数是 k，那么 m 与 k 相差最多不超过 k*lg(n)。

下面证明一下上述结论。假设算法进行了 t 轮后，还剩 n(t)个城镇没有被覆盖，显然 n(0) = n。假定城镇总共分成了 m 个子集，其中能实现最少覆盖的是 k 个，如果前面 t 轮选取中都没有选中 k 个集合中的任何一个，那么 t 轮后 k 个最优覆盖集合还在剩下的 m–t 个集合中。

由于 k 个集合能覆盖所有元素，因此这 k 个集合一定能覆盖剩余的 n(t)个元素。于是，这 k 个集合中一定有某个覆盖元素的个数大于 n(t)/k，要不然 k 个集合中的每一个覆盖的元素都少于 n(t)/k，那么 k 个集合覆盖元素的总数就少于 n(t)，这与 k 个集合能覆盖所有元素的假设相矛盾。

如果前 t 轮中选定了 k 个集合中的 h 个，那么剩下的 k–h 个集合一定能覆盖当前的 n(t)个元素，要不然全部 k 个集合就不能覆盖全部元素了。于是剩下的 k–h 个集合中，一定有覆盖元素大于 n(t)/(k–h)的集合，道理同上。显然：

$$n_t / (k-h) > n_t / k \qquad (11\text{-}1)$$

前 t 轮不可能把 k 个集合全都选取了，要不然元素已经被全覆盖，就没有继续进行下去的必要了。综上而论，在第 t 轮选取集合时，总能选到一个覆盖元素大于 n(t)/k 的集合。于是就有：

$$n_{t+1} < n_t - n_t / k = n_t(1-1/k) \qquad (11\text{-}2)$$

如果把式（11-2）中的 t 往回溯，一直到 t=0，那就有：

$$n_t < n_{t-1} \times (1-1/k) < \cdots < n \times (1-1/k)^t \qquad (11\text{-}3)$$

我们利用一个不等式来简化式（11-3），这个公式就是：

$$1-x \leqslant e^{-x} \qquad (11\text{-}4)$$

式（11-4）中的等号只有 x=0 时成立，将式（11-4）代入式（11-3）就得到：

$$n_t < n_0 \times (1-k)^t < n_0 \times e^{-t/k} \qquad (11\text{-}5)$$

在 t=k*lg(n)时，式（11-5）的右边变成：

$$n_0 \times (e^{-k \times \ln(n_0)/k}) = n_0 \times e^{-\ln(n_0)} = 1 \qquad (11\text{-}6)$$

也就是说当 t=k*ln(n)轮后，还没被覆盖的元素不足 1 个，这意味着元素全被覆盖了。这就证明了，贪婪算法得到的集合数与最优集合数相差了一个因子 ln(n)。

这道题是著名的 NP 完全问题，也就是没有算法可以实现最优解，只能尽可能地逼近最优解。

11.3.3 代码实现

我们先定义元素和集合相关的数据结构，为后面的代码实现铺垫基础。

```python
import sys

class ElementSet:
    def __init__(self, i):
        self.setIndex = i
        self.elementCount= 0
        self.elementDict = {}
    def addElement(self, e):
        if self.elementDict.get(e, None) is None:
            self.elementCount += 1
            self.elementDict[e] = 1
            e.addSet(self)
    def delElement(self, e):
    element = self.elementDict.get(e, None)
    if element is not None and element == 1:
        self.elementCount -= 1
        self.elementDict[e] = 0

    def getElementCount(self):
        return self.elementCount
    def printElementSet(self):
        print("[ ", end="")
```

```
            for e in self.elementDict.keys():
                if self.elementDict[e] == 1:
                    print("{0} ".format(e.val), end="")
            print(" ]")
    def setCovered(self):
        #当集合被选中后，要把所包含元素覆盖掉
        for e in self.elementDict.keys():
            if self.elementDict[e] == 1:
                e.covered()

class Element:
    def __init__(self, val):
        self.val = val
        self.sets = []
    def addSet(self, set):
        #把元素加入集合
        self.sets.append(set)
    def covered(self):
        #当元素被覆盖后，包含它的集合的元素个数要减 1
        for set in self.sets:
            set.delElement(self)
```

接下来构造一定数量的元素和集合，把元素分配到不同的集合中：

```
eCount = 30
sCount = 6
eSet = []
sSet = []
elementNum = eCount

import random
#把 eCount 个元素随机分配到 sCount 个集合中

for i in range(sCount):
    s = ElementSet(i)
    sSet.append(s)

for i in range(1, eCount+1):
    e = Element(i)
    eSet.append(e)

    #随机地把元素分配到几个集合
    setGot = random.randint(1, sCount)
    while setGot> 0:
        setSelected = {}
```

```
        sel = random.randint(0, sCount-1)
        if setSelected.get(sel, None) is None:
            #记录下已经被选中的集合号
            setSelected[sel] = 1
            sSet[sel].addElement(e)
            setGot -= 1
```

上面代码构造了 30 个元素，并将它们随机地分配到不同的集合中。接下来我们将实现贪婪算法，找出能够覆盖全部元素的最优集合：

```
def printAllSets():
    for s in sSet:
        s.printElementSet()
printAllSets()


while elementNum> 0:
    sel = 0;
    eCount = 0
    for i in range(len(sSet)):
        #选取当前含有未覆盖元素最大的集合
        if sSet[i].getElementCount() >eCount:
            eCount = sSet[i].getElementCount()
            sel = i

    print("select set {0}, with element count {1}".format(sel,
sSet[sel].getElementCount()))
    elementNum -= sSet[sel].getElementCount()
    sSet[sel].setCovered()
```

在上面代码中，我们每次都选取含有最多未被覆盖元素的集合，直到所有的元素全部覆盖为止。运行上述代码，结果如图 11-20 所示。

```
[ 1 4 5 6 8 9 10 11 12 13 14 16 17 22 23 27 28 29 30   ]
[ 4 6 7 9 11 12 13 15 20 23 24 25 26   ]
[ 2 3 6 9 10 15 17 21 23 24 27 29 30   ]
[ 1 2 4 5 7 15 17 19 20 22 24 25 26 27   ]
[ 2 4 5 7 11 12 13 14 16 17 18 22 23 29 30   ]
[ 1 3 4 7 8 10 11 20 22 24 25 27 28 30   ]
select set 0, with element count 19
select set 3, with element count 8
select set 2, with element count 2
select set 4, with element count 1
```

图 11-20　代码运行结果

从结果上看，我们构造了 6 个集合，并选取集合 0,3,2,4 作为最小覆盖集合，注意我们的算法未必能够得到最优解，但能确保结果与最优解相差一个因子 ln(n)。

11.3.4　代码分析

代码每次会在集合中查询含有未被覆盖元素最多的一个，如果有 m 个集合，查询的次数就是 m。然后取出集合中的元素，让包含该元素的集合所包含的元素个数减 1。由于一个集合最多包含 n 个元素，因此该步骤的时间复杂度为 n。由此算法的总时间复杂度为 O(nm)。

由于每一个集合最多可能存储 n 个元素，于是 m 个集合所需要的空间复杂度为 O(nm)。

第12章 动态规划

打游戏要通过，就必须击败最终 Boss。面试就如同升级打怪，要通过也要成功对决终极 Boss。在算法面试中，承当这一职责的，往往是对动态规划算法的考查。

这类题目有一个特点，就是给你一系列约束条件，然后要你求出最优化结果，如成本最少、距离最短等。动态规划算法题是所有题目中难度最大的，搞定了职位就能顺利拿下来。

动态规划算法的设计往往要经过 4 个步骤。第一步，洞察最优方案的结构化特性；第二步，利用递归法不断地缩小查询最优结果的范围；第三步，在递归底部将问题足够简化后，迅速找到符合当前条件的最优结果；第四步，从递归底部恢复到顶部时，依赖上一步的结果计算当前最优结果。

上面说法似乎很抽象，我们看几个具体实例就容易明白。

12.1 钢管最优切割方案

给定一根 n 单位长的钢管，切出不同的长度可以卖出不同的价格。表 12-1 给出了长度和相应价格，要求设计一个有效算法，使得切出来的钢管能卖出最高价格。

表 12-1 钢管切割长度和相应价格

长 度	1	2	3	4	5	6	7	8	9	10
价 格	1	5	8	9	10	17	17	20	24	30

例如，给定一根4单位长的钢管，你可以整体出售获得9元，可以切成

1 单位和 3 单位长的 2 根钢管出售获得 9 元，可以切成 2 根 2 单位长的钢管出售获得 10 元。

12.1.1 问题描述

给你一根长度为 n 的钢管，请你设计一个合理的切割方案，使得切割后的钢管实现最高售价。

12.1.2 算法描述

此类问题有一种显著的递归性结构。假如，给定一根 10 单位长的钢管，假设其最优切割方案是切成 6 单位和 4 单位，那么接下来要寻求的就是 6 单位和 4 单位钢管的最优切割法，于是问题的规模就从 10 单位降低为 6 单位和 4 单位。

在算法运行过程中，我们要把每单位对应的最优切割方案记录下来。例如，我们通过递归找到了 6 单位、4 单位和 5 单位的最优切割方案，那么面对 10 单位的钢管，我们可以快速查询是切割成 6 单位和 4 单位得到的价格高，还是切割成两根 5 单位的价格高。

动态规划的实现方法是，自顶向下递归法。这种方法使用递归实现，比较容易掌握和理解。在算法的运行过程中，需要把小规模的结果记录下来，当返回到上一层时，通过前面递归记录的数据得到当前结果。

例如，想查找 10 单位钢管的最优切割法，我们会在一个数组中查询 1 单位和 9 单位的最优切割法，2 单位和 8 单位的最优切割法，一直到两个 5 单位的最优切割法。在此无须查询 6 单位和 4 单位的切割法，因为它和 4 单位与 6 单位切割法是一样的。

一开始时，我们肯定没有 1 单位和 9 单位的最优切割法，于是递归地去查找 1 单位和 9 单位的最优切割法。在查找 9 单位最优切割法时，算法又会递归地查找 1 单位、3 单位和 5 单位的最优切割法，同时把它们对应的最优切割法记录下来。

当第二步递归地去查找 8 单位的切割法时，我们又会递归地去查找 3 单位和 5 单位的最优切割法。由于在查找 9 单位切割法时已经完成了 3 单位和 5 单位的最优切割法，并将其信息记录在表中，于是算法无须继续递归地去查找 3 单位和 5 单位的最优切割法。

12.1.3　代码实现

根据上面的算法描述，我们看看具体算法的实现（注意结合代码注释来加深对程序逻辑的理解）：

```
import sys

class BestCut:
    def __init__(self, length, price, cuts):
        ...
        记录给定长度的最优切割方案，length 对应长度，price 对应最优价格，
cuts 对应切割方式
        如果一个 8 单位长的钢管最优切割方案是切成 3 单位和 5 单位，那么
length=8,price=18,cuts 记录 3 单位钢管的 BestCut 对象和 5 单位钢管的
BestCut 对象
                ...
        self.rodLength = length
        self.bestPrice = price
        self.subBestCuts = cuts

    def printCut(self):
        print("length: {0}, price: {1} ".format(self.rodLength,
self.bestPrice))
```

我们用上面的类定义了一个最优切割，其记录了切割的长度和售价，以及它所对应的最优子切割。

接下来，将算法描述中的步骤用代码实现如下：

```
def recursiveCutRod(priceTable, length, bestCutMap):
    if bestCutMap.get(length, None) is not None:
        #当前给定长度的最优切割方案已经找到
        return bestCutMap[length]
    q = None
    if length == 0:
        q = BestCut(0, 0, None)
    elif length == 1:
        #单位长度不能继续往下切割
        return BestCut(1, priceTable[1], None)
    else:
        currentPrice = -sys.maxsize
```

```
            bestCut1 = None
            bestCut2 = None
            for i in range(1, length):
                #把长度为 length 的钢管切割成 i 和 length - i，然后递归地查
找两部分的最优切割方案
                cut1 = recursiveCutRod(priceTable, i, bestCutMap)
                cut2 = recursiveCutRod(priceTable, length - i,
bestCutMap)
                if cut1.bestPrice + cut2.bestPrice >currentPrice:
                    currentPrice = cut1.bestPrice + cut2.bestPrice
                    bestCut1 = cut1
                    bestCut2 = cut2
            #如果长度在价格表内，看看整体出售是不是更好
            if length <len(priceTable) and priceTable[length] >
currentPrice:
                bestCutMap[length] = BestCut(length, priceTable
[length], None)
                return bestCutMap[length]

            bestCutArray = [bestCut1, bestCut2]
            bestCutMap[length] = BestCut(length, currentPrice,
bestCutArray)
            #积累
            return bestCutMap[length]


def cutRod(priceTable, length):
    bestCutMap = {}
    return recursiveCutRod(priceTable, length, bestCutMap)

def getBestCuts(cut, cutList):
    #找出切割的最优方案，当一个 BestCut 对象，其 subBestCuts 为空时，它
本身就是最优切割方案中的一部分
    if cut.subBestCuts is None:
        cutList.append(cut)
        return
    #如果 subBestCut 不为空，递归地从两个子切割中查找最优切割
    for subCut in cut.subBestCuts:
        getBestCuts(subCut, cutList)
```

接下来，我们给定钢管长度，调用上面代码获取最优价格以及最佳切割方案：

```
priceTable = [0, 1, 5, 8, 9, 10, 17, 17, 20, 24, 30]
length = 15
cut = cutRod(priceTable, length)
print("the best price for rod with length {0} is
{1}".format(length , cut.bestPrice))

cutList = []
getBestCuts(cut, cutList)
print("The best way to cut the rod with length of {0}
are:".format(length))
for cut in cutList:
    cut.printCut()
```

运行上述代码，结果如图 12-1 所示。

```
priceTable = [0, 1, 5, 8, 9, 10, 17, 17, 20, 24, 30]
length = 15
cut = cutRod(priceTable, length)
print("the best price for rod with length {0} is {1}".format(length , cut.bestPrice))

cutList = []
getBestCuts(cut, cutList)
print("The best way to cut the rod with length of {0} are:".format(length))
for cut in cutList:
    cut.printCut()

the best price for rod with length 15 is 43
The best way to cut the rod with length of 15 are:
length: 2 , price: 5
length: 3 , price: 8
length: 10 , price: 30
```

图 12-1　代码运行结果

从运行结果看，给定一根长度为 15 单位的钢管，最优切割方案是切成 3 段，长度分别为 2、3、10，得到的最高售价是 43。

12.1.4　代码分析

我们看到，动态规划一个最为显著的特点就是将一个大问题分解成多个小问题的组合，而小问题的结构跟大问题是一模一样的，而且大问题的解和小问题的解含有重合之处。查找一根 10 单位钢管的最优切割方案，它需要知道 1 单位和 9 单位的最优切割方案，以及 2 单位和 8 单位的最优切割方案。

对于 9 单位的最优切割方案，它需要知道 1 单位和 8 单位的最优切割方案，于是 10 单位和 9 单位的钢管都需要知道 8 单位的最优切割方案。这种

重合性转换为图来看会有如下特点。例如，当
要切割的钢管长度是 4 时，其子问题分解图如
图 12-2 所示。

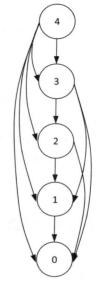

　　从图 12-2 所示有向图可以看出，上一层
问题节点都得访问它的子问题节点。例如，查
找 4 单位钢管的最优切割方案，我们就得查找
3、2、1 单位钢管的最优切割方案。因此，当
钢管长度为 n 时，它要查找 $n-1, n-2, \cdots, 0$ 节
点，而递归到 $n-1$ 时它要查找 $n-2, n-3, \cdots, 0$ 等
节点，由此得到算法的时间复杂度为：

$$n + (n-1) + \cdots + 1 = O(n^2)$$

　　由于在算法实现中，我们需要分配内存去
记录中间步骤产生的结果，从图 12-2 中可
见，总共有 n^2 个中间步骤，因此算法的空间
复杂度是 $O(n^2)$。

图 12-2　子问题分解图

12.2　查找最大共同子串

　　在生物医学的应用上，时常需要比对来自不同机体的 DNA 序列。我们
可以把 DNA 看成是由 4 个字母{A,C,G,T}组成的 DNA 序列。

　　例如，来自机体 1 的 DNA 序列为 S1=ACCGGTCGAGTGCGCGGAAH-
CCGGCCGAA，机体 2 的 DNA 序列为 S2=GTCGTTCGGAATCCCGTTG-
CTCTGTAAA，要求比对两个序列有多"相似"。它们的"相似性"是这
么衡量的：

　　找出两者的最大共同子串，也就是找到 S3，S3 中每个字母都按照顺序
出现在 S1 和 S2 中，S3 中字母在 S1、S2 中出现的次序必须一致，但不需要
前后相连，我们能找到的 S3 越长，S1 和 S2 两个 DNA 序列就越相似。例
如，例子中对应的 S3 为 GTCGTCGGAAGCCGGCCGAA。

　　用数学化的语言来描述该问题就是，给定两个序列：

$$X = \{x_1, x_2, \cdots, x_m\}$$
$$Z = \{z_1, z_2, \cdots, z_k\}$$

如果说 Z 是序列 X 的子序列，那么存在一个递增的序列{i1,i2,…,ik}，它对应的是 X 序列中字符的下标，而且有 X(i1) = Z(1),X(i2)=Z(2),…,X(ik) =Z(k)。

举个具体例子，X={A,B,C,B,D,A,B}，Z={B,C,D,B}，那么 Z 就是 X 的子序列，它对应 X 的元素下标为{2,3,5,7}。给定两个序列 X 和 Y，如果 Z 是它们的共同子序列，那意味着 Z 是 X 的子序列，同时也是 Y 的子序列。

例如 X={A,B,C,B,D,A,B}，Y={B,D,C,A,B,A},那么序列{B,C,A}就是它们的共同子串，但不是最大共同子串，而{B,C,B,A}是两者最大共同子串。

12.2.1　问题描述

给定两个序列 X={x1,x2,…,xm},Y={y1,y2,…,yn}，给出算法找到两者的最大共同子串。

12.2.2　算法描述

该问题与前面研究过的钢管切割问题具有异曲同工之妙，同样可以将大问题分解成若干个小问题，而大问题的解和小问题的解具有重合之处。我们看下面一个结论：

给定 3 个序列如下：

$$X = \{x_1, x_2, \cdots, x_m\}$$
$$Y = \{y_1, y_2, \cdots, y_n\}$$
$$Z = \{z_1, z_2, \cdots, z_n\}$$

如果 Z 是 X 和 Y 的最大共同子串，那么必定会满足下面 3 种情况之一：

（1）如果 $x_m = y_n$，那么有 $z_k = x_m = y_n$，于是 Z_{k-1} 是 X_{m-1} 与 Y_{n-1} 的最大共同子串。

（2）如果 $x_m \neq y_n$，那么有 $z_k \neq x_m$，同时 Z 是 X_{m-1} 和 Y_n 的最大共同子串。

（3）如果 $x_m \neq y_n$，那么有 $z_k \neq y_n$，同时 Z 是 X_m 和 Y_{n-1} 的最大共同

子串。

我们证明一下上面的结论。对于结论 1，如果 $z_k \neq x_m$，那么我们可以把最后一个字符添加到序列 Z 上，得到一个 X 和 Y 长度为 k+1 的共同子序列，这与假设 Z 是 X 和 Y 的最大共同子串矛盾，于是有 $z_k = x_m = y_n$。

于是 Z_{k-1} 是 X_{m-1} 和 Y_{n-1} 的长度为 k–1 的共同子序列。假设 Z_{k-1} 不是 X_{m-1} 和 Y_{n-1} 的最大共同子串，后两者存在一个长度大于 k–1 的子串 W，那么把两字符串的最后一个字符，也就是 $x_m = y_n$ 添加到 W 末尾，就能得到一个长度大于 k 的共同子串，这与假设 Z 是最大共同子串相矛盾。

对于结论 2，如果 $z_k \neq x_m$，同时 Z 又是 X 和 Y 的最大共同子串，则 Z 是 X_{m-1} 和 Y_n 的共同子串。如果存在一个长度大于 k 的 X 和 Y 的共同子串 W，那么显然 W 也是 X_m 和 Y_n 的共同子串，但这与 Z 是 X 和 Y 的最大共同子串矛盾，因为 Z 的长度是 k，而 W 的长度大于 k。

结论 3 的证明与结论 2 一样。

从上面的结论我们可以看到一种递归性结构。我们可以把一个规模为 m 和 n 的问题转换为 m–1 和 n–1、m 和 n–1，或 m–1 和 n 的问题规模。无论何种情况，问题的规模都变小了。我们可以根据上面性质，递归地去构造最优解。

如果 $x_m = y_n$，那么递归地构造 X_{m-1} 和 Y_{n-1} 的最大共同子串，然后把最后一个字符补上即可。如果 $x_m \neq y_n$，那么需要递归地解两个子问题，也就是找到 X_m 和 Y_{n-1} 的最大共同子串和 X_{m-1} 与 Y_n 的最大共同子串。而后两者求解时又需要查找 X_{m-1} 和 Y_{n-1} 的最大共同子串，于是子问题间就产生了一种重叠结构。

跟上节做法一样，我们递归地去获取最优解，每递归一次，问题的规模就相应缩小。同时我们需要记录递归过程中所获得的中间结果，这些结果会在递归返回后用于构造最优解。如果使用 c[i][j] 来记录 X_i 和 Y_j 的最大共同子串，那么根据上面的分析，会有如下结论：

➥　c[i][j] = 0，如果 i=0 或 j=0
➥　c[i][j] = c[i-1][j-1] + 1，如果 i,j>0 而且 $x_i = y_j$
➥　c[i][j] = max(c[i][j-1],c[i-1][j])，如果 i,j> 0 而且 $x_i \neq y_j$

根据上面等式，我们就可以自底向上地逐步构建 X_i 和 Y_j 的最大共同子串。当 i=m,j=n 时，我们就得到了原问题的解。

12.2.3 代码实现

根据算法描述中的推导，我们用代码实现如下（注意结合注释把握代码的设计逻辑）：

```python
UP = 0
LEFT = 1
UP_LEFT = 2
#数组 C 用于记录最大共同子串长度，C[i][j]记录长度为 i 的 X 序列和长度为 j
的 Y 序列的最大共同子串长度
C = []
#数组 B 用于记录相关信息，它会用于构造最大共同子串
B = []

def getLongestCommonStringLength(X, Y):
    m = len(X)
    n = len(Y)
    #这里加 1 是因为算法描述中字符的下标从 1 开始，而代码对字符的访问，下
标从 0 开始
    for i in range(0, m+1):
        C.append([])
        B.append([])
        for j in range(0, n+1):
            C[i].append(0)
            B[i].append(UP)
    for i in range (1, m+1):
        for j in range(1, n+1):
            #减 1 是因为字符下标从 0 开始
            if X[i-1] == Y[j-1]:
                #如果两字符串最后一个字符相同，那么最大共同子串就是 X(i-1)
与 Y(j-1)的最大共同子串加上最后一个字符
                C[i][j] = C[i-1][j-1] + 1
                B[i][j] = UP_LEFT
            elif C[i-1][j] >= C[i][j-1]:
                #如果最后一个字符不同，那么最大共同子串就是 X(i-1)与 Y(j)
的最大共同子串与 X(i)和 Y(j-1)的最大共同子串，两者长度最大那个
                C[i][j] = C[i-1][j]
                B[i][j] = UP
            else:
                C[i][j] = C[i][j-1]
                B[i][j] = LEFT

#根据数组 C 和 B 获取 X(i)和 Y(j)的最大共同子串
```

```
def getLogestCommonString(X, Y, i, j):
    if i == 0 or j == 0:
        return ""
    lcs = ""
    if B[i][j] == UP_LEFT:
        #这里表明字符 X[i]和 Y[j]相同，因此最大共同子串应该包含该字符
        lcs = getLogestCommonString(X, Y, i-1, j-1)
        #字符的下标从 0 开始，所以要减 1
        lcs += X[i-1]
    elif B[i][j] == UP:
        #这里表明 X(i-1)和(j)的最大共同子串是 X(i)和 Y(j)的最大共同子串
        lcs = getLogestCommonString(X, Y, i-1, j)
    else:
        #这里表明 X(i)和 Y(j-1)的最大共同子串是 X(i)和 Y(j)的最大共同
子串
        lcs = getLogestCommonString(X, Y, i, j-1)
    return lcs
```

上面代码用于实现算法描述中的步骤，其中 C[i][j]用于记录 X(i)和 Y(j)的最大共同子串的长度，B[i][j]包含了如何获得 X(i),Y(j)最大共同子串的信息。例如，当给定 X="ABCBDAB"，Y="BDCABA"时，数组 C 和 B 的内容如表 12-2 所示。

表 12-2　数组 C 和 B 的内容

x_i	y_j	0	1	2	3	4	5	6
			B	D	C	A	B	A
0		0	0	0	0	0	0	0
1	A	0	↑0	↑0	↑0	↖1	←1	↖1
2	B	0	↖1	←1	←1	↑1	↖2	←2
3	C	0	↑1	↑1	↖2	←2	↑2	↑2
4	B	0	↖1	↑1	↑2	↑2	↖3	←3
5	D	0	↑1	↖2	↑2	↑2	↑3	↑3
6	A	0	↑1	↑2	↑2	↖3	↑3	↖4
7	B	0	↖1	↑2	↑2	↑3	↖4	↑4

表 12-2 中，数字部分对应的就是数组 C 的内容，箭头部分对应的就是数组 B 的内容，数组 C 用来表明相关长度字符串其最大共同子串的长度。例如 C[4][5]=3，它表示 X(4)="ABCB"和 Y(5)="BDCAB"的最大共同子串长度为 3。

数组 B 的箭头用来构造两个序列的最大共同子串。当箭头是斜向上时，表明当前字符属于最大共同子串。例如，表 12-2 中被填充的方格中，含有斜向上箭头的方格对应的字符就是最大共同子串的字符，于是我们通过观察填充方格可以得到最大共同子串为"BCBA"。

我们调用上面代码查找字符串 X="ABCBDAB"和 Y="BDCABA"的最大共同子串，得到结果如图 12-3 所示。

```
X="ABCBDAB"
Y="BDCABA"
getLongestCommonStringLength(X, Y)
lcs = getLogestCommonString(X, Y, len(X), len(Y))
print("longest common string of X and Y is {0}".format(lcs))

longest common string of X and Y is BCBA
```

图 12-3　代码运行结果

从结果来看，我们的代码实现是正确的，X 和 Y 的最大共同子串确实是 BCBA。

12.2.4　代码分析

从代码实现来看，给定长度分别为 m 和 n 的两个字符串，要查找它们的最大共同子串，我们需要构造两个大小为 m*n 的二维数组，并计算二维数组中的元素值，因此算法的时间复杂度是 O(n*n)，空间复杂度也是 O(m*n)。

12.3　将最大共同子串算法的空间复杂度从 O(n²)改进为 O(n)

上一节详细研究了对给定的两个字符串：
$$X_m = \{x_1, x_2, \cdots, x_m\}$$
$$Y_n = \{y_1, y_2, \cdots, y_n\}$$
我们要获得两者的最大共同子串时，需要构造一个二维数组 $C_{m,n}$，其中 $C_{i,j}$ 存储了序列 X_i 和 Y_j 的最大共同子串。

试想如果两个序列长度为 10000，每个字符占位 1 字节，那么算法运行时大约要消耗内存 95MB，如果将算法应用到 DNA 序列的比对中，任何一小段 DNA 序列都会含有数以百万计的碱基。也就是说，一小片 DNA 序列相当于长度数百万字节的字符串。如果直接使用上一节的算法查找两端 DNA 的最大共同子串，那么需要消耗极其巨大的、令硬件难以承担的内存。

12.3.1 问题描述

我们是否能把 $O(m*n)$ 的内存损耗转换为线性层级，将其降为 $O(m+n)$？唯有如此，我们上节研究的算法才能用于查找超大型字符串的最大共同子串。

12.3.2 算法描述

在描述详细算法前，我们先给定一些符号标记。对于字符串：
$$D_k = \{d_1, d_2, \cdots, d_k\}$$
标记 $D_{k,t}$，$k<=t$ 时，其含义为：
$$D_{k,t} = \{d_k, d_{k+1}, \cdots, d_t\}$$
如果 $k >= t$，那么其含义为：
$$D_{k,t} = \{d_k, d_{k-1}, \cdots, d_t\}$$
符号 $C_{i,j}$ 表示字符串 X_i 和 Y_j 最大共同子串的长度。

符号 $C^*_{i,j}$ 表示字符串 $X_{i+1,m}$ 和 $Y_{j+1,n}$ 的最大共同子串。

符号 $X \| Y$ 表示将字符串 X 和字符串 Y 首尾相连。

接下来，要证明的一个结论是，如果在字符串 X_m 中随便选定一个下标 i，可以将其分成两部分 $X_{1,i}$ 和 $X_{i+1,m}$，那么同样可以在字符串 Y_n 中找到一个下标 j，将它分成两个字符串 $Y_{1,j}$ 和 $Y_{j+1,n}$，使得 $X_{1,i}$ 和 $Y_{1,j}$ 的最大共同子串与 $X_{i+1,m}$ 和 $Y_{j+1,n}$ 的最大共同子串连接在一起，得到的新的字符串就是字符串 X_m 和字符串 Y_n 的最大共同子串。

用数学语言来说，就是对任意 i，当 j 满足：
$$L = \max_{0 \leq j \leq n} \{C_{i,j} + C^*_{i,j}\}$$

那么就有：

$$L = C_{m,n}$$

下面证明一下上述结论。对能满足 L 定义的 j 而言，我们用符号 $S_{i,j}$ 表示字符串 $X_{1,i}$ 和 $Y_{1,j}$ 的最大共同子串，用符号 $S^*_{i,j}$ 表示字符串 $X_{i+1,m}$ 和 $Y_{j+1,n}$ 的最大共同子串。如果把两个最大共同子串首尾连接起来得到新的字符串 $C = S_{i,j} \| S^*_{i,j}$，显然字符串 C 的长度等于 L，并且 C 是字符串 $X_{1,m}$ 和 $Y_{1,n}$ 的共同子串，于是有 $L \leqslant C_{m,n}$。

假设 $S_{m,n}$ 是字符串 $X_{1,m}$ 和 $Y_{1,n}$ 的最大共同子串，我们任意找到一个下标 i，把字符串 $X_{1,m}$ 分成两部分 $X_{1,i}$ 和 $X_{i+1,m}$，那么 $S_{m,n}$ 可以分成两部分 S_1 和 S_2，其中 S_1 是 $X_{1,i}$ 的子串，S_2 是 $X_{i+1,m}$ 的子串。

同理我们可以找到一个下标 j，将 $Y_{1,j}$ 分成两部分 $Y_{1,j}$ 和 $Y_{j+1,n}$，使得 S_1 是 $Y_{1,j}$ 的子串，而 S_2 是 $Y_{j+1,n}$ 的子串。如此 S_1 是 $X_{1,n}$ 和 $Y_{1,j}$ 的共同子串，其长度一定小于后两者最大共同子串的长度 $C_{i,j}$。

同理，S_2 是字符串 $X_{i+1,m}$ 和 $Y_{j+1,n}$ 的共同子串，其长度一定小于后两者最大共同子串的长度 $C^*_{i,j}$。综合起来，就有 S 的长度小于 $C_{i,j} + C^*_{i,j}$。根据前面 L 的定义，显然有 $L \geqslant C_{i,j} + C^*_{i,j}$，于是 L 就大于等于 S 的长度，而 S 是 $X_{1,n}$ 和 $Y_{1,j}$ 的最大共同子串，于是有 $L \geqslant C_{n,m}$。

综合上面论证，就有 $L = C_{n,m}$。

有了上面结论，我们就可以设计一个空间复杂度为 O(m+n) 的最大共同子串算法。

12.3.3　代码实现

根据算法描述中的推导和证明，我们用代码实现如下：

```python
def modifiedGetLongestCommonSubStringLength(X, Y):
    m = len(X)
    n = len(Y)

    ...
```

getLongestCommonStringLength 在计算 C[i][j] 的值时，只用到了二维数组的上一行 C[i-1][j-1] 或 C[i-1][j] 的值，或者是同一行 C[i][j-1] 的值，因此数组 C 其实不需要 n*m 那么大，只需要 2*m 那么大就可以了。当前函数的逻辑与 getLongestCommonStringLength 一样，只不过把 C 的内存大小从 n*m 改为 2*m

```
...
C=[ [], []]
for j in range(n+1):
    C[1].append(0)

for i in range(1, m+1):
    C[0] = []
    #把第二行数据复制到第一行
    for j in range(len(C[1])):
        C[0].append(C[1][j])

    for j in range(1, n+1):
        if X[i-1] == Y[j-1]:
            C[1][j] = C[0][j-1] + 1
        elif C[0][j] > C[1][j-1]:
            C[1][j] = C[0][j]
        else:
            C[1][j] = C[1][j-1]

return C[1]
```

上面这段代码与前面实现的 getLongestCommonStringLength 如出一辙，唯一不同在于上面函数的实现使用的是一个长度为 2*n 的二维数组。如果你看 getLongestCommonStringLength 代码，C[i][j]的计算其实只需要第 i−1 行的数据，这就解释了为何上面代码只使用一个两行数组就能计算出两个字符串最大共同子串的长度。

上面代码返回的一维数组存储了字符串 $X_{1,n}$ 和 $Y_{1,j}$（其中 j=1,…,n）的最大共同子串的长度。接下来，利用上面函数去获取两个字符串的最大共同子串：

```
def getLongestCommonSubStringWithLinearSpace(X,Y):
    if len(Y) == 0:
        return ""
    if len(X) == 1:
        for j in range(len(Y)):
            if X[0] == Y[j]:
                return X[0]
        return ""
    m = len(X)
    n = len(Y)
    i = int(m/2)
    #找到j，使得L=max(C(i,j) + C*(i,j))
    L1 = modifiedGetLongestCommonSubStringLength(X[0:i], Y)
```

```
    X1 = X[::-1]
    Y1 = Y[::-1]
    L2 = modifiedGetLongestCommonSubStringLength(X1[0: m - i],
Y1)
    L = 0
    k = 0
    for j in range(0, n+1):
        if L1[j] + L2[n-j] > L:
            L = L1[j] + L2[n-j]
            k = j
...
```

找到满足条件的 j 后，我们再获取 X(0,i) 和 Y(0,j) 的最大共同子串 S1，以及 X(i+1, n) 和 Y(j+1,n) 的最大共同子串

两者合在一起，S1+S2 就是 X 和 Y 的最大共同子串

```
...
    print("for string {0} and {1}".format(X, Y))
    print("seperate Y by index ", k)
    print("The longest sub string is combined by the longest sub
string of {0} and {1} and sub string of {2} and {3}".format(X[0:i],
Y[0:k],X[i:m], Y[k:n]))

    S1 = getLongestCommonSubStringWithLinearSpace(X[0:i],
Y[0:k])

    S2 = getLongestCommonSubStringWithLinearSpace(X[i:m],
Y[k:n])

    return S1+S2

X="ABCBDAB"
Y="BDCABA"

L = getLongestCommonSubStringWithLinearSpace(X,Y)

print("The longest sub string of {0} and {1} is
{2}".format(X,Y,L))
```

上面代码中值得注意的是，我们如何获取 j，使得 L=max{(C(i,j)+ C*(i,j)}。代码的做法是把 i 设置成字符串 X 的中点，也就是 m/2。如果 X="ABCBDAB"，Y="BDCABA"，那么 i 把 X 分成两部分，分别是"ABC"和"BDAB"。代码如何找到满足条件的 j 呢？

它是这么做的，首先调用 getLongestCommonStringLength 获得"ABC"

与字符串 Y 各个部分的最大共同子串，也就是找到"ABC"与 $Y_{1,j}$（j=1,…,n）的最大共同子串的长度，结果存在数组 L1 中。然后把第二部分倒转成"BADB"，同时把 Y 倒转成"ABACDB"，我们把倒转后的 Y 记为 $\hat{Y}_{1,j}$，于是调用 getLongestCommonStringLength 就能获得"BADB"与 $\hat{Y}_{1,j}$（j=1,2,…,n）的最大共同子串的长度，并存储在数组 L2 中。

要找到满足条件的 j，只要遍历 L1，并找到下标 j，满足 L1[j]+L2[j]之和最大即可。这里是代码较难理解之处，大家需要拿出纸和笔算一遍才能加深理解。找到 j 后，就可以把字符串 $Y_{1,n}$ 分成两部分，$Y_{1,j}$ 和 $Y_{j+1,n}$。

接着代码递归地去查找 $X_{1,i}$ 和 $Y_{1,j}$ 的最大共同子串 S1，以及 $X_{i+1,m}$ 和 $Y_{j+1,n}$ 的最大共同子串 S2，并把它们串联起来，也就是 S1+S2 就是字符串 $X_{1,m}$ 和 $Y_{1,n}$ 的最大共同子串了。

运行上述代码，结果如图 12-4 所示。

```
for string ABCBDAB and BDCABA
seperate Y by index  0
The longest sub string is combined by the longest sub string of ABC and  and sub string of BD
AB and BDCABA
for string BDAB and BDCABA
seperate Y by index  2
The longest sub string is combined by the longest sub string of BD and BD and sub string of A
B and CABA
for string BD and BD
seperate Y by index  1
The longest sub string is combined by the longest sub string of B and B and sub string of D a
nd D
for string AB and CABA
seperate Y by index  2
The longest sub string is combined by the longest sub string of A and CA and sub string of B
and BA
The longest sub string of ABCBDAB and BDCABA is BDAB
```

图 12-4　代码运行结果

大家注意看一下代码是如何把两个字符串进行分割的。代码最终得到的结果是"BDAB"，它与上一节得到的结果"BCBA"不同，但长度一样，这表明最大共同子串内容可能不一样，但长度绝对是一样的。

12.3.4　代码分析

在函数 getLongestCommonSubStringWithLinearSpace 执行过程中，并没有分配新空间，但是函数 modifiedGetLongestCommonSubStringLength 在执行时，分配了一个两行数组，每行长度为字符串 Y 的长度 n，因此算法的空间复杂度是 O(n)。

函数 modifiedGetLongestCommonSubStringLength 调用时，它有两个嵌套循环，第一层循环是传入字符串 Y 的长度 n，第二层循环是传入字符串 X 的长度 m，因此其时间复杂度是 O(m*n)。getLongestCommonSubString-WithLinearSpace 会调用前者计算下标 y，此时耗时 O(m*n)。

调用 getLongestCommonSubStringWithLinearSpace 时，如果传入的 X 字符串长度为 1，那么一次循环便结束退出。如果字符串 Y 长度为 0，调用也立刻返回。我们需要分析的是字符串 X 的长度 m 大于 1 时，算法的时间复杂度。

如果说算法的时间复杂度是 O(m*n)，那意味着存在一个常数 C，使得无论输入的字符串长度 m,n 如何变化，算法执行的总时间都不超过 C*mn。如果这样的常数 C 存在。那么当 X 字符串的长度是 2m 时，算法的时间复杂度应该不超过 2*C*mn。我们看看是否如此。

当 X 的长度是 2m，getLongestCommonSubStringWithLinearSpace 在执行时，它会调用两次 modifiedGetLongestCommonSubStringLength，传入的字符串长度分别是 m,m 以及 m,n–m。我们已经知道该函数的时间复杂度是 O(mn)，也就是存在一个常数 C1，使得两次调用的时间不超过 C1*(m*m)+C1*(m*(n–m)) = C1*n。

接着 getLongestCommonSubStringWithLinearSpace 会分两次递归调用自己，传入字符串的长度分别是 m/2,k 以及 m/2,n–k。按照假设，存在一个常量 C，使得两次调用的时间不超过 C*(m/2)*k + C*(m/2)*(n–k) = C*(mn/2)。

如果 getLongestCommonSubStringWithLinearSpace 的时间复杂度是 O(mn)的话，那么必然存在一个常量 C，满足 C*2mn <= C1*n + C*(mn/2)。由于 m 大于 1，因此不等式可以进一步变换为 C*2mn < C1*m*n + C*(mn/2)，由此可以解出 C <= (3/4)*C1。

也就是说常数 C 存在，只要它不大于(2/3)*C1，那么函数执行时不管输入字符串的长度 m,n 如何变化，其时间复杂度都不超过 C*m*n。

由此，函数 getLongestCommonSubStringWithLinearSpace 的时间复杂度是 O(m*n)。